U0382073

互联网基础研究丛书

互联网信息安全与监管技术研究

北京市互联网信息办公室　编

中国社会科学出版社

图书在版编目（CIP）数据

互联网信息安全与监管技术研究 / 北京市互联网信息办公室编. —北京：中国社会科学出版社，2014.4

ISBN 978-7-5161-4136-6

Ⅰ. ①互… Ⅱ. ①北… Ⅲ. ①互联网络—信息安全—研究②互联网络—监管制度—研究 Ⅳ. ①TP393

中国版本图书馆CIP数据核字（2014）第066713号

出 版 人　赵剑英
策划编辑　李丕光
责任编辑　王　斌
责任校对　姚　颖
责任印制　王　超

出　　版　中国社会科学出版社
社　　址　北京鼓楼西大街甲158号（邮编 100720）
网　　址　http://www.csspw.cn
　　　　　中文域名：中国社科网　010—64070619
发 行 部　010—84083685
门 市 部　010—84029450
经　　销　新华书店及其他书店

印刷装订　三河市君旺印务有限公司
版　　次　2014年4月第1版
印　　次　2014年4月第1次印刷

开　　本　710×1000　1/16
印　　张　23.5
插　　页　2
字　　数　361千字
定　　价　69.00元

编 委 会

序

2014年2月27日，中央网络安全和信息化领导小组在北京成立，中国互联网迎来了划时代的转折点。习近平总书记在会上强调指出，要“总体布局、统筹各方、创新发展，努力把我国建设成为网络强国”。这不仅确立了我国互联网发展的新的更高目标，还吹响了向网络强国进军的伟大号角。站在时代的交汇点上，面对浩浩荡荡的世界互联网发展大潮，实现建设网络强国的宏伟蓝图，不仅需要宏观上的顶层设计、市场上的开拓进取，更需要理论上的不断求索。

思想是行动的先导，理论是实践的指南，互联网的发展离不开互联网的理论研究。互联网理论研究应坚持战略思维、科学精神和问题导向，整体规划，合力攻关，锐意创新。但纵览我国当前互联网研究，个体研究的多，集体研究的少；技术层面研究的多，理论层面研究的少；微观层面研究的多，宏观层面研究的少。推进互联网科学发展、建设网络强国的战略目标，既需要我们从宏观上科学把握互联网的本质特点、基本规律和发展趋势，科学阐明互联网在人类社会发展进程中的战略地位、重要作用和深刻影响，科学揭示我国互联网所处的时代方位和阶段性特征，科学探索中国特色互联网发展建设管理道路，也需要从中观上深入分析影响和制约我国互联网工作的根本因素和难点问题，深入研究我国互联网的法律法规、产业政策、商业模式、管理机制，还需要从微观上追踪互联网新技术、新应用的前沿，探寻网络传播、产品服务和网民需求的特点，力争在基础研究上取得新突破，在理论创新上取得新进展，并将研究成果转化为指导推动我国互联网治理体系和治理能力现代化的科学理论，转化为适合我国互联网发展建设管理的科学政策，进而更好地推动我国网络强国建设伟大进程。

北京是中国“网都”，在网络强国建设进程中肩负着重要使命。北京市互联网信息办公室秉持历史责任，发扬首善精神，扛起“整合研究资源、搭建研究平台、研究行业问题、促进行业发展”的大旗。在充分调研论证的基础上，我们围绕互联网立法、赢利模式、信息安全、关键技术等方面的问题，于2013年4月确立了“互联网基础研究”系列课题，并分别组织中国人民大学、工业与信息化部、电信研究院等科研机构专家在相关领域开展深入研究。

在此基础上，我们组织编撰了互联网基础研究丛书：《国内外互联网立法研究》深入探讨了国内外互联网立法的现状，指陈各自的利弊得失；《互联网信息安全与监管技术研究》重在研究我国互联网监管领域的热点难点，并对全球主要国家互联网信息安全战略与监管手段进行了深入分析；《互联网赢利模式研究》通过考察当前互联网的十二种赢利模式，深刻阐述了各种赢利模式的经营理念及具体运作；《互联网接入服务现状及管理对策研究》回顾了全球互联网接入服务发展现状及经验启示，总结了我国互联网接入服务发展现状及存在的问题。四部研究专著均针对各自领域的难点问题，提出了建设性的对策建议。希望通过互联网基础研究丛书的出版，助力科研成果转化，启迪网络强国建设，指引未来发展方向。

《数字化生存》作者尼葛洛庞帝有一句名言：“预测未来的最好办法就是创造未来。”纵观社会发展的每一次进步，人类开创的每一个未来，都离不开对事物规律趋势的精准洞察，对科学真理的执着追求。这既是理论研究的基础，也是实干兴邦的根本，更是贯穿于整个历史的成功真谛。

变化的是环境，不变的是探索。让我们共同思考互联网未来，携手推进互联网建设，共同分享网络强国的荣光。

是为序。

首都互联网协会会长　佟力强

2014年4月9日

目 录

第一章 互联网信息安全与监控需求概述

目前，信息化、网络化已经成为整个世界发展的必然趋势，包括中国在内的所有国家都无法置身于这个潮流之外。互联网时代的到来，网络信息技术的广泛应用，尤其是随着移动互联网的迅猛发展，网络信息安全问题也得到了更为广泛的关注。据统计，在党的十八大报告中有多处明确提及信息、信息化、信息网络、信息技术与信息安全，并且首次明确提出了“健全信息安全保障体系”的目标。毫无疑问，网络空间已经成为继领土、领海、领空之后的“第四空间”，它将直接对现实空间起到制约作用，其战略地位远在领土、领海和领空之上。网络空间作为国家主权延伸的新疆域，成为了整个国家和社会的“中枢神经”，其战略地位日趋重要。2014年2月27日，中央网络安全和信息化领导小组宣告成立，中共中央总书记、国家主席、中央军委主席习近平亲自担任组长，李克强、刘云山任副组长，再次体现了中国最高层全面深化改革、加强顶层设计的意志，显示出在保障网络安全、维护国家利益、推动信息化发展方面的决心。因此，做好互联网信息安全工作已经成为互联网时代最突出、最核心的国家战略问题；了解、认识、维护互联网信息安全，已经成为每个公民的责任和应尽的义务。

在本章我们将结合信息安全的概念、属性、发展历程等，重点分析新时期下的互联网信息安全的需求。

第一节 信息安全概念

一 信息社会需要信息安全

20世纪80年代，世界著名未来学家阿尔文·托夫勒推出了“20世纪最有影响力的杰作之一”的《第三次浪潮》一书。在书中，他将人类发展史划分为第一次浪潮的“农业文明”、第二次浪潮的“工业文明”以及第三次浪潮的“信息社会”，给历史研究与未来思想带来了全新的视角。这一被称为历史上重大变革的信息社会，代表着人类经济社会开始在农业社会、工业社会之后发生巨大变化，信息技术和信息产业在经济和社会发展中的作用日益加强，并逐步开始发挥主导作用。进入21世纪，信息化对信息社会经济社会发展的影响愈加深刻。世界经济发展进程加快，信息化、全球化、多极化发展的大趋势十分明显。信息化被称为推动现代经济增长的发动机和现代社会发展的均衡器。信息化与经济全球化，推动着全球产业分工深化和经济结构调整，改变着世界市场和世界经济竞争格局。

作为20世纪人类最伟大的发明之一，互联网正逐步成为信息时代人类社会发展的战略性基础设施，推动着生产和生活方式的深刻变革，进而不断重塑经济社会的发展模式，成为构建信息社会的重要基石。历经多年发展，中国互联网已成为全球互联网发展的重要组成部分。互联网全面渗透到经济社会的各个领域，成为生产建设、经济贸易、科技创新、公共服务、文化传播、生活娱乐的新型平台和变革力量，推动着中国向信息社会发展。根据中国互联网信息中心（CNNIC）公布的统计数据，截至2013年12月底，中国网民规模达到6.18亿，比2012年底增加5358万，普及率达到53.8%。值得一提的是，截至2013年12月底，中国手机网民规模达5亿，比2012年增加8009万人，网民中使用手机上网的人群占比提升至81.0%。互联网普及率为45.8%，较2012年底提升3.7%。

图 1—1 中国网民与互联网普及率（来源：CNNIC）

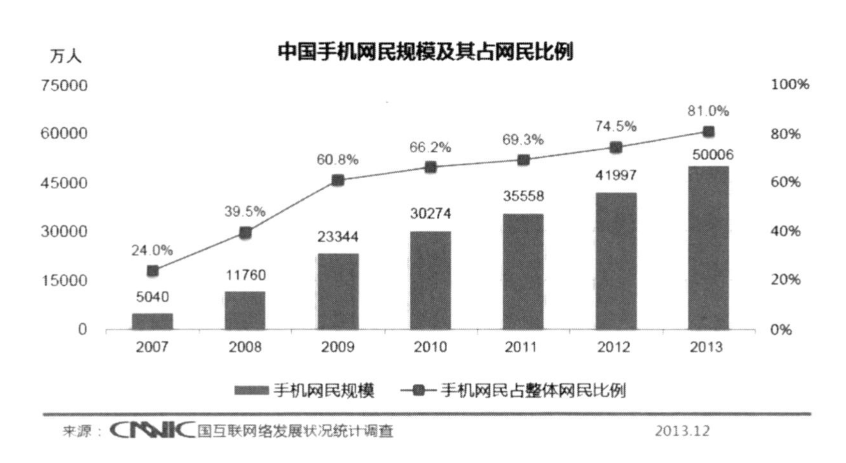

图 1—2 2007—2013 年手机网民在网民中占比情况（来源：CNNIC）

另据中国国务院新闻办公室 2010 年 6 月 8 日发表的《中国互联网状况》白皮书披露，从 1994 年到 2010 年的 16 年间，中国信息产业年均增速超过 26.6%，占国内生产总值的比重由不足 1% 增加到 10% 左右。而据工信部数据，2012 年中国电子产品进出口总额达到 11868 亿美元，其中物联网产业市场初具规模，移动数据和互联网业务发展迅猛。网络广告在所有媒体广告中增幅速度最高。预计“十二五”期间，中国互联网服务业收入年均将增长超过25%，突破6000亿元。

随着互联网技术发展与产业化的推进，“新、旧”主流媒体转向移动化传播，中国主流新闻网站在2012年也加快了改制上市步伐，主流媒体正在由传统媒体转向新兴媒体，由提供内容转向提供产品和服务，以顺应新兴媒体发展的大势，并积极抢占微博、微信等新媒体平台。根据中国互联网信息中心CNNIC的数据，截至2013年12月，中国拥有4.9亿搜索引擎用户，4.53亿网络音乐用户，4.28亿网络视频用户，3.38亿网络游戏用户，2.81亿微博用户，2.78亿社交网络用户，2.59亿电子邮件用户，3.02亿网络购物用户，2.74亿网络文学用户，2.50亿网上银行用户，2.60亿网上支付用户。

从上面的数据可以看出，互联网已经成为最快捷的信息传递通路与公民言论表达的重要阵地，网络文化与商业创新已经成为中国文化产业的重要组成部分。一方面，当前与社会生活联系紧密的应用，如网络媒体、网络通信、移动社交、网络娱乐、电子政务、网络购物、电子支付类应用等不断丰富发展；另一方面，网络应用的专业性大大加强，专业服务与行业应用已经成为互联网应用发展的重要趋势。基于宽带和移动网络与终端的新媒体应用发展很快，如微信推出不到2年注册用户就达3亿。此外，宽带的发展和三网融合的推进极大带动了网络音乐、网络视频、网络游戏等娱乐应用的增长。新兴媒体应用不仅满足信息获取、游戏娱乐、交流沟通、购物消费等方面的需要，也进一步推动新兴媒体成为中国的社会化、信息化平台，并形成了极具中国特色的传播生态。

随着中国进入信息社会时代，我们在分享信息化带来的巨大成果的同时，也在面临着越来越多的信息安全问题，其中网络信息安全问题尤为重要。近年来，中国的网络犯罪呈上升趋势，各种传统犯罪与网络犯罪结合的趋势日益明显，网络诈骗、网络盗窃等侵害他人财产的犯罪增长迅速，制作传播计算机病毒、入侵和攻击计算机与网络的犯罪日趋增多，利用互联网传播淫秽色情及从事赌博等犯罪活动仍然突出。据统计，1998年公安机关办理各类网络犯罪案件142起，2007年增长到2.9万起，2008年为3.5万起，2009年为4.8万起。据不完全统计，2009年中国被境外控制的计算机IP地址达100多万个，被黑客篡改的网站达4.2万个，被“飞客”蠕虫网络病毒感染的计算机每月达1800万台，约占全球感染主机数量的30%。[1]特别是2013年6月份引爆的“棱镜门事件”，进一步暴露了中国在信息安全方面存在的诸多隐患。事实再次证明，如果不能保障信息安全，将直接影响中国在军事、经济等诸多领域的战略安全。透过“棱镜门事件”，我们需要对国家的信息安全体系建设进行更为冷静的再思考。

那么，什么是信息安全？怎么理解互联网时代的信息安全？接下来我们将进行简单的介绍。

二　信息安全的概念与属性

自从人类诞生以来，信息交流就是人类一种最基本的社会行为，是人类其他社会活动的基础，自然也就出现了对于信息交流的各种质量属性的期望。比如，在面对面的交流中，我们可能会关心对方的话是不是真的，自己的话对方是不是听清楚了，我们之间的谈话是否被人听到了等等。这即是对于信息的完整性和保密性的日常体现。因此，信息安全的需求自古以来就存在，只是进入信息社会以来，政治、经济、军事以及社会生活对于信息安全的需求日益增加，其内涵也在不断深化，外延不断拓展。

目前，业界对于信息安全尚无公认和统一的定义。一般而言，信息安全（Information Security）是指网络与信息系统正常运行，防止网络与信息系统中的信息丢失、泄露以及未授权访问、修改或者删除。在很多资料中，信息安全这一概念经常与计算机安全、信息保障等术语被不正确地互相替换使用。毫无疑问，这些领域相互关联，并且拥有一些共同的目标——保护信息的机密性、完整性、可用性，然而，它们之间仍然有一些微妙的区别。比如，信息安全主要涉及数据的机密性、完整性、可用性，而不管数据的存在形式是电子的、印刷的还是其他的形式；计算机安全则主要关注计算机系统的可用性及正确的操作，而并不关心计算机内存储或产生的信息。因此，准确地理解信息安全，就要全面地了解信息安全的几个基本属性。

---

① 国务院新闻办公室：《中国互联网状况》白皮书，2010年。

一般而言，信息安全的属性主要包括信息的保密性、完整性、可用性、可控性与可靠性等五个方面。[①]

保密性：指信息不泄露给非授权的用户、实体或进程，或被其利用的特性。这一点在军用网络系统中体现得最为明显，因此其对于密码、涉密网络与公共网络隔离等有着与传统商用网络更高级的安全要求。

完整性：指信息未经授权不能进行更改的特性。即信息在存储或传输过程中保持不被偶然或蓄意地删除、修改、伪造、乱序、插入的特性，而破坏信息的完整性往往是对网络信息安全发动攻击的最终目标。

可用性：指信息可被授权用户或者实体访问并按照需求使用的特性。例如，在授权用户或实体需要信息服务时，信息服务应该可以使用，或者是信息系统部分受损或需要降级使用时，仍能为授权用户提供有效服务。比如，通过病毒或者黑客等发起的对于网络或者系统的攻击，即属于针对可用性的攻击。

可控性：指授权机构可以随时控制信息的机密性。比如，美国和一些国家曾经提出的"密钥托管"、"密钥恢复"等，就是实现信息安全可控的例子，其具有防抵赖性、便于政府监听以及可恢复等特性。

可靠性：主要指信息或者系统能够按照用户约定的质量连续为用户服务的特性，包括信息的迅速、及时、准确和连续地转移等。

因此，信息安全也可以说是采用一切方法和手段来保障信息上述五种属性安全。当然，也有不少资料在谈及信息安全时更侧重信息安全的保密性、完整性和可用性，但其也是强调信息网络的硬件、软件及其系统中的数据受到保护，不受偶然的或者恶意的原因而遭到破坏、更改、泄露，系统连续可靠正常地运行，信息服务不中断。随着信息社会的发展，信息安全的概念也在不断发生变化，了解信息安全的发展历程有助于我们更全面地认识信息安全。

① 沈昌祥，左晓栋：《信息安全》，浙江大学出版社2007年版。

第二节 信息安全的发展历程

一 传统的信息安全

1.通信安全

据说最早的信息安全可以追溯到2000多年前，即公元前50年恺撒大帝发明了恺撒密码，它被用来防止秘密的消息落入错误的人手中时被读取。不过，真正意义上的信息安全是从第二次世界大战开始出现的，这场几乎席卷全球的战争虽然使8000多万人死亡，并给全球经济造成了巨大损失，但也使得信息安全研究取得了许多进展，并逐渐成为一门专业的学科。

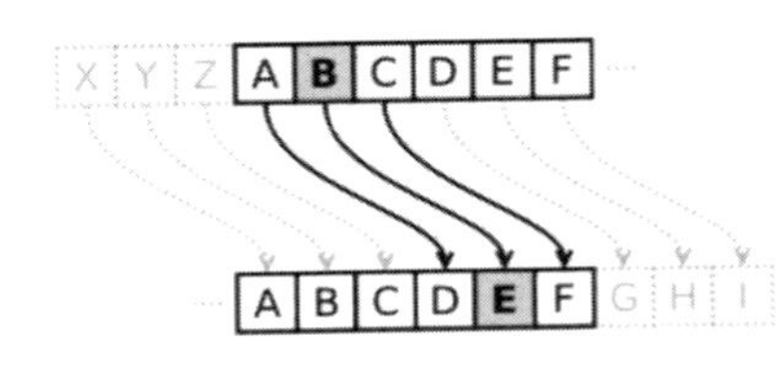

明文字母表：ABCDEFGHIJKLMNOPQRSTUVWXYZ

密文字母表：DEFGHIJKLMNOPQRSTUVWXYZABC

明　　文：HELLO　WORLD

密　　文：KHOOR　ZRUOG

图1—3　恺撒密码示意图（来源：红黑联盟）

有人把这一阶段称为信息安全的通信安全时代，而这一时代的标志就是1949年香农发表的《保密系统的信息理论》。该理论将密码学的研究纳入了科学的轨道，虽然当时其主要关注者集中在军队和政府部门，其主要目的是确保通信内容的保密性，防止非授权人员获取通信信息，同时保证通信的真实性。在通信保密阶段，保密性成了信息安全保护最基本的目标之一，其主要技术手段有信息加密、防侦收、防辐射、物理保密、信息隐藏等。其中，信息加密是指使用密码技术对于信息进行加密处理，即使对手得到加密的信息也会因为没有密钥而无法读取；防侦收是指通过技术手段让对手侦收不到有用的信息；防辐射是防止有用信息通过各种途径辐射出去，主要是做好内部保密机制；物理保密是利用隔离、掩蔽等各种物理方法保护信息不被泄露；信息隐藏是网络环境下把机密信息隐藏在大量信息中不让对方发觉的一种方法，其与图像叠加、数字水印、潜信道、隐匿协议等理论与技术紧密相关。

总之，这一阶段通信技术还不发达，面对电话、电报、传真等信息交换过程中存在的安全问题，人们强调的主要是信息的保密性，对安全理论和技术的研究也只侧重于密码学，这一阶段的信息安全可以简单称为通信安全，即 COMSEC（Communication Security）。①

2. 计算机安全与信息系统安全

20 世纪 60 年代后，半导体和集成电路技术的飞速发展推动了计算机软硬件的发展，计算机和网络技术的应用进入了实用化和规模化阶段，人们对安全的关注已经逐渐扩展为以保密性、完整性和可用性为目标的信息安全阶段，即 INFOSEC（Information Security）。其标志就是 1977 年美国国家标准局公布的《数据加密标准》，以及 1985 年美国国防部公布的《可信计算机系统评估准则》。据考证，"计算机安全"概念是在 1969 年提出的。当时，美国兰德公司在给美国国防部的报告中指出"计算机太脆弱了，有安全问题"——这是首次公开提到计算机安全。在当时和其后的相当一段时间，"计算机安全"的内涵主要是指实体安全，即物理安全。

到了 20 世纪七八十年代，由于各类计算机管理系统开始发展，各种应用开始增多，"计算机安全"开始逐步演化为"计算机信息系统安全"。这时候"安全"的概念已经不仅仅是计算机硬件等实体的安全，也包括软件与信息内容等的安全。20 世纪末以及 21 世纪初，随着通信、计算机硬件和软件以及数据加密领域的巨大发展，小巧、功能强大、价格低廉的计算设备使得对电子数据的加工处理能为小公司和家庭用户所负担和掌握。这些计算机很快被通常称为因特网或者万维网的互联网连接起来，在互联网上快速增长的电子数据处理和电子商务应用，以及不断出现的国际恐怖主义事件，增加了对更好地保护计算机及其存储、加工和传输的信息的需求。这时，继计算机安全、信息系统安全之后，信息保障的概念开始出现。

① 启明星辰：《信息安全发展历程》，2008年。

3. 信息保障

20 世纪 90 年代开始，由于互联网技术的飞速发展，信息无论是对内还是对外都得到极大开放，由此产生的信息安全问题跨越了时间和空间，信息安全的焦点已经不仅仅是传统的保密性、完整性和可用性三个原则，由此衍生出了诸如可控性、抗抵赖性、真实性等其他的原则和目标，信息安全也转化为从整体角度考虑其体系建设的信息保障（Information Assurance）阶段。这时的“信息安全”概念已经不仅仅是安全防范，而是包含了安全保障的含义，即包括监控、保护、应急处理、恢复等系统性的保障。

信息安全保障，在美国称之为信息保障 IA（Information Assurance）。1996 年美国国防部（DoD）在国防部令 S-3600.1 对信息保障下进行了如下定义：保护和防御信息及信息系统，确保其可用性、完整性、保密性、可认证性、不可否认性等特性。这包括在信息系统中融入保护、检测、反应功能，并提供信息系统的恢复功能。近年来，美国围绕信息保障发布了多项法令和技术指南。比如，《信息保障技术框架》（IATF）确立了“纵深防御”的技术思路，并提出其适用于任何机构的任何信息系统或网络；美国 8500.1 号和 8500.2 号国防部令则分别确立了美军信息保障的政策框架和技术实施要求。因此，信息保障从源头上讲是美军针对复杂战场环境提出的概念，它代表了美军对于信息安全发展阶段的最新认识，虽然这一概念也同样适用于民用信息系统，但是仍然具有很强的军事色彩。

二　新时期的信息安全

随着信息化发展，信息安全的内涵不断深化，外延不断拓展。当前，国民经济和社会发展对信息化高度依赖，信息安全已经发展成为涉及国民经济和社会发展各个领域，不仅影响公民个人权益，更关乎国家安全、经济发展、公众利益的重大战略问题。党的十六届四中全会，将信息安全作为国家安全的重要组成部分，明确提出要“增强国家安全意识，完善国家安全战略”，并确保“国家的政治安全、经济安全、文化安全和信息安全”。在这种大背景下，新的信息安全已经从简单的技术问题上升到了国家政治、经济、文化、军事以及社会生活等层面的影响，尤其是信息内容安全的纳入更对互联网信息安全提出了新的挑战。

1. 信息安全新阶段——信息内容安全

从上面的论述可以看出，信息安全观念的发展实际上经历过两个世界和两个范畴的发展时期。所谓两个世界是指网络物理世界和网络虚拟世界，所谓两个范畴是指信息的语法范畴和语义范畴。第一个发展时期的信息安全称之为网络物理世界软硬件和信息的语法范畴的安全，也称之为传统的信息安全。信息语法范畴的安全主要是指数据安全，主要包括数据保密性、数据完整性和数据可用性等安全问题，主要采用数据编码，而不涉及信息语义或内容。网络物理世界安全观念是指系统、网络（软硬件）安全，主要包括访问控制、系统完整性和系统可用性安全问题。第二发展时期的信息安全称之为网络虚拟世界行为和信息的语义范畴的内容安全。信息语义范畴的信息安全主要是指信息的内容安全，包括内容可信性（真实性）、内容保密性、内容完整性和内容危害性等内容安全问题。网络虚拟世界行为安全主要包括行为可信性、行为有效性、行为保密性、行为完整性和行为连续性等行为安全问题。把传统的安全观念和现代可信观念合在一起，便构成现代信息安全的新概念。①

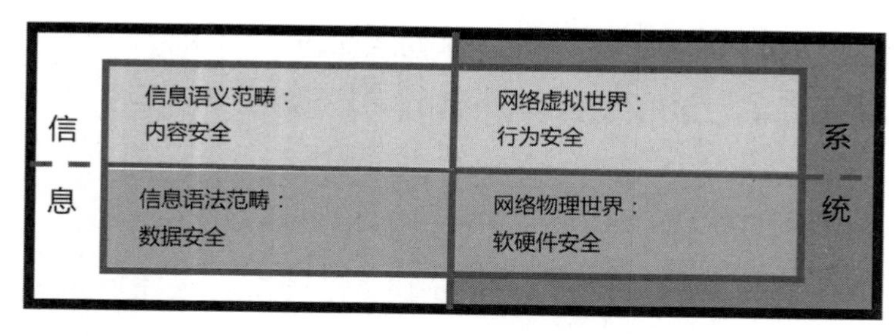

图 1—4　信息安全发展的两个时期（来源：中国信息安全产业发展白皮书）

① 中国信息安全产业商会信息安全产业分会：《中国信息安全产业发展白皮书》（2005—2010），2005年。

2. 日趋重要的信息内容安全

目前，互联网已经成为人们获取新闻信息的重要途径。自从互联网进入中国，人们就充分运用互联网传播新闻信息。据统计，80% 以上的网民主要依靠互联网获取新闻信息。网络媒体的发展不仅提高了新闻传播的时效性、有效性，而且在报道重要新闻事件中发挥了独特作用，充分满足了人们的信息需求。其次，互联网促进了中国文化产业的发展。网络游戏、网络动漫、网络音乐、网络影视等产业迅速崛起，大大增强了中国文化产业的总体实力。据《中国互联网状况》白皮书披露，2009 年中国网络游戏市场规模为 258 亿元人民币，同比 2008 年增长 39.5%，居世界前列。中国网络文学、网络音乐、网络广播、网络电视等均呈快速发展的态势。另外，博客、微博、视频分享、社交网站等新兴网络服务在中国发展迅速，为中国公民通过互联网进行交流提供了更便捷的条件。网民踊跃参与网上信息传播，参与网上内容创造，大大丰富了互联网上的信息内容。

互联网信息内容的迅速发展丰富了人民群众的精神文化生活，但同时互联网上信息内容的安全问题日益突出。一些西方国家把互联网作为推行其价值观念的重要途径，对中国进行意识形态的渗透，而且色情、淫秽、迷信、暴力、欺诈等不良信息也在互联网上出现。这些安全问题是随着互联网的发展而逐渐产生的，既不同于传统的信息可用性、保密性、完整性等技术概念，其后果也超越了对信息和信息系统的影响，这就需要我们用全新的信息安全观来认识和解决这些安全问题。

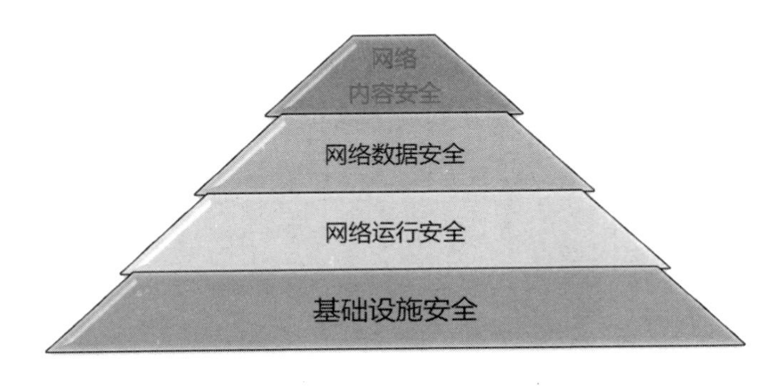

图 1—5　信息安全的不同层次（来源：易目唯）

（1）信息内容安全影响国家安全

近年来，随着信息系统应用的深入和互联网的快速发展，信息技术已经成为影响国际政治斗争、国家经济安全、文化扩张和文化霸权以及国防安全的重要手段，信息安全也上升到了国家安全的战略高度。

对于中国而言，一些敌对势力一直把互联网作为对中国进行意识形态渗透的重要渠道，极力散步各种诋毁、颠覆中国国家政权的信息，传播煽动性、破坏性的言论和政治谣言，以谋求政治军事手段难以得到的霸权利益。他们利用电子邮件、网络报刊、社交媒体以及其他信息载体展开新一轮的宣传战和心理战。国内少数别有用心的人积极呼应，利用论坛、聊天室、网络社区、微博、微信、跟帖等多种途径和方式兜售错误观点，严重威胁中国的政治安全。2005 年以来，以互联网和手机短信为主要媒介进行的大规模串联活动已经发生多次，因此，我们在积极顺应当今世界科技发展潮流的同时，也要提高警惕，防止极端情况的出现，以避免互联网上的政治渗透严重威胁中国的政治安全。

与此同时，经济全球一体化的进程日益加速，各方都在网罗和集聚对于自己有利的战略资源，而信息社会中，信息内容这种战略资源的重要性日益凸显。银行、保险、税务、证券、铁路、电力、民航等关系国计民生的关键行业的基础设施一旦发生故障或者网络瘫痪，国家的经济将受到重创；电子商务的犯罪活动也成为犯罪分子热衷的新领域，利用网络进行诈骗、勒索、非法传销，窃取和盗用信息，散布虚假信息的网络经济犯罪活动急剧增加。

另外，互联网兴起后，西方国家和敌对势力开始利用互联网等信息媒介，大肆宣传西方社会的意识形态；互联网色情、迷信和暴力等不良文化现象泛滥，手机短信、彩信以及微博、微信等也包含一些不良有害内容，不但危害了青少年身心健康，更影响了中国优秀传统文化的传承。据中国青少年网络协会第三次网瘾调查研究报告显示，中国城市青少年网民中网瘾青少年约占 14.1%，约有 2404 余万人；在城市非网瘾青少年中，约有 12.7% 的青少年有网瘾倾向，人数约为 1800 余万。自 2009 年 1 月以来，中国开展整治互联网低俗之风专项行动，在网络扫黄、打击网络赌博等多方面取得了成效。截至2010年7月中旬，全国各有关部门共删除网上淫秽色情信息112万条，封堵、关闭淫秽色情网站1．9万个，其中手机网站1.55万个。而2013年3月开始的“净网”专项行动在不到3个月的时间内也取得了初步效果，据不完全统计，仅2013年上半年全国共清理处置网络有害信息120余万条，查处违法违规网站1万余家；全国共收缴各类非法出版物560余万件，其中淫秽色情出版物18万件；全国共查办“扫黄打非”案件2200余起，其中淫秽色情出版物案件、网上制售传播有害信息案件300余起。

最后，在军事领域，互联网已经成为军事情报工作的主战场，网络窃密和反窃密的斗争日趋激烈。一些国家和地区大肆窃取中国的军事机密信息，并综合运用情报侦察、网络攻击、电子干扰等多种信息作战手段。网络战争已经从理论走向实战，成为最严重的国家安全挑战之一。其实，自从世界各国接入互联网以来，一场以信息安全为武器的新形态战争就悄然拉开了序幕。2010年，美国网络司令部全面运作，英国、俄罗斯、印度、日本等国家紧随其后。2011年，美国公布《网络空间国际战略》，将网络战略提升到国家战略的高度，吹响了其在网络世界攻城略地试图再现世界霸主地位的号角。无论西亚北非，还是东欧拉美，网络舆论都正在催生现实世界的“颜色革命”，而渐露峥嵘的高端网络武器已经可以入侵他国网络系统，使其全面瘫痪……网络信息安全已经成为操纵全球信息流动和世界经济命脉的新型“核武器”，并足以改变国家力量对比和世界政治格局。

（2）信息内容安全关乎公民和公众利益

除了国家安全和公共利益外，信息内容安全更关乎公民个人、法人和其他社会组织的合法权益。网络诈骗、网络赌博、网络传销、网络销售违禁物品等网络违法犯罪活动层出不穷，与传统犯罪行为相比，网络犯罪的危害面更广，犯罪行为更难以追踪。随着电子商务的发展，网络攻击表现出明显的趋利性，企业的商业秘密和用户的敏感信息面临严重威胁；垃圾邮件成为信息社会的顽疾，在全球范围内泛滥成灾，屡禁不止；以推销商品、财物诈骗、造谣滋事等为内容的短信和垃圾邮件迅速上升，对公民的日常生活、经济利益乃至公共秩序带来极大影响；公民隐私权同样受到网络的极大冲击，网络造谣诽谤、攻击谩骂等名誉权纠纷日益增多；影视剧、数字音乐、应用软件等互联网的知识产权遭到严重破坏。

德国联邦信息技术安全局2009年发布报告说，德国的互联网犯罪形势“极其严峻”，其中尤以“传播和拥有儿童色情信息”的行为最为严重。在日本，未成年人因登录成人社交网站而受到伤害的案件也屡屡发生，如一些色情网站以招募兼职为名诱骗女学生卖淫，一些少女与在网络相识的男子见面后被迫拍下不雅照片并因此受到要挟等。根据日本警视厅网站公布的数据，2009年因为手机上网遭遇伤害的未成年人达176人，大大高于2008年的128人。

澳大利亚最大的电讯公司“澳大利亚电讯”曾经委托一家民调公司对500名年龄在10岁到17岁的在校学生的家长进行问询调查，发现65%的家长都认为网络影响了孩子的学习，让他们难以专心做家庭作业。这项于2010年7月19日发表的网络安全研究报告显示，多数在校学生的家长都认为像Facebook和Twitter这样的网络服务工具已经严重分散了学生的精力，影响了学生的学习。

在韩国，所谓“网络暴力”已引起了一系列悲剧事件。2005年6月，一名女孩因未清除其宠物狗留在地铁座位上的排泄物，被人用手机拍下后传至网上论坛，从而遭到网友的“人肉搜索”，最终患上精神疾病。2007年初，一名韩国当红女歌手(U Nee)也因不堪忍受网络恶毒言论而自杀身亡。2008年10月，“崔真实放高利贷”的传言在网络上不胫而走，导致这位韩国影星备受困扰而自杀身亡。2009年9月，某医院医务人员因在网上散布竞争对手医院“耽误产妇”的谣言，给对方造成重大经济损失。①

2012年5月，针对日益猖獗的侵害公民个人信息违法犯罪，中国开展了大规模集中整治，短短一周时间就抓获犯罪嫌疑人1936名，破获各类刑事案件3024起。另据中国电子商务协会等部门联合发布数据显示，截至2012年6月底，仅一年时间全国超过6000万网民因网络诈骗损失300多亿元，而三成网购消费者遭遇诈骗网站。因此，信息内容安全不仅事关国家安全，更与每个公民的切身利益休戚相关，了解和掌握信息内容安全的相

① 来源：新华国际，http://news.xinhuanet.com/world/2010-07/25/c_12367246_2.htm。

关知识迫在眉睫。

第三节 信息内容安全需求分析

在互联网时代里，每个人打开电脑后基本都会做三件事情：打开电子邮箱、登录QQ等即时聊天软件、浏览互联网网站。

当你打开电脑，里面的文件、照片、音乐、视频，你的各种游戏、网银账号、密码等信息就面临着来自互联网的威胁。如果这是你在公司里的电脑，那么里面的各类策划方案、设计文档、调查数据等机密数据随时有可能被各类网络攻击所秘密窃取。

当你打开电子邮箱，看到最多的就是铺天盖地的垃圾邮件，然后是各类欺诈邮件。恶意邮件里面的链接、文档附件等都可能潜藏着未知的杀机。当你登录了QQ等即时通讯类工具后，那些莫名弹出的信息链接、通过传输过来的文件都有可能是恶意攻击的“隐形炸弹”。当你开始浏览互联网时，钓鱼网站、网络漏洞、网络病毒、木马、恶意程序、间谍软件等环伺四周。此外，论坛、微博、乃至微信等，也是各类欺诈、盗窃机密信息案件的高发场所。

目前，用户通过互联网所看到的一切内容都或多或少地面临着安全问题，因为互联网上的一切内容都是由各类数据所组成的。恶意攻击者为了获取有价值的数据，开始从人们日常最多接触的各方面互联网内容入手。网络里的内容数量庞大，可资利用的机会众多，恶意攻击者在内容层面更易于发起各种各样的混合攻击，这也意味着网络信息安全防护的重点需要向网络内容层面转移。

一 信息内容分类

1. 信息内容的三个层面

信息内容安全中的“内容”目前尚无统一的准确的定义，但是我们根据中国互联网的实践现实和经验初步将其归纳为三类：国家层面的内容、社会层面的内容和个人层面的内容。

国家层面的内容：涉及国家主权、政权、政治制度、意识形态、民族问题、间谍活动等诸多方面的网络内容。美国政治学家亨廷顿曾经表示，“对一个传统稳定的社会来说，构成主要威胁的并非来自外国军队的侵略，而是来自外国观念的入侵，印刷品比军队和坦克推进得更快、更深入。”而在互联网时代，网络内容的侵略会比传统的印刷品更有效。①

社会层面的内容：主要包括法人名誉、网络暴力、黄色、邪教、垃圾邮件、谣言、垃圾广告等。在“信息自由”的掩盖下，冗余信息、淫秽信息、盗版信息、虚假信息、过时信息、失真信息和错误信息等都可能借助网络广为流传，侵蚀人们的心灵，危害青少年健康成长，扰乱正常的社会秩序，危害国家经济安全。

个人层面的内容：主要涉及个人隐私、个人名誉等。这些信息内容有些是公民自身产生的，如年龄、收入、爱好等；有些是非自身产生的，如他人对该人的评价等。也可以根据其公开的程度将个人信息分为两类，一类是极其个人化、永远不能公开的个人信息，如信用卡号、财务状况等；另一类是在某些范围和一定程度上可以公开的个人信息，如姓名、性别等。

2. 信息内容的分类

我们将上面涉及到信息内容安全的内容按照其性质分成五类——政治性、健康性、隐私、涉密、版权。这些类别的违法和不良信息不仅对国家安全和公共利益构成威胁，而且其肆意传播会威胁到公民个人的生命安全和产权安全。

第一类是政治性的，这类信息涉及到：攻击性的、敏感性的和意识形态紧密相关的内容，比如宗教、民族、国际政治关系、国内政治关系等等方面的；反对国家基本体制的信息，破坏国家主权与领土完整的信息；违反中国宪法以及相关法律和原则的信息。这一类的信息在不同国家理解有很大差别，很多方面与意识形态相关。

第二类是健康性的，像淫秽和黄色内容、暴力宣传、药品和医疗卫生

① 张显龙：《全球视野下的中国信息安全战略》，清华大学出版社2013年版。

方面的信息等；很多垃圾邮件、非法广告等无用信息充斥网络，属于垃圾信息。还有很多黄色淫秽图片、书籍以及视频等严重地影响了人们的身心健康，尤其是会对未成年人造成严重的损害。

世界各国目前都将此类信息视为政府监管的重点内容，各个国家都认为淫秽信息不利于未成年人的身心健康，推崇暴力、种族主义信息与种族仇恨等都应当被禁止。从目前来看，各国都一致认为影响到未成年人健康的淫秽信息以及种族主义信息是应当禁止和管制的内容。

第三类是隐私性的，侵犯和攻击个人或机构的名誉、形象、个人注册信息、金融信息等；网络内容往往对现实个人造成严重的权利侵害，尤其是个人的隐私权、名誉权等会因为不负责任的个人所发布的网络内容而受到损害。

第四类是涉密性的，就是国家涉密信息的无意泄漏、无意扩散以及有意的窃取和传播。国家安全体系与互联网已经密切相连，例如银行、税务、金融体系等方面的攻击与诈骗等网络信息都可能给国家以及公民带来严重的损害，这类网络犯罪已经成为了一个值得关注的方面。另外，有关国家秘密的泄漏、非法的传播、非法的获取以及通过网络进行的间谍活动都与此相关。

第五类是版权性的，这既包括传统的图书、报纸、期刊、音像制品，也包括新兴的数字内容产品或电子出版物的侵权剽窃。网络对知识产权的侵犯比较严重，这些知识产权或者归属于个人或者法人。网络上的音像、影视、书籍等不经授权的传播，都可能对知识产权所有人构成侵犯。

当然，网络信息内容的分类并不仅仅只有上述一种维度，比如可以从信息内容的基本属性，即信息的真实性、可用性、道德性以及内容的合法性的角度进行划分。从信息的真实性角度，所有的信息内容可以分为真实信息与虚假信息，而虚假信息又可以细分为虚假广告、虚假宣传、虚假新闻等。

而从可用性角度来看，信息内容又分为可用信息与垃圾信息；从道德性角度，分为非道德信息与不道德的信息，后者包括如网络谩骂、黄色信息、侵犯他人隐私等其他相关权利的信息、煽动种族仇恨信息。

从内容的合法性角度，可分为合法信息与非法信息，非法信息包括违反宪法的信息、危害国家统一、主权与领土完整的信息以及泄露国家秘密，危害国家安全或者损害国家荣誉和利益等信息。

在这种分类中，虚假信息、垃圾信息以及不道德的信息等都属于非法信息，成为政府管制的对象，但是也存在着一些信息，虽然在内容上虚假、或者没有用处、不道德，例如一些无意义的网络言论、网络不文明的语言等，都不能够视为违法的信息，只能够被认为是道德上不可取的信息。

表1—1　　互联网非法和不良信息的情况

信息内容类型	比例（%）
黄色信息	70.7%
带病毒信息	67.8%
虚假信息	68.9%
涉及到国家安全的信息	64.5%
垃圾邮件	44.2%
个人隐私信息	39.6%
热点敏感信息	12.8%

注：根据中国互联网违法和不良信息举报中心的公开信息整理，易目唯

二　不同视角下的信息内容安全

1. 国家视角下的内容安全

从国家层面来看，网络内容安全问题主要表现在对网络数据的攻击上，通常是为政治与社会稳定服务，防止造成社会不安定的信息向网络进行传播，主要是对特定信息的监测与阻断，主要作用于内容的机密性、真实性和可用性三个属性。

中国国家领导人非常关注国家基础设施的宏观安全问题，尤其是对信息化安全高度重视，对各领域信息化安全建设起到了巨大的推动作用。国家为了维护上述安全问题，建立相应的具备更加强大的职能的运行机构。

多位国家领导人都从不同角度关注国家主权意义上的受到侵害的网络

行为、网络犯罪和网络恐怖主义行为，尤其是那些危害国家安全、社会稳定和文化侵蚀等方面的内容安全。江泽民同志在2001年就曾指出："在大力推进中国国民经济和社会信息化的进程中，必须高度重视信息网络的安全问题。要积极支持和大力推进信息网络化，也要加强规范，依法管理，保障和促进中国信息技术和信息网络健康有序地发展。"胡锦涛同志在2011年省部级主要领导干部社会管理及其创新专题研讨班开班式上亦指出："进一步加强和完善信息网络管理，提高对虚拟社会的管理水平，健全网上舆论引导机制。"他还在18大报告中明确国防和军队现代化建设中要"高度关注海洋、太空、网络空间安全"。习近平主席2013年在与奥巴马会谈时也一再强调，"中国政府坚持维护并重点关注网络安全"，期待中美两国能真诚合作并能消除美国对于网络安全和黑客攻击的误解。他还补充说，中国也是网络攻击的受害国之一。国务院副总理马凯指出，要按照"积极引导、依法管理、整体管控、确保安全"的原则，健全网络管理法律法规，建立网上动态管理机制，加强对网络的实时动态管控，严厉打击网络违法犯罪行为。健全网上舆情引导处理机制，及时跟踪舆情动态，研判舆情走势，评估舆情影响，积极主动地引导网上舆论。

国家领导人纷纷关注网络安全，也对中国的信息内容安全建设提出了更高的要求。因此可以说，中国政府负责安全工作的部门对于密码、涉密网络与公共网络隔离、对信息化安全技术、产品和服务进行测评认证和市场准入应当理解为代表国家提出的安全要求。

2. 内容视角下的内容安全

信息内容安全的问题主要表现在有害信息利用互联网所提供的自由流动的环境肆意扩散，其信息内容或者像脚本病毒那样给接收的信息系统带来破坏性的后果，或者像垃圾邮件那样给人们带来烦恼，或者像谣言那样给社会大众带来困惑，从而成为社会不稳定因素。

信息内容安全是一项复杂的社会形态工程，不能简单地视为技术问题。要做好内容安全工作，需要政府、国际组织、互联网管理机构、互联网企业、互联网协会、网民和其他组织等共同努力，充分调动各方利益。

第四节　网络信息内容安全的多层次需求

一　信息内容安全是互联网自身发展的需求

互联网是20世纪人类文明的辉煌成果。经过30多年的发展，它已经从一个学术和军事的专用网络演变为全球重要的信息基础设施，渗透到政治、经济、贸易、文化、媒体、教育等各个社会领域并产生巨大的影响。互联网提高了社会的运转效率和生产力水平，给人们的工作、生活带来极大的便利，已经成为人类社会必不可少的组成部分。随着网络的发展，网络与现实的关系越来越密切，虚拟和现实难以隔离开来，它们相互作用，相互影响。

众所周知，互联网诞生之初并不存在安全和治理问题，这与互联网发展的独特历程紧密相关。最初，互联网主要是在民间力量的推动下，经过自下而上的技术创新与应用推广而发展起来的，并最终形成了平面化的开放式参与空间。互联网的现有规则大多也是通过自下而上、非集中化的方式形成的，这种模式重视发挥民间团体、私营部门和个体的作用，注重不受传统现实社会约束限制的个性，鼓励创新精神，注重规则的效率、开放性和有效性，强调没有政府参与和限制的自由和平等。这种治理模式在互联网发展初期，对于全球互联网的繁荣和发展确曾起到积极的推动作用。但是随着互联网的快速发展壮大，它已经演变为重要的全球信息基础设施，并已经全面渗透到社会的各个方面，关系到国家的主权和公众的利益，涉及众多公共政策，如应对和打击垃圾邮件、网络犯罪、消费者权益保护以至国家的政治与经济安全等问题。这时的网络并不再是完全独立于政府之外的一个虚拟世界，它也需要保证健康发展的网络秩序，而这种秩序的确立没有政府的参与是无法实现的。

另外，从互联网诞生以来所形成的私营部门和一国主导的互联网治理机制已经逐渐暴露出诸多缺陷，不再适应互联网自身发展的新形势和新需求。其中最主要的是在互联网国际治理领域，不但缺乏政府的有效参与，或者说政府在互联网国际公共政策的管理上缺位，而且各国政府的地位也不平等，某些国家在重要的全球资源管理领域独揽管理权。因此，信息内容安全和网络治理是确保全球互联网健康、可持续发展的重要保障。[①]

二　国际网络新秩序的要求

由于不同国家和地区经济、社会的发展水平不同，互联网的普及率和发展、应用水平在发展中国家和发达国家间差距很大，存在明显的数字鸿沟。互联网对社会、经济等的结合度差别也很大，推进网络信息安全与治理有助于建立更加公平的国际网络新秩序。

数字鸿沟是全球不得不面对的严峻事实，“互联网应用能力的差距，一定程度上反映着不同国家、人群在数字化经济时代发展的差距，在这方面的差距将导致数字鸿沟”。根据联合国的文件，数字鸿沟指由于信息和通信技术的全球发展和应用，造成或拉大的国与国之间以及国家内部群体之间的差距，其本质是信息富有者和信息贫困者之间的差距。它的产生，从世界范围看，就是由于发达国家经济水平及信息化程度与发展中国家之间所形成的信息不对称；从发展中国家看，就是由于地区、行业、所有制以及企业规模等差异，存在着的信息不对称。

国际电信联盟公布的最新数据表明，发达国家能够使用固定宽带互联网服务的人口已占其总人口的77%，而发展中国家只有31%。更为严重的是，全世界大约2/3的人口、约45亿人至今根本就没有机会使用互联网。数字鸿沟带来两方面的失衡：一是造成更多的信息穷人，信息资源的匮乏意味着远离创造财富的机会；二是国际舆论场上的实力对比更加悬殊，信息传播技术的进步有可能让强者愈强、弱者愈弱。全球财富分配不平衡同信息分配不平衡有着内在的联系。贫穷不仅仅是财富的稀缺，同样也意味着信息的短缺。互联网运用水准，在相当程度上决定着一国经济结构中的知识分量。[②]数字鸿沟加剧经济发展方面的差距，甚至有可能给人们客观真实地把握当今世界造成负面影响。在互联网作为全球数字化经济的载体正在全

---

① 闫宏强，韩夏：《互联网国际治理问题综述》，中国电信网，2005年10月。

② 钟声：《“数字鸿沟”不能越来越深》，《人民日报》2013年5月23日。

面地对社会经济结构、组织结构、商业模式、管理行为和交易方式、管理体制等诸方面产生着深远影响的今天，全球 90% 的电子商务额被发达国家垄断，发展中国家只占 10% 左右的份额；美国、日本等发达国家，与信息产业相关的活动的产值已经超过 GDP 的 50% 或接近 50%，对 GDP 的增加值更是远远超过了第一和第二产业；美欧发达国家对信息技术的投资占全球信息技术总投资的 75%。目前国际互联网全部网页中有 81% 是英文的，其他语种总共不到 20%。

当然，造成这种国际网络秩序不公平的因素很多。从政治层面看，由于历史原因，目前国际上得到各国政府合法授权的互联网资源管理主体缺位，对于负责互联网地址域名分配，特别是负责全球互联网域名解析的顶级服务器修改和运行的互联网地址域名资源管理机构 ICANN，仅由美国政府授权，法律上仅对美国政府负责，各国政府和公众并没有合法的问责权。在互联网已经成为全球重要的基础设施的今天，这种单边管理机制给世界多数国家带来政治上的深深的不安全感和不信任感。这种机制至少在理论上使得美国在任何时候都可指令 ICANN 改动互联网根服务器的数据而使若干国家或地区的互联网与国际互联网中断开来，陷于瘫痪，尽管美国方面声称从未这样做。

其次，从经济角度看，不少发展中国家和美国互联网骨干网（backbone）的互联结算机制不平等。现行与美国等发达地区互联网骨干网的结算机制不但对中国，也对许多发展中国家都严重不平等。所以有观点认为，发展中国家和最不发达国家在为发达国家的互联网补贴。随着传统电信的国际话务量日渐被互联网上的 VoIP 业务蚕食，发展中国家在国际贸易上的既有利益受到严重冲击。在文化、技术和安全层面，发达国家凭借优势，对发展中国家的传统文化、社会道德、网络信息安全产生很大影响，而许多发展中国家根本无力应对。比如，世界上有些小国家根本没有技术和人力运行自己的国家顶级域名，无奈只得卖给或委托给国外的公司运行和经营管理，典型的如岛国 Cocos 的 .cc，图瓦卢（Tuvalu）的 .tv。[①]

---

① 闫宏强，韩夏：《互联网国际治理问题综述》，中国电信网，2005年10月。

中国在互联网国际治理公共政策问题上，坚持“政府主导，多方参与，民主决策，透明高效”和“应在联合国框架下建立合法、权威的国际治理体系”两点基本立场，因此争取建立起有利于中国及广大发展中国家利益的互联网国际新秩序是我们的目标。主权国家政府代表着包括私营部门、民间团体乃至广大网民在内的各方的共同利益，在互联网公共政策制订过程中应发挥主导作用，私营部门、民间社会和其他相关各方正在并将继续在这一进程中发挥积极的推动作用。互联网秩序政策的制订不能超越国际法和国家主权，正如信息社会世界峰会《原则宣言》第49条所述：“与互联网有关的公共政策问题的决策权是各国的主权。对于与互联网有关的国际公共政策问题，各国拥有权力并负有责任。”因此，互联网公共政策的制定是各主权国家也就是各国政府的共同责任和天赋权力，政府在公共政策问题上居主导地位，具有决策权。当然，在政策制定过程中政府应充分咨询私营部门和民间社会等利益相关方的意见。一方排斥其他各方独揽互联网治理的观点是不对的，不加区别地对待各方职责、作用的观点也是不对的。

同时，要建立互联网国际新秩序，必须解决现有互联网治理机制的缺陷问题。首先，互联网核心资源是互联网运行和管理的基础，目前互联网资源领域的单边化、私营部门主导的现状不符合包括中国在内的广大发展中国家的利益，多边化、政府参与和主导是广大发展中国家的核心利益所在。其次，在互联网事务的管理尤其是公共政策的管理上，国际上政府间的协调合作机制还没有系统地建立，导致国际间无法有效协调互联网的发展问题，无法有效保护全球公众利益。因此，互联网治理与安全政策问题，只有建立起政府间机制才具有强制力，才能真正有助于弱化乃至消除“数字鸿沟”的网络国际新秩序。

三　网络社会监管的需求

互联网是一把双刃剑，它既能推动社会的进步与发展，同样也会给现实社会带来冲击和破坏。比如，互联网犯罪正在成为威胁互联网健康发展的障碍，网络诈骗、经济间谍、儿童色情、黑客行为、垃圾邮件等都会严重地侵犯到个人、企业以及国家的安全与利益。同时，互联网信息的匿名性、无国界性、开放性等都使得互联网的管理，尤其是信息内容的管理更加困难。因此，在充分发挥互联网优势的同时，还必须加强管理和安全措施，坚决遏制和堵住有害内容的传播。

1. 互联网促进民主政治

互联网为人们创造了全新的虚拟生活空间，影响了人们的思维方式和思想观念，对于整个社会环境产生了重要的作用和影响。它不仅有助于民主、平等、自由等价值观念的传播和认同，也同样促进了公民参与意识的提高，有助于各国公民民主政治意识的觉醒和公民素质的增强，有助于弥合各种文化之间的裂痕，增强社会信任度。

首先，互联网有助于公平交流，促进社会信任。以中国为例，网上交流活跃是中国互联网发展的一大特点，中国论坛帖文、博客文章、微博与微信发言数量之巨大，是世界各国都难以想象的。据中国互联网信息中心CNNIC统计，截至2013年底中国网站总数接近320万，大多数都为网民提供发表言论的服务，如评论、BBS等。中国现有全球数量最多的网络论坛，活跃博客用户1亿［博客用户（含个人空间）总数4亿多］，微博用户2.8亿。这些互联网新型应用、新服务为人们表达意见提供了更广阔的空间。博客、微博、视频分享、社交网站等新兴网络服务在中国发展迅速，为中国公民通过互联网进行交流提供了更便捷的条件。网民踊跃参与网上信息传播、参与网上内容创造，大大丰富了互联网上的信息内容。

其次，互联网给公民参政议政、监督政府、反映问题等提供了便利。长期以来，中国的舆论阵地多集中在报刊、广播、电视等传统媒体上，互联网的出现改变了舆论阵地的固有格局，不仅抢走了越来越多的读者，而且正在成为新的舆论阵地。中国绝大多数政府网站都公布了电子邮箱、电话号码，以便于公众反映政府工作中存在的问题。各地也纷纷探索网络问政模式，通过互联网在线互动、对话两会代表等方式汇聚民智，凝聚民心。从2008年6月时任国家主席胡锦涛在人民网与网友在线聊天，到各省市官员通过各种形式在网上与百姓互动，中国政府越来越多地通过互联网问政于民，使得政府信息管理透明畅通。同时，为便于公众举报贪污腐败等问题，中央纪检监察机构和最高人民法院、最高人民检察院等开设了举报网站。中央纪委监察部举报网站、国家预防腐败局网站等开通后，为惩治和预防贪污腐败发挥了重要作用。据抽样调查，超过60%的网民对政府发挥互联网的监督作用予以积极评价，认为这是中国社会民主与进步的体现。可以说，互联网在政府与公众之间架起了直接沟通的桥梁。通过互联网了解民情、汇聚民智，成为中国政府执政为民、改进工作的新渠道，互联网上的公众言论正受到前所未有的关注。每年全国人民代表大会和中国人民政治协商会议期间，都通过互联网征求公众意见。近几年来，每年通过互联网征求到的建议多达几百万条，为完善政府工作提供了有益参考。

《纽约时报》称，"微博是观察中国正在发生什么的实时观察体系"。确实，微博正在成为中国最重要的舆论场，要想真正了解群众所思所想所关注的，必须到群众中去，到微博中去，到论坛中去，既要发挥"面对面"的优势，也要积极主动地利用键盘与鼠标手段。互联网为人们享有知情权、参与权、表达权和监督权提供了前所未有的便利条件和直接渠道，为政府了解人民意愿、满足人民需要、维护人民利益发挥了日益重要的作用。①

同时，互联网也是宣泄怨恨的舆论阵地。美国社会学家爱德华·罗斯曾经说："精明的政治家都懂得，容忍在议会中和在报刊上对政府批评是一种防止造反的疫苗。自由抗议是一个安全阀，它让蒸汽溢出，因为，如果蒸汽受到限制，就有可能把锅炉炸毁。"公众对于现实社会的不满和愤懑是不可避免存在的，互联网为公众自由地表达自己的言论与观点、释放压抑的不满提供了一个重要的出气筒和减压阀，从而在一定程度上可以避免演变成剧烈的政治冲突并集中爆发。新加坡内阁资政李光耀曾经说过："与其让人随地大小便，不如修个公共厕所。"互联网上的对抗性并不等于现实政治中的对抗性，其对"维稳"的威胁是极其有限的，反而网上的"骂娘"恰恰减少了"动手"，"上网"取代或推迟了"上街"。②

---

① 王江，吴勇军：《科学认识与运用网络评论》，《新闻研究导刊》，2011年第11期。

② 张显龙：《中国互联网治理：原则与模式》，《新经济导刊》，2013年第3期。

2. 互联网负面影响不容忽视

互联网在促进不同国家、不同民族、不同地域之间的交往和交流方面起到了巨大的推动作用，但是也成为一些敌对势力和国家对以中国等为代表的发展中国家进行意识形态渗透和政治干涉的工具。目前，互联网已经取代传统的广播宣传、电话宣传和发放传单等方式，成为某些发达国家进行政治渗透的绝佳途径。目前，西方国家的各大传媒纷纷开设中文网站，扩大西方国家对华影响的范围，以达到其和平演变、分化中国的图谋。与此同时，一些国家抓住中国发展过程中出现的一些人民内部矛盾和社会不稳定因素，大打人权、民族、宗教牌，并与“疆独”、“法轮功”、“藏独”等宣传遥相呼应，诋毁和歪曲中国政治制度，并通过社交网络等工具召集各种“社会革命”。中国目前处于深化改革和社会转型的关键时期，难免出现个人主义、利己主义、功利主义、民族主义、宗教仇恨等各种思潮，由于社会现实问题导致的民族歧视、区域歧视、人格侮辱言论等不良信息很容易在互联网上被炒作成热点或者焦点话题，对现有的社会价值观和思想道德造成不容忽视的冲击。

互联网对于提高公众话语权发挥了重要的作用，但网络舆论的非理性、伪民意的舆情现象同样需要关注：庞大的网络水军操纵使得网络舆情很多时候会呈现出许多非理性特征，在对问题的揭露和对现实的批判上容易表现出情绪的发泄、偏激的语言甚至谩骂，而客观理性的分析探讨则十分缺乏。

互联网使全球的文化信息交流日趋紧密和频繁，但是由于数字鸿沟的存在，这种文化交流并不真正平等，互联网在很多时候成了一些国家推行文化殖民和文化霸权的重要手段。互联网信息交流的不可控性和文化冲突的特点在很大程度上冲击了中国等发展中国家的传统文化价值，在潜移默化中影响年轻一代的思想意识、伦理道德、知识结构和生活方式。这比传统的有形的文化产品入侵，如电影、报刊等，更为恐怖，很容易让公众对自己的民族自尊心和民族自豪感产生动摇，严重影响民族凝聚力。民族凝聚力的涣散不仅是一个民族式微败落的征兆，更孕育着国家危机。

另外，利用互联网进行犯罪的现象也层出不穷。近年来，各国的网络犯罪呈上升趋势，各种传统犯罪与网络犯罪结合的趋势日益明显，网络诈骗、网络盗窃等侵害他人财产的犯罪增长迅速，制作传播计算机病毒、入侵和攻击计算机与网络的犯罪日趋增多，利用互联网传播淫秽色情及从事赌博等犯罪活动仍然突出。同时，网络犯罪更趋复杂，各种犯罪相互渗透，形成分工合作的利益链条，特别是不法分子利用境外网络资源实施犯罪活动比较突出。据统计，中国所调查的网络犯罪案件中，超过 90% 的诈骗、钓鱼、色情、赌博等违法网站和超过 70% 的僵尸网络控制端位于国外。

当然，不仅仅是中国，欧美国家以及其他发展中国家的网络犯罪情况也不容忽视。如英国政府内网的安全网关平均每月拦截的恶意邮件数量超过 33000 封，而且这些恶意邮件通常由网络犯罪高手或国外组织发出。2013 年 7 月 22 日公布的一项研究结果指出，美国每年由于网络间谍活动和网络犯罪造成的损失高达 1000 亿美元。同样是 2013 年 7 月，美国有 5 名黑客涉嫌网络诈骗，造成超过 3 亿美元的损失，其中两人被捕。另据巴西银行业联合会登记的数据显示，2011 年，利用银行网络服务系统实施的犯罪活动比前一年增长了 60%，导致银行和客户经济损失达 15 亿雷亚尔（约合 7.5 亿美元）。

四　互联网治理的理论依据

传统的观点认为，政府不能规制网络空间。政府可以有威慑作用，但网络行为却是无法控制的。网络空间是一个完全不同的社会，那里有约束和管理，但应从下而上建立，而不是通过国家的指导来建立。这个空间的社会应是一个完全自我组织的实体，没有统治者，没有政治干预。美国杜克大学法学教授詹姆斯·博伊尔甚至还提出了一个所谓的“自由主义诀窍”：没有发达的因特网，就没有政府的延续，但是没有任何政府能够控制在那里发生的一切。

目前，政府不能管理互联网的观点正在受到质疑。哈佛大学法学院教授凯斯·桑斯坦认为，网络自由使信息随时获取成为可能，由此产生的“量身定制”现象会造成信息窄化，其结果使社会趋于分裂，各种仇恨群体更容易相互联系和影响，这与民主社会的多元化特征是相悖的。在这种情况下，政府介入以提供一个多元的环境具有合法性和必要性。桑斯坦倡导创建公共论坛，将改善的力量诉诸于大众媒体和政府管制，并主张以“民主的商议”为原则衡量政府管制言论的范围。美国学者劳伦斯·莱斯格也主张政府的适度管理，他认为，“网络空间的自由绝非来源于政府的缺席。自由，在那里跟在别处一样，都来源于某种形式的政府控制”。他在1999发表的著作《代码》一书被称为“也许是迄今为止互联网领域最重要的书籍”“网络空间法律的圣经”。他说：“网络空间呈现了一些新的东西。对于规范如何运作以及是谁在规制着网络空间的生活，我们要有一个崭新的认识。网络空间迫使我们超越传统律师的视野去观察——超越法律、规制和社会规范。它需要我们对一个新近突显的规制者加以描述。”①

以上种种演变恰恰充分验证了互联网的外部性理论。从理论角度来看，互联网存在着外部性，这是其需要政府管制的一个重要理论依据。互联网广泛存在这种外部性，例如用户在不知情的情况下受到网络色情的伤害，阅读网络上有关种族主义、暴力等方面的信息产生的不愉快，电子邮件中出现大量的垃圾邮件等都是网络外部性的表现。互联网上的欺诈、淫秽内容以及虚假信息导致的网络环境恶化等对于互联网用户来说都具有负面的影响，而打击互联网各种犯罪更加需要政府的法律干涉。因此，维护互联网秩序和内容安全迫切需要政府的参与和支持。当然，鼓励共享、消除信息垄断、反对不适当的信息控制、提倡信息民主以及从根本上缩小和消除数字鸿沟等，应当作为政府对网络实施监管的出发点。

第五节 互联网内容安全与治理的问题与难点

互联网内容安全和治理不仅要受到网络结构、运营体制、技术手段、文化传统等方面的制约，同时要考虑到现实社会制度的传承与影响。因此，我们结合国内外互联网内容安全和治理的经验和教训，努力从中梳理出适合中国国情的互联网监管思路和途径。

---

① 蔡文之：《国外网络社会研究的新突破》，《社会科学》2007年第11期。

一　互联网内容治理的难点

互联网时代，传统的国家、民族、地域等概念正在不断遭遇挑战，人们的归属感逐步弱化。在网络虚拟社会中，没有绝对的、真正意义上的权威，也没有绝对的、真正正确的规则，来自传统社群意义上的责任、义务和权利等概念也在被不断弱化和逐步消解，这给互联网内容管理带来了一系列的挑战。

1. 法律、法规作用的弱化

“对于网络空间，有一个广为流传的代表了第一代网络人想法的观点，即网络空间无法被规制。它‘无法被规制’，它‘天生的能力’就是抵制规制。那正是它的性质、它的本质使然。”虚拟、互联、开放是已被公认的互联网本质，这是网络治理难以逾越的关键所在。人们担心对互联网的不适当和过度管理可能会以失去互联网的本来意义为代价，因此形成了互联网不可规制的传统认识，也正是这种虚拟性使得传统法律的控制作用大为降低。

要想对互联网信息实施法律控制，首先要有法可依。法律作为一种强制性的社会控制手段，具有滞后于社会实践的特征，所以在互联网成型并且引起社会规范关注之前，并没有应用于新环境下的法律和法规。当网络空间和建立在其上的网络信息社会出现之后，针对网络信息社会犯罪的立法工作才能启动。同时，由于网络空间的特殊性，原有的社会观念在网络环境下也不再完全适用，一些在现实社会中可以认定为是一种犯罪的行为，在虚拟空间中并不能轻易地被判定为是违法的。

另外，网络空间超越了现实世界中的空间概念，摆脱了现实世界中的空间束缚，犯罪分子可以轻松地瞬间跨越到千里之外去作案，然后消失得无影无踪；传统意义上的国家边界在互联网上也不复存在，这就需要不同国家和地区之间在打击网络犯罪方面协同作战。现实中法律的实施是与国家、社会概念紧密相关的，因此这种虚拟空间中的“跨界联合执法”就要考虑到不同国家和地区的实际情况，执行起来受到极大的限制，极端情况下甚至可能引起不同国家和地区之间的政治矛盾和民族冲突。因此，法律控制作用的弱化，是网络信息社会治理的一个重要挑战。

2. 道德等传统力量约束的弱化

道德作为一种社会意识形态，是人们共同生活及其行为的准则与规范。道德往往代表着社会的正面价值取向，起判断行为正当与否的作用。在网络社会中，行为主体只是一个个简单或者复杂的ID，尽管每个ID背后都隐藏着一个或者多个现实生活中的人，这导致了该ID社会身份在互联网上的隐匿，从而造成现实社会中的社会关系在网络空间中不复存在，这样传统的道德约束在互联网时代就失去了约束的基础。尽管目前也有人提出网络道德的概念，试图以善恶为标准，通过社会舆论、内心信念和传统习惯来评价人们的上网行为，调节网络时空中人与人之间以及个人与社会之间关系的行为规范，贯彻诚信、安全、公开、公平、公正、互助的网络道德原则，但是目前还处于刚刚起步阶段，更多的是依靠个体的自律性。与此同时，传统社会中的许多社会控制力量也并不能在网络社会中充分发挥作用，比如宗教、政权、组织纪律等。比如，网络犯罪是不是犯罪，网络道德要不要遵守，网络犯罪是否应该得到现实惩罚，网络道德是否应该符合现实道德底线，都成了互联网信息和内容管理的困扰。

图 1—6　网络较量

3.国家与地域概念面临冲击和挑战

正如前文所述，互联网社会里，人们的行为变得“虚拟化”和“非实体化”，因此，意识形态与空间意义上的国界和地域的概念将面临挑战和冲击。互联网的跨越空间特性，在弱化国家概念的同时，使信息发送者可以摆脱特定国家法律和特定社会环境的约束来表达观点、传送信息，这容易形成极端的虚拟多元社会，比如网络移民族群。比如，新移民与他们祖国的同一种族群有紧密联系，而这种联系很容易通过互联网得到强化，形成跨国虚拟族群交流圈，这便为多民族国家少数民族中移居国外的民族分裂主义团体通过网络发动他们祖国内部的种族分离和叛乱活动提供了条件。网上最活跃的种族分裂组织包括以美国为基地的车臣宣传网络（CAN）和东突组织。在传统社会中，国家是社会控制与管理的主体，而互联网时代国家概念的消解与极化却对网络信息社会的问题控制有着极其不利的影响，我们必须正视这一问题。①

二　中国互联网治理存在的问题

目前，中国互联网监管和治理主要存在以下几个方面的问题。

1. 网络内容治理遭遇“海归”

根据中国互联网络信息中心 CNNIC 的调查，截至 2013 年 12 月底，中国网络新闻的网民规模达到 4.91 亿，网民对网络新闻的使用率接近 80%。这一方面是在移动互联网时代，利用碎片化时间阅读新闻成为网民的主要活动之一；其次，随着微博、微信等移动互联网应用的兴起，网民接触新闻的渠道增多；最后，各类新闻媒体纷纷发力移动互联网，制作了大量的新闻 App，极大提高了网络新闻的覆盖人群与阅读频率。其中，还有非常重要的一点是中国民众对通过网络获取信息的依赖程度及对网络舆论的关心度和期望值均居各网络大国之首。只要在中国某一知名网站载出一条所谓的爆炸性消息，4 个小时左右就会被国内超过 500 家以上的网站转载。网民可以针对此信息以发贴评论、微博转发等方式迅速形成网上公众舆论，从而造成很大影响，而失控的网络舆论将对社会稳定构成隐患。②

① 张纯厚：《全球化和互联网时代的国家主权、民族国家和网络殖民主义》，《马克思主义与现实》，2012年4月。

② 唐克超：《网络舆论对国家安全影响问题探析》，《中国软科学》2008年第6期。

近年来，中国有关部门先后开展了“大兴网络文明之风”“整治互联网低俗之风专项行动”“净网”“依法打击互联网和手机媒体淫秽色情专项行动”等活动，中国的互联网环境明显得到净化。但由于互联网的自由、突破国界等特点，以及互联网技术的革新和中国的国际出口带宽的不断扩大，在中国各项整治网络环境的活动不断开展的情况下，大量不良信息、淫秽色情网站的虚拟空间、服务器已开始向国外转移。不仅如此，一些不法分子通过技术手段让网站提供的不良信息只面向中国用户，使得中国用户仍然继续受到有害信息的影响。短期内，在缺乏有效技术手段的情况下，相关监管部门对这些向中国输送不良信息的网站只能选择重点、影响大的进行治理，尽可能地缩小影响范围，但在活动结束后经常出现“死灰复燃”的现象。

2. 核心网络技术依赖进口存安全隐患

从互联网的技术架构来看，目前中国在高端防火墙、操作系统等关键技术及相关产品上很大程度上还依赖进口，政府采购多为国外网络信息安全技术和产品，包括软件和硬件在内的核心系统和逻辑编程都掌握在外国人手中，做不到自主可控，存在严重的安全隐患。严重依赖国外的技术和产品也造成管理部门难以制定相应的技术管理规范，导致中国至今尚未形成一套有效的技术手段能够控制在国内接入的所有网站。当前互联网站管理中最重要的根服务器均在国外，一些违规网站在国内及国外不断更换地址，但管理部门只能随后跟进管理，通过末端的接入网站对内容进行控制。这就导致了经常出现事倍功半的情况，不能对互联网监管做到有效控制。

3. 部门之间的协调及数据共享能力有待提高

经过多次互联网整治活动，虽然各部门之间的协调问题有所改善，但仍然没有一个统一的协调标准。目前，国家互联网信息办公室已成立，并担负着落实互联网信息传播方针政策和推动互联网信息传播法制建设，指导、协调、督促有关部门加强互联网信息内容管理，在职责范围内指导各地互联网有关部门开展工作等职责。一方面，各部门之间还是由各自成立的专项行动协调小组来协调配合工作；另一方面，虽然一些部门通过工信部的 ICP/IP 备案管理系统进行了部分数据共享，但总体上的管理数据依然是信息孤岛，无法共享。这不仅降低了管理效率，也增加了管理成本。

4. 新业务发展与监管需要平衡

互联网技术发展日新月异，在此之上的应用也层出不穷，但由于缺乏有效监管，各类新兴业务发展鱼龙混杂，这不仅阻碍了新应用的发展，也在某种程度上损害了消费者的合法权益。随着移动互联网、物联网、云计算、微博、微信等新技术、新应用、新服务不断涌现，在带来新的经济增长点的同时，也带来更加复杂的网络安全问题，比如，物联网的感知节点的物理安全问题、感知物理的传输与信息安全问题、云计算的数据安全与隐私防护、运行环境安全，等等。三网融合、物联网、云计算、移动互联网等新业务和新技术的引入将给整个网络安全带来巨大挑战，因为这些新业务不仅牵涉到国家层面，更涉及到千家万户每个人的切身利益。

如何在互联网信息监管与新业务发展之间寻求到一种平衡无疑很关键，例如时下备受关注的手机打车软件与城市出租车监管之间的碰撞就是最鲜活的案例，再加上不同打车软件之间的“大打出手”和由此造成的非手机叫车用户更加困难等问题，一些地方交管局不得不以不成熟、难监管为由叫停打车软件。一般理由不外乎是，“手机打车软件存在着广泛争议和监管质疑，对行业带来不稳定隐患，容易造成司机拒载和挑客”。

图 1—7　打车软件之争折射出新业务与监管之间的矛盾（来源：《南方都市报》）

5. 整体的网络安全威慑体系亟需建立

互联网信息的安全问题是衡量互联网网络技术使用和管理是否有效的重要标准，而信息的互联网化使信息安全的保障从单一的技术层面进入社会统一管理的范畴，成为包括法律、道德规范、管理、技术和人的综合的安全策略的集合，它是以管理和安全技术为平台，以各部门形成合力为特征的有机整体。作为网络攻击的主要受害国之一，仅2013年11月，中国国内遭受境外木马或僵尸程序控制境内服务器就接近90万个主机IP；侵犯个人隐私、损害公民合法权益等违法行为时有发生，因此，中国网络信息安全建设不仅要建立数据与系统（软硬件、网络等）安全保障体系，而且要建立网络与系统的虚拟世界的“行为与内容的监管”的现代化监管体系、建立国家基础设施信息化业务连续性和应急体系和防范网络犯罪、恐怖主义和信息战威胁的安全威慑体系。

到2014年，已有40多个国家颁布了网络空间国家安全战略，仅美国就颁布了40多份与网络安全有关的文件。美国还在白宫设立“网络办公室”，并任命首席网络官，直接对总统负责。2014年2月，总统奥巴马又宣布启动美国《网络安全框架》。德国总理默克尔于2014年2月19日与法国总统奥朗德探讨建立欧洲独立互联网，拟从战略层面绕开美国以强化数据安全。欧盟三大领导机构明确，计划在2014年底通过欧洲数据保护改革方案。作为中国亚洲邻国，日本和印度也一直在积极行动。日本于2013年6月出台《网络安全战略》，明确提出“网络安全立国”。印度于2013年5月出台《国家网络安全策略》，目标是“安全可信的计算机环境”。因此，接轨国际，建设坚固可靠的国家网络安全体系，是中国必须作出的战略选择。

值得高兴的是，2014年2月27日，中央网络安全和信息化领导小组正式成立，中共中央总书记、国家主席、中央军委主席习近平亲自担任组长，李克强、刘云山任副组长。对于中国要从网络大国走向网络强国，习近平总书记指出，“没有网络安全，就没有国家安全；没有信息化，就没有现代化。”成立大会上透露出来的信息显示，领导小组将围绕“建设网络强国”，重点发力以下任务：要有自己的技术，有过硬的技术；要有丰富全面的信息服务，繁荣发展的网络文化；要有良好的信息基础设施，形成实力雄厚的信息经济；要有高素质的网络安全和信息化人才队伍；要积极开展双边、多边的互联网国际交流合作。会议还强调，建设网络强国的战略部署要与“两个一百年”奋斗目标同步推进，向着网络基础设施基本普及、自主创新能力增强、信息经济全面发展、网络安全保障有力的目标不断前进。

第二章 互联网安全战略与内容治理现状

面对全球信息化的迅猛发展，各国政府也都意识到信息安全和互联网内容治理的重要性，因此很多国家和地区都从自身的实际出发，积极制定与本国国情和利益相适应的信息安全战略和内容治理措施。为了应对日益频繁的网络安全事件，维护国家网络信息安全，美国、英国、俄罗斯、法国、日本等诸多国家都出台了国家网络安全战略，成立了网络安全机构，加强网络安全的维护力量。这些网络安全战略的发布，反映出各国对于信息安全战略的认识已经基本成熟。通过研究这些国家和地区的信息安全战略和互联网内容治理方略，可以帮助我们更好地梳理中国网络安全建设的思路，把握好互联网发展和内容治理之间的平衡度。

第一节 发达国家网络安全战略和网络内容治理现状

一 美国网络安全战略

作为全球经济与军事第一大国以及全球互联网管理的“幕后黑手”，美国在网络安全和网络内容治理方面的经历无疑值得关注。从克林顿时代侧重网络基础设施保护，到布什时代大搞网络反恐，再到奥巴马时代力主创建网络司令部，美国的国家信息安全战略经历了一个“从被动预防到网络威慑”的演化过程。据美国《纽约时报》之前的报道，美国国防部已经采取措施加强美军网络战备战能力，其中一项措施是创建网络战司令部。网络战司令部将对目前分散在美国各军种中的网络战指挥机构进行整合。成立网络战司令部实际上是承认美国已拥有越来越多的网络战武器。

图 2—1 美国网络司令部徽章

1. 美国网络安全战略的顶层设计

网络已成为继领土、领海、领空之后的第四空间，第四空间将直接对现实空间起到制约作用，其战略地位远在领土、领海和领空之上。随着信息技术的发展和计算机网络在世界范围内的广泛应用，国家政治、经济、文化、军事等受网络的影响日益增强，给国家安全也带来了新的威胁。美国是世界上最早建立和使用计算机网络的国家，他们凭借信息高速公路开始进入网络经济时代，其国家信息高速公路、全球信息基础设施相继建成，引领美国经济持续快速增长，同时在世界网络运用方面独领风骚。美国在现实空间的方方面面已经取得了绝对的优势，当然也想取得操纵未来的第四空间的权利，在未来第四空间行使其互联网霸权主义。[①]

正是基于这一认识，美国早已为实行互联网霸权进行了准备：意欲继续完全控制下一代互联网（IPv6）的根服务器；正在全球推行基于 EPC（产品

① 陈宝国：《美国网络安全战略对我国的启示》，《中国电子报》2009年8月13日。

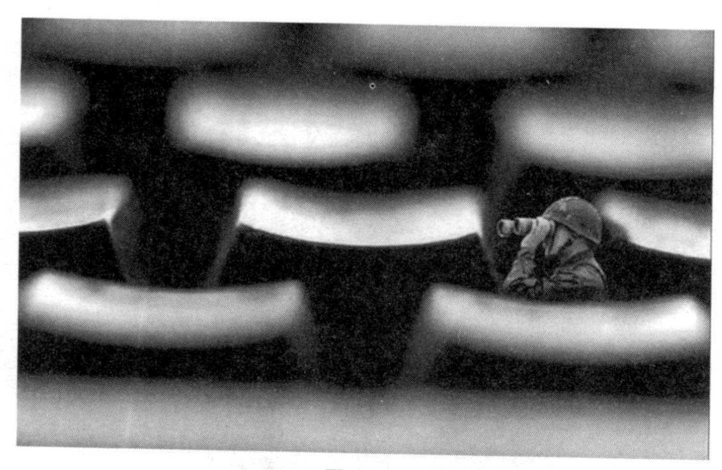

图 2—2

电子码）标准的全球物联网体系；进行信息领域企业的重组，巩固信息领域的垄断地位；不断制定各类标准，掌握信息领域的话语权；推广 WiMAX 技术，冲击 4G 通信技术标准。

其次，现代社会对信息的依赖程度越来越高，信息除了关系到一个国家的政治、经济等方面，还直接影响到普通民众的日常生活，对民众的心理和意志影响巨大。尤其是随着计算机网络逐渐渗入金融、商贸、交通、通信、军事等各个领域，网络也成为一国赖以正常运转的“神经系统”。网络一旦出现漏洞，事关国计民生的许多重要系统都将陷入瘫痪状态，国家安全也将受到威胁。目前美国的整个社会运转已经与网络密不可分，网络危机可能导致美国整个社会陷于瘫痪，这就是美国人所担忧的“网络珍珠港事件”。2005 年 6 月，美国最大信用卡公司之一的万事达公司众多用户的银行资料被黑客窃取，酿成美国最大规模信用卡用户信息泄密案；2006 年 5 月，美国退伍军人事务部发生失窃事件，窃贼将存有 2000 多万名退伍军人个人资料的电脑硬盘偷走，对美国武装部队的安全构成了潜在威胁。同年 8 月，美国东北部和加拿大的部分地区发生的大范围停电事故并引发了电网日常运作的崩溃，社会运转迅速陷于停顿，其中 7 个主要机场和 9 个核反应堆被迫关闭，5000 多万的居民生活受到了严重影响，位于纽约的世界银

图 2—3

行总部也因网络中断而暂停工作，网络安全对国家安全的影响可见一斑。

同时，作为信息超级大国，美国每年生产的新存储信息约占全球总量的 40%，电信的份额与之相似。由于网络安全的漏洞，这些信息易被各种类型的黑客窃取，从而导致美国经济利益受损，国家安全受到威胁。在美国政府看来，越来越多的网络罪犯把目标瞄准美国公民、商业、关键基础设施和政府。这些网络犯罪团体拥有泄露、窃取、改变或者完全破坏信息的能力，使得美国经济竞争力优势和国防军事技术优势面临丧失的危险。美国国家情报局长布莱尔在国会作证时指出："信息系统、互联网和其他基础设施日益增加的联系，为袭击者创造了破坏电信、电力、能源管道、冶炼厂、金融网络和其他关键基础设施的机会。"美国智库的一份报告指出，2007 年联邦政府多个部门，如国务院、国防部、商务部等，受到未知外国实体的严重攻击。美国务院承认有兆兆字节的信息丢失，国防部丢失的信息等同于国会图书馆纸质文件、图书所载信息的 2 倍。参议院的一份报告说，保护政府网络的成本高达 170 亿美元。

另外，美国工业也因网络安全问题蒙受巨大损失。美国公司把自己的产品设计、核心技术等信息储存在计算机里，这些信息失窃后，不仅相关公司的服务、供应链遭到破坏，而且其知识产权受到侵害，导致公司核心竞争力下降。截至 2008 年，美国称在网络上被"偷"的知识产权价值高达

1 万亿美元。在这种情况下，美国各界都质疑美国能否应对现代的网络安全威胁，认为网络安全是“一场我们正在输掉的战斗”。2009 年 5 月白宫公布的网络空间政策评估指出，美国许多建立在互联网基础上的重要数字基础设施目前都处于不安全状态，现状“不可接受”，来自网络空间的威胁已经成为美国面临的最严重的经济和军事威胁之一，保护网络基础设施将是维护美国国家安全的第一要务。①

在这种大背景下，奥巴马政府关于互联网国家战略的清晰表述开始浮出水面。2009 年 12 月 17 日，在名为“Twitter 和 Facebook 时代的美国国家战略”的演讲中，美国国务院高级创新顾问埃里克·罗斯指出：“以互联网，短信息服务，社会性媒体，移动应用程式为代表的‘连接技术’已经成为 21 世纪的主导性力量。”“连接技术联系了人与人，人与知识，人与世界市场……连接技术目前正属于全球性的扩散阶段，这为美国提供了历史性的机遇……美国必须在连接技术的扩张中占据主导地位。”而 2010 年 1 月希拉里发表的“网络自由”演讲，几乎就是对这个内部演讲的系统化升级。如果说希拉里的演讲对互联网在未来的美国外交政策中的定位的话，那么美国联邦通信委员会 (FCC) 的美国高速宽带发展计划，则代表着美国政府在国内掀起第二次互联网建设大潮的坚强决心——2015 年以前实现美国 1 亿家庭互联网传输平均速度达每秒 50 兆；2020 年以前，90% 的美国家庭互联网传输平均速度达到 100Mbps；每个社区的医院、学校、图书馆、政府机关等将在 2020 年前实现 1000Mbps 的网络连接。从希拉里到联邦通信委员会，美国政府在互联网领域中的频频出手让人感到眼花缭乱，应接不暇，然而，这集中体现了奥巴马政府在当前历史背景下对于美国内外环境、机遇与挑战的判断以及由此作出的决策——紧紧把握社交网站在全球范围内的扩散所带来的政治机遇以及经济空间；加大宽带互联网的建设，以应对其他国家对于美国互联网优势地位的挑战——而这则是美国网络安全战略的顶层设计。

① 程群：《奥巴马政府的网络安全战略分析》，《现代国际关系》2010年第1期。

表2—1　　　　　　　　美国网络安全相关部门

类型	组织名称	备注
国会	国会国家计算机系统安全和个人隐私咨询委员会 美国国会计算机安全协会	
政府	国家安全局[1] 国家标准与技术研究院[2] 国家保密通信和信息系统安全委员会 总统信息安全政策委员会 国家基础设施保障委员会 保护关键基础设施总统委员会 国家信息安全监察办公室 全国欺诈信息中心 国家安全局中央安全服务处 联邦政府安全基础结构项目管理办公室 美国能源部计算机安全技术中心 美国总务管理局信息安全办公室 国家计算机应急处理小组协调中心 ……	[1]职能： 全面统筹管理信息安全的全部事项； 制定信息安全的相关政策； 以总统令等方式发表重要的法令法规； 评测信息安全产品； 制定信息安全的相关标准； 负责与其他部门的协调工作。 [2] 信息安全检查的领导机构，致力于促成商用现成产品在国内安全方面的应用，负责不保密的、非军事的政府计算机系统，负责制定所有未列入保密级别的系统制定标准。
军方	国防信息系统局[3] 国防部信息安全协调中心[4] 国防信息系统局信息系统安全中心 美国空军信息战中心 美国海军SPAWAR信息系统安全计划办公室 美国陆军信息系统事故处理中心 ……	[3]职能： 与军事部门和国防机构合作负责实施防御性信息战计划；成立全球控制中心，提供指导防御性信息战计划的各种设施、设备和人员；为国防部提供集中协调的、全天24小时的对攻击行动的应付措施； 对国防部机构易受计算机攻击的程度进行评估。 [4] 与互联网的有关人士共同合作来侦测和解决计算机安全事故，研究如何防止未来发生的事故。
民间	互联网欺诈投诉中心 更好商业服务协会 美国注册会计师协会网站信任项目 ……	
国际	互联网欺诈投诉中心 事故处理和安全小组论坛 ……	

注：根据公开资料整理，易目唯

2. 美国网络安全战略发展历程

美国网络安全战略到目前基本上经历了三个阶段：克林顿时代、小布什时代和奥巴马时代。克林顿时代的网络安全战略主题是基础设施保护，重点在于“全面防御”；布什时代的网络安全战略主题是网络反恐，重点在于“攻防结合”；奥巴马时代的网络安全战略已显现出“攻击为主，网络威慑”的主题。

（1）克林顿时代：网络基础设施建设与“全面防御战略”

1993 年，克林顿政府就提出兴建“国家信息基础设施”；1998 年，克林顿颁布 63 号总统令，首次提出“信息安全”的概念和意义；2000 年，克林顿又提出了《信息系统保护国家计划》（NIPP1.0），强调国家信息基础设施保护的概念，并列出了可能对美国网络关键基础设施发起攻击的六大敌人：主权国家、经济竞争者、各种犯罪、黑客、恐怖主义和内部人员。

克林顿时代的《信息系统保护国家计划》（NIPP1.0）率先提出重要网络信息安全关系到国家战略安全，把重要网络信息安全放在优先发展的位置，并对重点信息网络实行全寿命安全周期管理。按照要求，新建和正在运行的重要信息网络的信息系统必须实施定期风险评估，针对信息系统的安全类别和等级，实行等级保护，并定期通过安全测试和风险评估，由联邦机构的高级官员基于安全控制的有效性和残余风险值决定是否授权该信息系统投入运行。这些风险评估的方法，逐渐成为全球信息系统安全评估的模式。可以看出，克林顿时代的网络安全战略重点在于“全面防御”。

（2）小布什时代：网络反恐

小布什上台以后，作为美国的重要核心网站，国防部网站被攻击次数不断增长已使美国政府忧心忡忡，国防部部长未加密的电子邮件被“黑”，国防部计算机每天遭受上千次的网络袭击，国土安全部的多个部门也遭受袭击。尤其是 2001 年 9 月 11 日，爆发了震惊世界的“9・11 事件”，其后一些恐怖分子利用网络之便向美国计算机网络频频发动攻击，特别是对要害部门的网络进行破坏，从而危害美国及其盟友国家民众的安全。“网络恐怖主义”浮出水面，迫使美国网络安全战略从“全面防御”走向了攻防兼备的“网络反恐”时代。

2003年2月14日，美国公布了《国家网络安全战略》报告，正式将网络安全提升至国家安全的战略高度，从国家战略全局上对网络的正常运行进行谋划，以保证国家和社会生活的安全与稳定。该报告确定了在网络安全方面的三项总体战略目标和五项具体的优先目标，其中的三项总体战略目标是：阻止针对美国至关重要的基础设施的网络攻击；减少美国对网络攻击的脆弱性；在确实发生网络攻击时，使损害程度最小化、恢复时间最短化。五项优先目标是：建立国家网络安全反应系统；建立一项减少网络安全威胁和脆弱性的国家项目；建立一项网络安全预警和培训的国家项目；确保政府各部门的网络安全；国家安全与国际网络安全合作。该报告明确规定，国土安全部作为美国联邦政府确保国家网络安全的核心部门，并且在确保网络安全方面充当联邦政府与各州、地方政府和非政府组织，即公共部门、私营部门和研究机构之间的指挥中枢。由国土安全部制订一项确保美国关键资源和重要基础设施安全的国家计划，以便向相关企业和其他政府机构提供危机管理、预警信息和建议、技术援助、资金支持等责任。该报告把关键基础设施定义为“那些维持经济和政府最低限度的运作所需要的物理和网络系统，包括信息和通信系统、能源部门、银行与金融、交通运输、水利系统、应急服务部门、公共安全以及保证联邦、州和地方政府连续运作的领导机构”。

同时，小布什非常重视美军网络战进攻能力建设，首先，大力开发计算机网络战武器。在软杀伤网络战武器方面，美军已经研制出2000多种计算机病毒武器，如蠕虫病毒、木马程序、“逻辑炸弹”、“陷阱门”等。在硬杀伤网络战武器方面，美国正在发展或已开发出电磁脉冲弹、次声波武器、激光反卫星武器、动能拦截弹和高功率微波武器，可对别国网络的物理载体进行攻击。其次，创建“黑客部队”。据悉，美军通过在国内外招募计算机高手，已经建立起一支“黑客部队”。这支部队训练有素，接到命令后随时可发起信息网络攻击，侵入别国网络，进行破坏，使其瘫痪甚至被控制。最后，组建信息网络战进攻部队。美国空军在2007年组建了一支专门负责实施信息网络进攻的航空部队——空军网络司令部。布什时代的网络安全战略重点在于“攻防结合”。

（3）奥巴马时代：网络威慑与攻击

素有“互联网总统”之称的奥巴马上台之后，在网络安全战略表现出比前两任总统更积极主动出击的态势。2009 年 5 月 29 日，上任刚刚几个月的美国总统奥巴马就宣布，“网络基础设施是一项战略资产”，并公布网络安全评估报告，认为来自网络空间的威胁已经成为美国面临的最严重的经济和军事威胁之一。报告强调，美国必须向世界表明它正严肃应对这一挑战。

奥巴马的报告由美国国家安全委员会和国土安全委员会负责网络事务的高级官员梅利萨·哈撒韦监督完成。报告说，美国的数字基础设施已经多次遭到入侵，数亿美元资金、知识产权以及敏感军事信息先后被盗，美国经济、社会等领域的关键基础设施遭到破坏，美国经济和国家安全利益受到损害。报告明确指出：必须马上开始全国性的网络空间安全对话；美国不可能独自确保网络空间的安全；联邦政府不能完全委托或取消其保护国家免受网络事件或事故影响的角色；与私营部门合作，必须定义下一代基础设施的性能和安全目标；白宫必须在提高网络安全方面起领导作用。

首先，把网络安全作为国家安全战略的一部分，把网络基础设施列为战略资产，实施保护。奥巴马政府不仅把网络等列为关键基础设施，而且把它升级为国家战略资产，视作维护国家安全与经济发展的命脉，上升到了与领土、领空、领海同样重要的战略高度。奥巴马在 2009 年 5 月公布《网络空间政策评估》时谈到，美国 21 世纪的经济繁荣将依赖于网络空间安全。他将网络空间安全威胁定位为“举国面临的最严重的安全挑战之一”，并宣布“从现在起，我们的数字基础设施将被视为国家战略资产，保护这一基础设施将成为国家安全的优先事项”。

其次，加强网络安全的集中领导。“9·11 事件”后，美国政府成立了“总统关键基础设施保护办公室”，并首次设立由办公室主任担任的“总统网络安全顾问”。2003 年国土安全部成立后，美国政府把负责网络安全的职责移交给该部。2009 年 2 月 9 日，奥巴马政府公布将专设国家网络安全顾问一职，负责制定政策，协调联邦机构力量，并直接向总统报告工作。该网络安全顾问配有 10 ～ 20 名助手，他们在网络安全顾问的领导下与强化后的国家安全委员会网络工作人员以及执行总统网络政策的联邦机构协同工作，运用外交、情报和军事工具，应对网络空间的威胁，加强美国的网络安全。

综观美国的网络安全管理分工，国防部网络战司令部将总负责军方网络安全的政策、网络战实施指挥等；国土安全部主管政府机构、社会团体、大型企业等网络安全的政策、实施、保障；其他方面的网络安全事务则将由国家安全局负责。上述这些工作全部汇集到白宫网络安全协调官处，并由其通过国家安全委员会和国家经济委员会两个机构整合到美国的国家安全政策和经济发展政策之中。

第三，组建网络战司令部，作为美军网络战方面的最高管理部门，整合各军种网络战资源，协调全军联合网络战模式。2009 年 6 月 23 日，美国国防部长盖茨正式下令创建网络战司令部，以协调美军的网络安全以及指挥网络战。据悉，美军网络战的任务有三：一是军事等机密资料的保密工作与搜集其他对手的资料；二是进行基于军事、政治等目的的舆论战；三是通过网络攻击等手段直接实施网络对抗。

第四，研发网络技术，招募网络人才。在 2010 年财政预算中，奥巴马政府投资 3.55 亿美元以加强美国公共部门与私营部门的网络安全，加强网络安全技术研发。该预算称：联邦信息网络面临的威胁是真实的、严重的，且正在增长，美国政府要加大网络安全支持力度，为网络安全提供大量经费，提高应对现有威胁的综合性、整体性能力，及时预测未来可能出现的威胁，继续推进公共部门与私营部门的创新性合作。2009 年 10 月，参议院批准用于国土安全部网络安全的资金是 3.97 亿美元，超出奥巴马政府的原有预算。另外，2010 年财年预算给予国土安全部的科学与技术局 10 亿美元，用于诸如网络安全等研究。要知道，这些预算不包括国防部用于网络安全的费用。这些费用主要用于研发、部署新的网络攻防技术设施，如爱因斯坦 3 型等网络侦测设备、国家网络靶场和网络风暴 3 演习等项目。为研发网络新技术和保护网络安全，美政府和军方招贤纳士，到 2011 年，国防部网络技术专家人数将从 2009 年的 80 人增加到 250 人。

尤其值得关注的是，2011 年 5 月 16 日，美国国务院、司法部、商务部、国防部、国土安全部等部门共同颁布了《网络空间国际战略》，集中阐述了美国政府有关网络空间的国家战略计划。该文件被白宫官员称为美国在21世纪的历史性政策文件，标志着美国互联网政策第一次有了顶层设计，对全球互联网发展形势将产生深远影响。美国《战略》全文共25页，整体描绘了美国政府关于网络空间发展、治理与安全的战略蓝图。《战略》阐述了美国政府在网络空间着力推进的七大政策重点，分别涉及经济、网络安全、司法、军事、网络管理、国际发展、网络自由等领域，这七大政策重点构成了美国网络外交的主要内容。此外，《战略》还强调了美国在网络空间领域始终坚持的三个核心原则：基本自由、隐私、信息的自由流动。

图2—4 《网络空间作战策略》公开版封面（来源：新华网）

这一系列做法体现的一个思路是，美国的战略重点正从实体战场逐步转向互联网这一虚拟空间，作为世界上第一个引入网络战概念的国家，美国也是第一个将其应用于战争的国家。就目前来看，奥巴马政府的网络安全战略已经显现出“攻击为主，网络威慑”的基调，这也标志着美国网络安全策略完成了从战略防御到战略攻击的演变。

3.美国互联网内容治理现状与经验

随着网络技术的飞速发展及使用的普遍化，互联网现在已成了一个犯罪活动的有效的媒介，目前针对互联网的犯罪活动主要有恐怖主义、信息战、儿童色情、网络欺诈、编写病毒及传播、网络谣言等。为了对付这些威胁公民安全的活动，保障重要的商业活动及公民人身及财产的安全，在国家层面的网络安全战略之外，基于互联网内容安全层面的治理工作同样任重道远。

依据法律法规对互联网实施必要的管理是各国通行的做法，美国也不例外。美国通过各种途径，对网络实施着当今世界最成熟和最有效率的监控和管制措施。不论是战略层面还是策略层面，不论是技术层面还是管理层面，美国都是当今世界在这一领域最具实力和最具执行力的国家。

（1）以国家安全名义进行互联网监管

在美国联邦政府中，联邦通信委员会是对包括互联网在内的通讯产业最具影响力的机构。这一委员会根据美国 1934 年通过的《通讯法》成立，旨在对各州和涉外电台、电视、有线及无线和卫星通讯进行监管。近年来，其管辖范围扩展至互联网。然而，联邦通信委员会对互联网的监管常常遭到来自美国国会和司法部门的掣肘，比如网络中立法就遭到美国共和党人占多数的国会众议院的投票否决。除美国联邦通信委员会外，美国司法、军方和情报部门均有专门机构监控网络。美国联邦调查局专设网络安全局，负责互联网监控与执法。多年来，美国联邦及地方立法机构均针对互联网制定了较为全面和广泛的法律、法规，其中囊括了行业进入、数据保护、消费者保护、版权保护、打击诽谤和传播色情、反欺诈等方方面面。[①]

“9・11”事件之后，反恐、确保国家安全成了美压倒一切的标准。如果网络传播内容可能威胁到国家安全，就会受到严格监视。为防范可能出现的恐怖袭击，美国通过了两项与网络传播有关的法律：一是《爱国者法》，二是《国土安全法》。通过这两部法律，公众在网络上的信息包括私人信息在必要情况下都可以受到监视。此外，美国政界还对美国《联邦刑法》、

① 温宪：《美国严密管控互联网》，《人民日报》，2011年4月29日。

《刑事诉讼法》、《1978 年外国情报法》、《1934 年通信法》等进行修订，授权国家安全和司法部门对涉及专门化学武器或恐怖行为、计算机欺诈及滥用等行为进行电话、谈话和电子通信监听，并允许电子通信和远程计算机服务商在某些紧急情况下向政府部门提供用户的电子通信，以便政府掌控涉及国家安全的第一手互联网信息。据美国司法部的调查报告，FBI（美国联邦调查局）在 2002 ～ 2006 年间，通过电子邮件、便条和打电话等方式窃取数千份美国民众的通话记录。此外，据 2007 年度美国《信息自由法》解密文件显示，FBI 创建有“数字信息收集系统网络”，用于秘密窃听和监控邮件。据《纽约时报》2005 年 12 月 20 日报道，近年来，美国联邦调查局一直通过监视网络和其他渠道，收集整理大批参加过美国各地反战游行的民间组织的调查材料，数量惊人。其中，针对“绿色和平组织”的材料多达 2400 页。

据美国媒体报道，美国国家安全局早在 2001 年就在国内安装专门的监控设备，监视电话、传真和电子邮件，收集国内的通讯信息。这一项目起初只是针对阿拉伯裔美国人，后来逐渐扩大到其他普通公民。美国国家安全局在犹他州威廉姆斯营建立了一个百万平方英尺的数据库，在圣安东尼奥建设了另一个海量数据库，作为其新成立的网络司令部的重要组成部分（国务院新闻办公室《2009 年美国的人权记录》）。据《华盛顿邮报》网站 2008 年 4 月 4 日报道，一项已运用的新监视技术“深度包检测”能够记录用户访问的每一个网页、发出的每一封邮件和进行的每一次搜索。据《华盛顿邮报》统计，美国至少有 10 万名网络用户被跟踪，服务商曾对多达 10% 的美国网络用户进行过测试。

另据媒体披露，伊拉克战争期间，在美国政府授意下，“.iq”（伊拉克顶级域名）的申请和解析工作被终止，所有网址以“.iq”为后缀的网站全部从互联网蒸发，在互联网的地图中无法找到伊拉克的影子。2004 年，由于在顶级域名管理权问题上与美国发生分歧，利比亚顶级域名“.ly”也处于全面瘫痪之中，利比亚在互联网上消失了 3 天。美国还曾于 2008 年切断过古巴、朝鲜、苏丹等国的 MSN 即时通讯，开创了继军事制裁、经济制裁、贸易制裁后的信息制裁的先河。

美国针对网络犯罪的主要立法是联邦国会于1986年通过的《计算机欺诈和滥用法》。此法制定初衷是在防范对美国联邦政府计算机系统的破坏。此后，该法相继于1988年、1994年、1996年、2001年、2002年和2008年进行过6次修订。修订后，惩治范围不仅包括任何已经实施网络犯罪的人，也包括那些“密谋策划”网络犯罪的人。根据这一法律，“受到保护的计算机”被定义为：金融机构或美国政府专用计算机，或不为金融机构和美国政府专用，但被金融机构、美国政府所用和为金融机构、美国政府服务，或被用于美国国内和国际商业、通信的计算机。这也包括虽然地处美国本土以外，但其使用关乎美国国内和国际商业、通信的计算机。据此，网络犯罪的定义是：在未经同意的情形下，故意进入一台计算机，以获取国家安全数据；在未经同意的情形下，故意进入一台计算机，以获取一家金融机构财务记录，或有关消费者的文件、美国政府各部或机构信息、从任何受保护计算机中获取有关美国国内或国际通信的信息；在未经同意的情形下，故意进入政府计算机，影响了政府对计算机的使用；故意进入一台受保护的计算机，以骗取和获得任何有价值的信息；有意传播一个程序、信息、编码，并因此带来损失。这些损失包括：一人或多人在任何一年时间内损失总额达5000美元；一人或多人因医疗检查、诊断、治疗或照料带来的改变和损伤，或潜在的改变和损伤；任何人的肢体受伤；对公共健康和安全的威胁；政府计算机系统受到损害；有意欺骗，将一个密码或类似信息出售，以便在未经允许的情形下进入一台计算机。

2010年初，美国宾夕法尼亚州费城两名中学生将其就读的下马里昂学区告上法庭，指控学区利用安装在苹果笔记本电脑里的内置摄像头和远程追踪技术对学生进行偷拍。在此之前，下马里昂学区向区内两所高中全部2300名学生发放苹果笔记本电脑。原告之一罗宾斯说，他在两个星期内遭偷拍400多次，其中部分偷拍发生在罗宾斯在卧室睡觉期间。下马里昂学区人士辩称，其技术人员运用远程追踪程序是为寻找失踪电脑。但他们无法解释“偷拍”的至少5.6万张图片到底有何合法用途。2010年10月，美国司法部门认定下马里昂学区当局违犯了《计算机欺诈和滥用法》，该学区除必须停止使用远程追踪程序对学生进行“偷拍”外，还被判罚赔偿61万美元。

（2）打击儿童色情不遗余力

在美国，分级制度下的成人色情产品是合法的，但制作、传播和拥有儿童色情产品属于犯罪行为。近年来，利用互联网传播儿童色情信息已成为儿童色情犯罪的主要手段，美国相关部门对此依法予以坚决打击。在立法方面，自1996年以来，美国立法部门通过了《通信内容端正法》、《儿童在线保护法》和《儿童互联网保护法》等法律，对色情网站加以限制。根据《儿童互联网保护法》，美国的公共图书馆必须给联网计算机安装色情过滤系统，否则图书馆将无法获得政府提供的技术补助资金。

美国联邦政府还成立了专门机构或启动专门项目打击互联网儿童色情。例如，司法部出资成立打击儿童网络犯罪特种部队，为各州和地方有关行动提供技术、设备和人力支持，帮助培训公诉和调查人员，开展搜查逮捕行动，协助案件侦缉；联邦调查局专门立项辨认网上发布的儿童色情图像，调查不法分子，对其进行法律制裁。该局还从1995年起启动“无辜影像国家行动”，重点打击利用互联网传播儿童色情产品的犯罪行为。例如，2006年7月，美国人格雷戈里·米切尔因经营儿童色情网站和制售未成年人性行为录像，被判入狱150年。

美国不少非政府组织也积极参与打击互联网儿童色情犯罪。例如，非政府组织“提倡保护儿童网站协会”通过与许多网站及热心人士合作，举报和查证各种色情网站。他们对被举报的色情网站的服务器、收费方式、IP地址、拥有者等信息进行分析，一旦发现有关儿童色情内容，就会向美国联邦调查局、全国失踪和受剥削儿童保护中心等政府机构报告。据统计，2003年以来，该协会已经向政府机构举报了数千家色情网站。

此外，美国相关企业也在打击儿童色情的斗争中扮演着重要角色。例如，美国Verizon、时代华纳以及移动通信运营商Sprint Nextel公司等曾联手封杀全美范围内的儿童色情网站及论坛。而在2013年6月18日，谷歌公开披露要建立一个儿童色情图像全球数据库，并将与其他科技公司、执法机构和慈善组织等相关部门共享，以致力于打击和对抗网络儿童色情图片。

（3）依法保护网络版权

美国有相当严格的法律保护网络版权。比如，《数字千年版权法》

（1998 年）就规定：未经允许在网上下载音乐、电影、游戏、软件等为非法。如粘贴或下载受保护的资料，都要付费。美国在 1995 年 9 月公布的《知识产权和国家信息基础设施》白皮书既是美国网络时代知识产权保护的宣言，又是各种利益冲突与妥协的产物——白皮书一再强调保持使用者与权利人利益的平衡，既保证使用者得到最广泛多样的信息，又保护权利人在信息网络上的合法权利和商业预期。此后，美国又在此基础上做出与互联网有关的版权保护制度的多次修改。

图 2—5 《数字千年版权法》封面图

在美国，谷歌等搜索引擎公司也必须遵照法律对其搜索内容进行处理。比如，2002 年，谷歌在搜索结果中过滤了反“基督教科学论派”的网站，原因是这个“基督教科学论派”宣称该网站侵犯版权。谷歌公开表示，删除相关网站的依据是美国《数字千年版权法》。事实上，美国司法及其政府部门出台了一系列保护知识产权的政策法规，努力打击网络盗版。除了 1976 年的《版权法》以及 1998 年的《版权保护期限延长法》外，其他与网络版权相关的法律主要有《数字千年版权法》（1998 年）、《防止数字化侵权及强化版权补偿法》（2000 年）、《家庭娱乐和版权法》（2005 年）等。

《数字千年版权法》针对数字技术和网络环境的特点，对美国版权法做了重要的补充和修订，其为技术措施提供的法律保护颇为复杂，将控制访问的技术措施和控制使用的技术措施分开，给予不同范围的法律保护。该法涉及网上作品的临时复制、网络上文件的传输、数字出版发行、作品合理使用范围的重新定义、数据库的保护等，规定未经允许在网上下载音乐、电影、游戏、软件等为非法，网络著作权保护期为 70 年。这一法律对版权的拥有者和网络服务商给予保护，包括图书馆员、教育机构、网站拥有者、网络用户、网上广播者等在内，如粘贴或下载受保护的资料，都要付费。

《防止数字化侵权及强化版权补偿法》旨在保护包括计算机软件在内的创造性作品的版权，加强了针对侵犯作品版权行为的民事惩罚力度。对于被侵版权的每一件作品，这一新法律将最高法定民事赔偿金额由 10 万美元提高到 15 万美元。

《家庭娱乐和版权法》则是对美国现行版权法进行修订，由《艺术家与防盗版法》、《家庭电影法》、《国家电影保护法》和《孤本作品保存法》四个部分组成，规定只要共享文件夹中存储了未发行的电影、软件或者音乐文件就可受到罚款和最多三年监禁的惩罚。2013 年 2 月 25 日，美国反盗版警告系统（Copyright Alert System，简称 CAS）正式启动，包括 AT&T、Verizon、Comcast、时代华纳有线、Cablevision 在内的 5 家 ISP 服务商都是这个系统的实施者，旨在教育和缓和互联网用户的内容盗窃行为。

图 2—6

（4）主宰互联网产业链的关键资源

互联网自诞生之日起就由美国牢牢掌控，目前全球互联网根服务器有13台，其中唯一的主根服务器在美国，其余12台辅根服务器中有9台在美国。所有根服务器均由美国政府授权的ICANN（国际互联网名称和编号分配公司）统一管理，负责全球互联网根域名服务器、域名体系和IP地址等的管理。世界各国和联合国等国际组织都曾要求打破美国对互联网根服务器的垄断，分享互联网的管理权，但是均遭美国拒绝。

另外，从芯片到操作系统，从路由器到域名管理系统，互联网产业链上每个关键环节，基本上都由美国公司主宰。从门户、搜索引擎、电子商务到博客、论坛等，美国互联网资本几乎已控制了整个互联网产业。美国掌控着互联网的核心技术，对国际互联网拥有绝对的支配权，美国凭借其在信息业中的主导地位和英语“网络第一语言”身份，成为名副其实的“信息宗主国”。事实上，美国也是世界上最主要的过滤软件生产国，世界各国封堵信息使用的过滤软件大多数由美国生产。比如，2013年初，加拿大一家名为“公民实验室”(Citizen Lab)互联网研究机构发布报告称，有十多个国家的政府采用美国公司开发的互联网监视和审查技术进行网络监控，其中，埃及、科威特、卡塔尔、沙特阿拉伯和阿联酋采用了一种美国步立康生产的可以用来进行数字审查的系统。该研究机构还发现，巴林、中国、印度、印度尼西亚、伊拉克、肯尼亚、科威特、黎巴嫩、马来西亚、尼日利亚、卡塔尔、俄罗斯、沙特阿拉伯、韩国、新加坡、泰国、土耳其和委内瑞拉等采用了可用来进行监视和追踪的设备。①

（5）拥有成熟、强大的网络监控手段

与其他国家相比，美国在国内外均拥有世界上最成熟的网络监控系统，其中最为著名的就是“食肉者系统”和“梯队系统”。

“食肉者系统”是美国司法部下属联邦调查局开发并使用的一套信息监控系统，当它被安装到互联网服务供应商的服务器上时，能够有效地监控特定用户几乎所有的网络活动。尽管美国国内的舆论对联邦调查局使用

① 张恒山：《美国网络管制的内容及手段》，《红旗文稿》2010年第5期。

“食肉者系统”可能侵犯《宪法》第一修正案所提到的公民权利表示了极大关注，但“9·11”事件发生之后，美国国会通过了新的法案，决定增加对“食肉者系统”的拨款，随即该系统在改名为“DSC-1000”之后，就从国会议员的日常讨论中销声匿迹了。与此同时，一度密切关注该系统的媒体不约而同地停止了对于这一系统的讨论。另一方面，联邦调查局得到拨款之后，加速了部署、使用“食肉者系统”的步伐。

1997 年，非政府组织欧米伽基金会向欧洲议会下设的科学与技术手段评估委员会递交了题为“政治控制技术的评估”的报告。在报告中有一个独立的章节，名为“国家与国际通信监听网络”，该章节首次详细完整地披露了一个名为“梯队”的全球监听系统的存在。报告声称欧洲大陆所有的电话、传真与电子邮件随时随地都处于该系统的监听之下，这一庞大电子监听系统的最终控制权掌握在美国国家安全局的手中，这份报告所披露的内容让整个欧洲议会为之震撼。2000 年 7 月 5 日欧洲议会成立了一个专门调查梯队系统的临时委员会，2001 年 5 月 4 日该委员会在广泛调查的基础上提出了初步的工作报告，将原先笼罩在神秘面纱下的梯队系统完整地展现在世人面前：梯队系统是一个遍布全球的庞大的监听系统，整个梯队系统由三部分组成，第一部分是分布在地球同步轨道和近地轨道上的侦察卫星，负责监听全球各地的电话、传真以及网络通讯信号；第二部分是分布在多个国家的 36 个地面监听站，这些监听站有着巨大的电子天线，负责接收侦察卫星发回的信号，并完成一部分辅助的监听；第三部分是美国国家安全局，所有收集的信息都最终统一汇总到那里进行分析。该系统最大的特点就是具有实施近似全面的监控的能力，由卫星接收站和间谍卫星组成的系统几乎具有拦截所有的电话、传真、互联网通信的能力。

斯诺登在 2013 年 7 月通过英国《卫报》披露的“棱镜计划”，也在某种程度上揭露了美国网络监控体系的冰山一角。其披露，美国情报机构分析人员可以通过“Xkeyscore”监控计划对个人的互联网活动进行“实时监控”，几乎涵盖所有网上信息，内容包括电子邮件、网站信息、搜索和聊天记录等。2012 年，“Xkeyscore”在 1 个月内存储的各类监控数据记录就高达 410 亿条。虽然美国法律要求在监控美国人时必须有相应的批准书，但

"Xkeyscore" 在技术上也可以监控任何美国人，分析人员即使没有批准书亦可获得相关数据。

（6）网络身份证战略

自互联网问世以来，由于网络空间存在的虚拟性和自由性，它在提供极度自由性的同时，也使得网络诚信存在巨大漏洞。在网络空间，全球一直没有可靠、公认和通用的身份识别技术。由于没有真实可靠的身份认证，互联网本身应有的巨大社会和经济价值难以全部得到发挥，黑客入侵和网络欺诈屡见不鲜。随着互联网在全球的普及以及经济全球化、网络化的深入，网络身份证不可避免地被提到议事日程上来。2011 年，在美国总统奥巴马的推动下，作为国家网络安全战略重要组成部分，美国商务部将启动网络身份证战略。2011 年 1 月 7 日，美国商务部部长骆家辉在斯坦福大学经济政策研究院表示，美政府将通过推出网络身份证，构建一个网络生态系统。

从已经披露的信息看，网络身份证计划是美国联邦政府应对网上欺诈、身份窃取和在线信息滥用情况的必要措施，对于国家经济健康和安全至关重要。减少网上欺诈和身份盗取的关键是提高网络空间身份标识信任等级，参与交易各方高度确信他们是在与已知的实体交互，这非常重要。假冒网站、窃取密码和破解登陆账户，是不可信赖的网络环境的共同特征。该战略旨在寻求有效方式，提高在线交易中所涉及的个人、组织、服务和设备的身份标识的可信度，其目标是以增进信任、保护隐私和创新的方式，推动个人和组织在网络上使用安全、高效、易用的身份标识解决方案。同时，身份标识生态系统能够保证其安全性、方便性、公平性、创新性，身份标识证书和设备将由采用互操作平台的供应商提供。

另外，报告明确指出，隐私保护和自愿参与将是身份标识生态系统的支柱，身份标识生态系统通过强大的访问控制技术只共享完成交易的必要信息，来保护匿名参与方。例如，身份标识生态系统允许个人身份只提供年龄信息而不泄露出生日期、姓名、地址或其他识别信息，支持对参与者身份标识进行确认的交易。身份标识生态系统的另一支柱是互操作性，这一系统利用强大的互操作技术和流程，在参与者之间建立合理的信任水平。

互操作性支持身份标识可移植性，并使身份标识生态系统中的服务提供者可接受各种证书类型和身份标识媒介类型，这一系统不依赖于政府作为唯一身份标识提供者。

报告同时强调要把互操作性与隐私保护相结合，建立用户为中心的身份标识生态系统。允许个人选择适合交易的互操作证书，并通过建立和采纳隐私强化政策和标准，个人有能力仅发送完成交易所需信息。此外，这些标准将禁止把个人的交易和证书使用与服务供应商挂钩。个人将更有保障地与合适交易方交换信息，安全地发送这些信息。

其实，推动和建立本国以及国际间的网络身份证战略，除有助于维护网络安全外，还隐藏着巨大商机，具有重要的社会价值和经济价值。这将是信息高速公路建设后，涉及全球的巨大信息技术工程。

二　英国信息安全战略与互联网治理

1. 持续更新的信息安全战略

作为全球信息化水平前列的国家，英国政府高度重视信息安全和网络安全，在过去的三年之内连续两次出台了国家网络安全战略。英国在2009年出台首个“国家网络安全战略”，是最早把网络安全提升到国家战略高度的大国之一。2011年，英国又发布全新的网络安全战略——《英国网络安全战略》，对英国信息安全建设做出了战略部署和具体安排。根据这一战略，英国政府成立了网络安全办公室和网络安全运行中心，旨在通过协调政府部门之间的关系，以保证相关机构能在网络安全工作中统一协作。

维护国家安全是英国网络安全战略的出发点。英国2010年发布的防务规划中包含一份《国家网络安全计划》，计划提出要把网络安全融入英国国防理念中。2011年11月25日发布的《英国网络安全战略》全文共43页，文件正文由“网络空间驱动经济增长和增强社会稳定”、“变化中的威胁”、“网络安全2015年愿景”和“行动方案”四个部分组成，介绍了战略的背景和动机，并提出了未来四年的战略计划以及切实的行动方案。该战略继承了2009年英国发布的网络安全战略，并继续在高度重视网络安全基础上进一步提出了切实可行的计划和方案。

（1）四个目标与三个原则

新公布的《英国网络安全战略》的一个总体目标是在自由、平等、透明和法治等基础上，构建一个充满活力和可恢复的安全网络空间，并以此来促进英国经济快速增长，确保国家安全以及社会稳定。在此整体目标下，其设立的四个战略目标分别为应对网络犯罪，使英国成为全球商业环境最安全的网络空间之一；增强英国在面对网络攻击时的恢复能力，保护其在全球网络空间中的利益；努力塑造一个可供英国民众安全使用的开放、充满活力、稳固的网络空间，并进一步支持社会开放；构建英国跨越层面的知识和技能体系，以便对所有的网络安全目标提供基础支持。

为实现上述目标，英国政府制定了三个行动原则。第一是风险驱动原则：针对网络安全的脆弱性和不确定性，在充分考虑风险的基础上建立响应机制；第二是广泛合作的原则：在国内加强政府与企业以及网民的合作，在国际上加强与其他国家和组织的合作；第三是平衡安全与自由私密的原则：在加强网络安全的同时充分考虑公民隐私权、自由权和其他基础自由权利。

另外，《英国网络安全战略》还规定了网民、企业和政府的权利和责任。它要求网民在网络空间中要能做到基本的自我保护，懂得基本的网络安全操作知识，也要为各自在网络空间中的行为承担相应的责任；企业和相关机构在网络空间不仅要能承担主动的安全防御，还要与政府和执法机关等互相合作来面对挑战，另外还要抓住网络安全产业发展带来的机遇；政府在网络空间要在降低政府系统自身风险的同时，发挥其在网络安全保障方面的主导作用。

（2）八个支撑点

考虑到具体实施的需要，《英国网络安全战略》配套制定了 8 个行动方案支撑点。

- 明确战略资金在各机构的分配方式。该战略明确了未来 4 年中投入的 6.5 亿英镑的分配方式，在英国国家通信总局的支持下，约一半左右的资金将被用于加强英国监测和对抗网络攻击的核心功能。
- 加强网络安全国际合作。英国通过积极与其他国家和国际组织展开合作，共同制定网络空间行为的国际规范或“交通规则”。

- 降低政府系统和关键基础设施的被攻击风险。英国将结合本国国情，与掌控关键基础设施的企业和机构展开合作，制定严格的网络安全标准，推动网络安全信息共享。
- 建立网络安全专业人才队伍。英国将通过认证培训、学科教育、资金支持以及继续举行网络安全挑战赛等方式建立核心专业人才队伍，并鼓励黑客“洗白”后参与进来。
- 构建网络犯罪法律体系。英国在鼓励举报网络犯罪的同时，将针对网络犯罪行为制定强力的法律条款，建立跨国网络犯罪的合作机制，以支持执法机构应对网络犯罪。
- 提高网民的网络安全意识。通过媒体宣传等帮助大众了解和应对网络威胁，普及不同层次的网络安全教育，与互联网服务提供商合作以帮助个人确认是否受到网络侵害，将为所有人提供明确的网络安全建议。
- 增强商业网络安全功能。英国认为商业领域是网络空间犯罪和经济间谍活动的最大受害者，政府应与消费者和私营结构一起增强商业网络安全功能，包括建立信息共享的网络“交换机”、制定相关标准以及重点确保在线消费安全等。
- 培育网络安全商业机会。英国将在国家通信总局等部门的技术支持下，化威胁为机遇，在网络空间中树立网络安全竞争优势，以促进经济增长，最终将之转化为英国的竞争力优势之一。

从上面的内容可以看出，《英国网络安全战略》旨在提升网络安全产业国际竞争力，确保英国拥有一个安全的网络环境。《英国网络安全战略》中不止一次提到，要确保英国在网络安全产业处于国际领先地位。

与美国的《网络空间国际战略》相比，英国政府并不谋求网络空间的主导地位，而是将注意力集中在维护本国网络安全、加强本国网络安全产业竞争力、创造网络安全商业机遇等方面。作为该战略核心的“英国2015年愿景”中，在短短的60余字中分别两次提到“促进经济大规模增长”和“促进经济繁荣”，充分表明英国政府通过网络安全促进经济发展的决心。

当前包括英国在内的欧洲依然处于金融危机导致的困境，例如经济发展低迷、政府赤字居高不下、失业率持续增加等。英国政府敏锐地意识到网络安全行业带来的经济机遇，不惜斥资 6.5 亿英镑改善网络安全环境，增加网络安全竞争力，以抢占网络安全行业市场，确保其“先行者优势”。[①]

此外，战略中明确提出了要建立相应的法律体系和执法队伍，利用英国先进的相关技术支持网络安全部门的发展，健全网络安全国家响应机制，提高在线公共服务水平，分享网络安全信息，以及杜绝网络犯罪国际“避风港”等。这些措施的目的是确保英国拥有安全的网络环境，并在网络安全领域处于优势地位。

我们注意到，《英国网络安全战略》细化了战略实施方案，强调多方合作机制。英国推进信息安全建设非常注重战略等文件的可操作性，如其更加强调战略的实施细节，并在附录中详细阐述了针对四个战略目标的具体实施方案。战略实施方案分别从政策导向、执法体系、机构合作、技术培训、人才培养、市场培育以及国际合作等方面提出了实施细则，具有很强的可操作性。

针对网络空间结构的复杂性，英国政府认识到网络安全需要网络空间构成各方的广泛参与，该战略从多维度提出建设多方合作机制，包括在英国国内增强政府与私营机构、政府与个人、私营机构与个人之间的合作，以确保三方在构建安全网络空间时发挥各自的角色；在国际上加强本国政府与他国政府、本国政府与国际组织之间的合作，以确保英国在网络安全领域的国际主导地位。2013 年初，英国军情五处、政府通信总部等情报机构和 160 家英国企业共同宣布成立“网络安全信息共享合作机制”，就网络威胁问题开展秘密的信息共享合作。根据该机制，所有参与者将能收到有关网络攻击的实时警报、网络攻击的技术细节、策划攻击的手段及应对措施等信息。与该机制配套的，还有一处设在伦敦的运营中心，那里有网络安全专家密切监控英国境内受到的网络攻击。对此，一位英国议员如此评价说：“国家安全战略已经将网络安全与国际恐怖主义、国际军事危机和自然灾害共同列为首要任务之一。我们的主要目标是让英国成为全球最安全的商业基地。”这也充分展现了

① 刘权：《信息安全的英国之鉴》，《中国经济和信息化》2012年第10期。

英国网络安全战略“国家安全与商业安全并重”的特色。

2. 英国式互联网治理

2009年，英国使用互联网的家庭占全国家庭总数的70%，成人用户占全国成人总数的76%。可以说，英国社会和民众可以一天没有首相，却不能一天没有网络。正因为网络日益重要且内容良莠不齐，英国较早着手互联网的管理，形成了一套独具特色、各方较为满意的监管方法。

英国把有害信息分为三类：一类是非法信息，指危害国家安全等国家法律明令禁止的信息；一类是有害信息，比如鼓励或教唆自杀的信息；还有一类是色情信息。

（1）谣言治理卓有成效

在英国，谣言治理是整个社会危机管理的一部分。为此，英国在社区设立了公民咨询局，主要职责就是向民众答疑解惑，对社会问题正本清源。公民咨询局是政府免费提供法律咨询的机构，工作人员大多是来自社会不同领域的、具有专业知识的志愿者。公民咨询局与政府、议会等各方面联系密切，因此能保证在提供咨询时具有权威性。同时，民众通过公民咨询局还能更直接地找到相关部门，提高民众与有关部门的沟通效率，扩大知情权。

英国的实践证明，谣言控制中心或咨询中心在社会动荡、自然灾害等危机时刻能及时把真实信息传播出去，从而达到社区和谐、社会稳定的作用。在一些特殊历史时期，为确保社会稳定，北爱尔兰还曾发动过“反谣言、反恐吓”运动。

同时，鉴于近年来因网上不当言论而遭起诉的案件大幅增加，英国公共检控署推出了处置网络语言暴行的指导原则，据此，在网络媒体上发表暴力威胁他人的言论将会被提起公诉。英国皇家检控署负责人说，这个新的指导原则旨在保证人们在享受充分的网络言论自由的同时遏制网络威胁和恶行。

（2）依法监管，打击网络犯罪

网络监管，必须有法可依，有章可循。英国在推出互联网相关法律、法规方面做了长期准备，多方参与。在打击网络犯罪方面，2001年英国开始实施《反恐怖主义法案》，将严重干扰或中断电子系统运行的行为纳入恐怖主义范畴，将计算机黑客行为定性为恐怖主义。该法案明显增加了警方在追查计算机犯罪方面的特权。如果某个组织发起向首相发送电子邮件请愿活动，而这一活动又干扰了某个电子邮件系统的运作，就会被视为恐怖主义活动。

为了趋利避害，让人们在工作和生活中充分享受网络提供便利的同时免受网上不良信息的侵害，英国依据《数据保护权法》、《隐私及电子通信条例》、《防止滥用电脑法》等现有多个专业法规，采取了多种网络监管措施，对维护互联网使用秩序及净化使用环境起到了关键作用。

图 2—7 2005 年伦敦地铁爆炸之后（来源：新华网）

2005 年 7 月，伦敦发生了恐怖分子实施的地铁连环爆炸案，其后政府曾一度谋求通过立法加强对通讯网络的监控，但因在野党以保护网络通信自由及公民隐私权为由强烈反对而未果。2011 年 8 月伦敦北部发生大规模骚乱并进而蔓延全国多地，事后有证据显示犯罪分子利用网络通讯的便利以电邮和短信的方式煽动骚乱并实施组织串联。此后，英国政府更加重视网络通讯监控。英国内政部正谋求制定并实施一部针对恐怖活动和有组织犯罪的《通讯数据法》，授权政府相关机构以维护公共安全为目的监控并记录全英所有互联网通讯数据，包括电邮、手机简讯、网页浏览等。此外，被公认为英国三大情报机构之一的政府通信总部除从事对外通讯、电子侦察、邮检等，也有互联网电子通讯监管的功能，特别是针对涉及恐怖主义及其他可能对英国国家安全带来威胁的信息。

另据报道，英国国防部也正在筹建一支“网络卫队后备役”，专事对付通过电脑网络实施的各种犯罪活动，其具体细节将在2014年适时公布。英国每年有价值820亿英镑的与互联网相关或以互联网为平台的商务活动发生。据统计，英国每年有93%的大企业和76%的中小企业的电脑网络系统遭到过黑客袭击。在英国《网络安全战略》年度报告里，英国国防部承诺将使英国成为全世界网络商务最安全的地方。国防部有关负责人透露，政府正与相关行业团体合作，确保网络安全问题成为企业治理和风险管理的一个有机组成部分；同时还将在几所高校开办相关培训课程，培养更多具有抗击网络犯罪专业技能的人才。

（3）公众参与监管网络色情

英国互联网发展这些年快速而有序，网络色情传播等案件数量较少，与“互联网监看基金会”的功劳密不可分。这个基金会是一个由政府牵头成立的互联网行业自律组织，多年来在打击网络色情等方面贡献突出，为英国互联网管理探索出一个良好的行业自律模式。

图2—8 英国互联网监看基金会LOGO

据报道，互联网监看基金会成立于1996年，当时网络刚刚兴起，随之出现了网络色情等许多新问题。而英国政府部门对互联网的管理却是“各扫门前雪"，缺乏协调；各互联网网站也只是对于自己网站上的内容进行约束，缺乏统一的监管标准和自律。在这种背景下，由当时英国政府的贸易和工业部牵头，汇集内政部、伦敦警察局等政府机构以及主要的互联网服务提供商，共同商讨如何对互联网内容进行监管，最终达成了《R3网络安全协议》，并随之成立了"互联网监看基金会"，成员多为互联网企业，也有教育、文化、政府、司法等机构的代表参与。

首先，各家网络服务提供商作为互联网监看基金会的会员，有责任对自己提供的内容进行审查，并根据相应法规对那些不适合青少年的色情等内容进行分级标注，而互联网监看基金会更主要的工作还是处理各种不良信息报告。网络用户如果发现不良内容，可以登录该基金会的网站进行报告和投诉，基金会随之进行调查和评估，一旦认定是非法内容，就会通知相应网络服务提供商将非法内容从服务器上删除，并根据情况将问题移交执法机构处理。该机构在2011年3月发布的2010年年报中表示，那些处于该机构打击范围内的网络色情内容现在已在英国的网络上几近消失。

对于那些服务器架设在其他国家的不良网站，该机构一方面会联系所在国的相关机构进行处理，另一方面也根据长期的工作经验列出一张"黑名单"。只要是在互联网监看基金会"黑名单"上的网站，英国的网络服务提供商一般都会切断网络访问途径，或是采取其他方式干扰对这个网站的访问。[①]

目前，互联网监看基金会的这种行业自律管理模式得到了政府的赞许，政府还倡议将这种模式推广到其他一些网络管理领域，比如对网上盗版侵权行为的管理等。

三 法国信息安全战略和互联网治理

与美国、英国等国家相比，法国的互联网使用相对起步较晚，但是其制定国家信息安全战略的步伐可不慢，迅速建立了由政府引导的多层次信息网络安全管理体系，将信息安全作为一项国家战略来建设和发展。

1. 多层次的信息安全战略

在法国政府的鼓励和支持下，法国互联网发展迅速，网民数量增长明

① 源自：新华网，http://news.xinhuanet.com/world/2011-04/21/c_121329974.htm。

显。根据调查研究机构 Idate 的有关统计数据，2011 年，法国网民数量约 4240 万，占法国人口总数量的 65%。法国电子通信与邮政监管局的一份研究数据表明，2009 年至 2012 年，法国宽带互联网用户呈现出逐年递增的趋势，由 1940 万增加到 2240 万，提高了 15.5%（见图 2—9），但 FTTH 等超高速宽带市场发展还不够充分，2012 年仅占互联网用户数量的 7.1%。整体上看，法国政府对互联网始终以积极的态度进行普及和推广，但是又通过严格的法律法规进行管理。在法国，网络安全已经上升到国家战略层面。2012 年 7 月，法国参议院公布的伯克勒报告将网络安全称为“世界的重大挑战，国家的优先问题”。

2008 年 6 月，法国发布了《国家防务与安全白皮书》，赋予互联网至关重要的地位，强调发展网络防御与进攻能力。面对日益增长的网络威胁，白皮书强调法国应具备有效的信息防卫能力，对网络攻击进行侦查、反击，并研发高水平的网络安全产品。2008 年 7 月 8 日，法国参议院发布了一份题为《互联网防御与国家安全》的专题报告，报告称法国在信息安全战略方面已经严重落后于美国、英国、德国等盟友，法国的网络安全受到严重威胁，呼吁建立国家级的网络安全防御中心，提高防御能力。在白皮书倡议下，法国于 2009 年 7 月成立了国家级信息安全机构国家信息系统安全局。这是法国逐步加强信息系统保护能力的重要一步。

随着互联网的发展，法国的信息安全战略也在不断向纵深推进。2013 年 4 月 29 日，法国总统弗朗索瓦·奥朗德发布最新的《国防和国家安全白皮书》，确定了 2014—2019 年国防和国家安全战略，并作为法国议会即将在 2014 年夏季前发布的军事规划法律的框架。

针对网络安全问题，新版白皮书认为当前网络空间被认为是自身充满对抗的域，网络攻击已成为法国即将实施的国防和国家安全战略中第三大亟待解决的最重要威胁（前两个重要威胁分别是国家领土侵略和恐怖袭击）。因此，新版白皮书重点关注这类在线攻击，如故意针对系统的攻击或是威胁到关键数字基础设施运营的意外故障，称法国将在网络防御领域发展情报活动和相应技术能力，特别是要能够识别威胁来源，还将发展进攻能力，以应对所有攻击。

针对法国网络攻击的可能特征，该白皮书并没有给出确切的详细内容，但提出了一个网络防御组织。该组织将紧密整合（陆军）作战力量，同时具备防御和进攻能力，可为军事行动做准备或提供支持。

同时，法国国家信息系统安全局(Anssi)确保关键基础设施供应者公私合作的职责也将加强。Anssi将获得审计权，因此，私有公司可能不得不向Anssi通报安全漏洞情况。据法国报纸《世界报》报道，法国将在不久后出台一项相关内容的法案。该白皮书还强调，法国需要有独立自主生产安全系统的能力，特别是密码系统和攻击检测方面的能力，因为这被视为国家主权的重要组成部分。

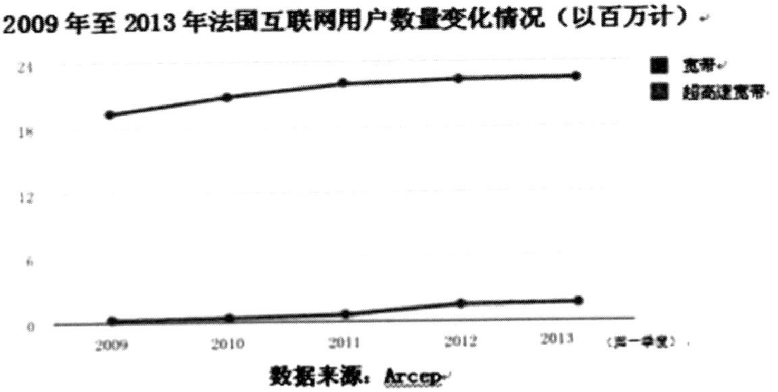

2009年至2013年法国互联网用户数量变化情况（以百万计）

数据来源：Arcep

图2—9 近年来法国互联网用户数量发展情况（来源：Arcep，法国电子通信与邮政监管局）

2. 疏而不漏的互联网治理

近年来，法国政府通过制定相关法律法规、成立专门机构、应用新技术等综合手段，全方位地管理互联网。首先，相继出台多项法律，如《互联网创作保护与传播法》和《互联网知识产权刑事保护法》、《数字经济信心法》、《国内安全表现规划与方针法》等。其中有许多针对性措施，如要求网络运营商对含有非法内容的网站进行屏蔽，并对盗用他人网络身份从事犯罪活动进行严惩。

据法国《观点》杂志报道，2011年法国有超过1000万人成为网络犯罪受害者，经济损失高达25亿欧元，比上一年增加了38%。除行政机关外，社会、经济、文化等方面也都受到信息攻击和网络犯罪的威胁。为此，法国成立了多个部门，负责网络调查和安全。司法系统内成立了专门打击网络犯罪的部门，该部门扮演网络警察的角色。此外，还成立了负责技术痕迹和信息处理的警察部门，并在大区级司法机关配备网络犯罪调查员。在技术层面，内政部设立了非法网站信息平台，网民可以匿名举报有违法信息的网站，在警方确认信息违法后可对信息发布者提起诉讼或予以拘留。

其实，早在2006年，法国政府就通过了《信息社会法案》，目的在给人们提供自由空间和人权自由的同时，充分保护网民的隐私权、著作权以及国家和个人的安全。2009年4月，法国国民议会与参议院又通过了当时被认为是“世界上最为严厉的”打击网络非法下载行为的法案，并据此成立了“网络著作传播与权利保护高级公署”，保护著作权人的合法权益，打击侵权盗版活动。网络著作传播与权利保护高级公署由行政、立法及司法三个部门组成，专门负责监督管理网络盗版的情况，受理举报，建立档案，提出警告，并及时向司法部门转交有关违法盗版行为事件。该部门的工作重点是预防，而非惩治。如果通过电子邮件及挂号信的警告方式可以及时制止盗版行为，即可达到有效管理的目的。惩治是次要的，重在治理——这是该机构的一大特点。

法国互联网管理的另一特点是十分重视对未成年人的保护。1998年，法国通过了《未成年人保护法》，从严从重惩罚利用网络诱惑青少年犯罪的行为。法国的法律规定，在网上纵容成年人堕落者要判刑5年，处以76250欧元的罚款。如被害人不满15岁，则须判刑7年，罚款11万欧元。刑法还规定，在网上传播带有未成年人色情内容的图像要处以3年徒刑，4.5万欧元的罚款。如果向大众或是向互联网上传类似内容，则要被判刑5年，罚款76250欧元。类似的条款还有不少。

在用严格法律保护互联网上青少年利益的同时，法国教育部还以控制加引导的方式，一方面打击网络犯罪，同时利用网络开展文明教育，引导学生在上网时提高警惕，防止黄色及不良内容的侵害。如教育部和数字经济部国务秘书牵头，同互联网行业共同创建转为青少年的“放心互联网”，教会青少年如何在网上获取正确知识，同时注意保护自己的隐私，学会尊重著作权与画像权。同时，针对青少年阅读的特点与爱好，“放心互联网”还以轻松活泼的动漫及连环画节目将有关健康上网的知识编辑成集，注重知识型与趣味性的结合，共编辑了15套节目，专门提供给7～15岁的少年观看。

此外，学校还在这方面发挥了积极的作用，以学生为对象，积极进行网上文明教育。在校园网上安装浏览自动监视器，限制学生的上网内容及范围。从2004年起，法国所有学校都在网上链接了两份涉及淫秽及种族歧视的“黑名单”，通过专门处理，使学生免受不良网站的侵害。一些非政府组织也积极加入保护青少年免受“网毒”危害的队伍，形成了一只从政府、学校到社会的监督保护网络，大大降低了互联网这把“双刃剑”对青少年的伤害程度。

四 德国信息安全战略与互联网治理

德国目前是欧洲头号经济强国，也是欧洲信息技术最发达的国家之一，非常重视国家信息安全和互联网治理工作。早在1996年，德国就通过了《信息2000年》，为信息社会制定了新的法律框架，随后又陆续出台了《信息和通信服务规范法》、《电子签名法》、《电子商务法》等配套法规。尤其是2011年2月，德国宣布了《德国网络安全战略》，标志着德国信息安全战略的全新升级。

图2—10

1. 多重制度保障德国信息安全战略

《德国网络安全战略》以保护关键基础设施为核心，建立了一系列相关机构，为网络安全提供多重制度保证。

其中，保护关键的信息化基础设施是网络安全的主要优先领域，且重要性与日俱增。为加强信息共享并在此基础上开展更密切的合作，战略明确公共部门和私营部门必须共同打造一个具备战略性和组织性的坚实基础。最终，根据关键基础设施保护执行计划开展的合作将实现系统地扩展，同时更广泛地引入新技术。

其次，公民和中小企业所用信息系统的安全性对基础设施保护至关重要，用户需要适当、持续地了解信息系统使用的风险以及他们可以采用的安全方案。政府应联合社会各团体，持续收集相关信息与建议，并致力于提高供应商的责任感，确保他们能够为用户提供一些基本的、适合的安全产品与服务。同时，政府需在数据安全方面发挥榜样作用，在联邦行政部门内创建一个通用、统一和安全的网络基础设施。为此，可以考虑设立国家网络响应中心和国家网络安全理事会，以优化所有政府机构之间以及联邦政府与相关公私部门间开展合作，进一步协调针对信息技术事故的保护和响应措施。针对信息产品弱点、系统漏洞、攻击形式和肇事者个人情况进行快速、密切的信息共享，使国家网络响应中心能分析信息技术事故，为采取相关行动提供综合建议。

在有效控制网络犯罪方面，重点在于加强联邦信息安全办公室和负责打击网络犯罪的私营部门的执法能力、反间谍活动和对抗网络破坏行为的能力。此外，为对付日益猖獗的全球网络犯罪，德国表示要在创建全球统一的法案方面尽到一己之力，同时从国家和国际层面采取协同手段确保全球网络空间的安全。

另外，《德国网络安全战略》还在使用可信的信息技术、促进联邦当局的人才发展、开发应对网络攻击的工具等方面进行了明确的部署。

整体上看，《德国网络安全战略》以保护关键基础设施为重中之重，这是因为现在几乎所有基础设施均离不开信息技术，像金融、能源、卫生、供水等领域的关键基础设施一旦受到网络攻击，后果不堪设想。目前，德国大约五分之四的关键基础设施掌握在私营企业手中，其运营商责任重大。早在2005年，德国政府就在“关键基础设施实施计划”框架下，与大约40家德国大型基础设施企业及其利益团体在信息技术安全领域展开合作。如今，这个计划与德国国家网络安全理事会联系紧密。

德国国家网络安全理事会每年召开3次会议，德国联邦总理府、外交部、国防部、经济部、司法部、财政部、教研部及部分联邦州代表与会，还有德国工业联合会、德国工商大会、德国信息经济、电信和新媒体协会，以及电力系统运营商等经济界代表出席。除国家网络安全理事会外，德国协调政府各部门之间网络安全合作的机构还有国家网络防御中心。该中心于2011年成立，由德国联邦信息技术安全局领导，联邦宪法保护局、联邦民众保护与灾害救助局、联邦刑事犯罪调查局、联邦警察、海关刑事侦察局、联邦情报局和联邦国防军共同参与，负责处理关于网络攻击的所有信息，参与部门各司其职又紧密合作。

此外，德国还有一个网络安全联盟，它由德国联邦信息技术安全局和德国信息经济、电信和新媒体协会在2012年成立。该联盟的主要职能是加强政府机构与经济界之间的合作，无论是基础设施运营商、中小企业还是科研单位，均可以从联盟中获得网络安全形势及应对措施等信息。

在德国的网络安全体系中，技术研发也被置于重要地位。德国政府认为技术主权对德国这样一个重要经济体来说至关重要，需要有属于自己的信息技术和可信的产品，以防敏感信息外泄。因此，德国政府与半导体和系统解决方案提供商英飞凌等不少信息技术公司建立了安全合作伙伴关系。同时，德国政府还大力推动信息技术安全研究项目，已经陆续投入了3000万欧元。

全方位的基础战略、机构设置和研发计划，在网络安全方面为德国提供了多重制度保证。尽管如此，德国内政部还是起草了《信息技术安全法》，希望借用法律约束力，强制关键基础设施运营商、电信服务商等切实负起保护信息技术安全的重任。

2. 德国互联网治理

与美国以国家安全的名义进行互联网监管的思路雷同，德国也一再强调德国互联网监控的正当性，并通过新的法律和技术手段，以防止对犯罪分子通信监控的失控。

2011 年，德国人口为 8228 万，网民为 6512 万，互联网普及率达到 79.1%，其中年轻人是社交网站的主力军（见图 2—11）。德国通过加强对互联网的管理，一方面保障人们享有《基本法》规定的通信和言论自由，同时打击利用互联网从事违法犯罪行为。德国互联网管理旨在“个人利益”与“公众利益”之间求得平衡。根据德国《限制信件、邮件和通信秘密法》，德国情报部门可以以可疑内容为由，最高允许检查德国与外国之间 20%的通信活动。情报部门可以在德国互联网中心枢纽查阅、获取相关的可疑数据，并送交位于巴伐利亚州普拉赫的联邦情报局总部进行分析。当然，由于技术原因，德国情报部门目前还只能对不到 5%的跨境电子邮件、电话、社交网站等的内容进行分析。

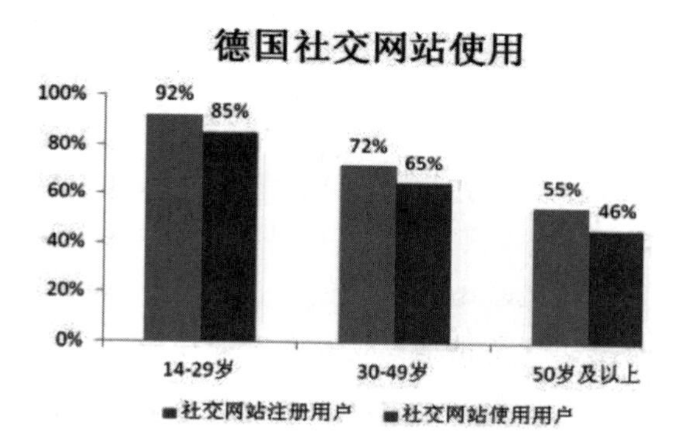

图 2—11 德国社交网站用户年龄分布情况（来源：德国 Bitkom）

在发达国家中，德国是较早对互联网传播不良言论进行立法监管的国家。1997 年出台的《信息和通信服务规范法》习惯上被称为《多媒体法》。《多媒体法》涉及网络服务提供者的责任、保护个人隐私、数字签名、网络犯罪到保护未成人等，是一部规范互联网行为的综合性法律。[①]

该法律规定，网络运营商根据一般法律对自己提供的内容负责；若提供

① 来源：光明网，http://world.gmw.cn/2011-04/20/content_1859422.htm。

的是他人的内容，网络运营商如果在不违背《电信法》有关保守电信秘密规定的情况下了解这些内容，则有义务按一般法律阻止违法的内容。所以网络运营商有义务制止通过网络传播的违法内容，例如色情、恶意言论、谣言、反犹太主义等宣扬种族主义的言论。

德国《电讯法》和《多媒体法》都要求网络运营商保留其用户上网数据一段时间。警方和安全部门为了打击犯罪和保护国家安全，经过一定的法律程序可以向网络运营商索取相关用户上网信息，网络运营商必须依法提供。所以，在德国人们接入互联网，应向网络运营商提供必要的个人信息，即一般所说的“实名制”。

德国联邦内政部总体负责网络监管，其直属的联邦刑警局下设一个“数据网络无嫌疑调查中心”的机构，类似我们常说的“网上警察”。它的工作是，无须根据具体的嫌疑指控，就可以24小时不间断地跟踪和分析互联网上的信息，以发现可疑的网上违法行为。

德国警察事务归属于各联邦州。为此，各州的警察部门也相应建立了“网上警察”。《德国之声》此前的一篇报道，也让我们对德国“网络警察”的工作有了初步的认识。文章说，“2005年，德国巴符州刑警局设置了一个特别专家小组，他们每天在互联网上巡逻搜索，交易网站、新闻组或者聊天室都是他们喜欢出没的场所”。“他们的搜寻目标是潜在的性罪犯、恋童癖以及其他犯罪分子如倒卖武器者或经济犯罪者等”。特别小组的组长特莱希尔形容他们的工作“就像平时开车巡逻一样，在这儿停一下，在那儿瞄一眼”。

德国政府每年都邀请司法、经济、学术和互联网科技界人士讨论如何防止互联网犯罪。尽管德国法律规定，网络运营商没有义务监察由其传送或储存的信息，也没有义务去调查是否有违法行为，但实际上网络运营商还是需要封杀一些内容。德国电信等五大网络运营商此前自愿与德国政府签订的“自律条款”规定，他们将根据联邦刑警局提供的信息，删除和屏蔽那些互联网不宜的网上内容，最主要的是儿童色情、美化纳粹、宣扬暴力的网上内容。这些内容也无法进入搜索引擎。

在德国进网吧并不需要实名制，但德国对于网吧的管理较严格。德国网吧不允许16岁以下学生进入，由于涉及版权等问题，德国网吧不允许个人私自下载网上资源，不允许接入私人媒体存储设备。网吧也不允许看儿童色情网站，所以，大多数网吧都自愿安装这方面的过滤软件。网吧一般设有摄像设备，如果利用网吧从事不法行为，警方可以通过上网数据和录相等信息锁定嫌疑人。

五　俄罗斯信息安全战略与互联网治理

1. 综合型的俄罗斯信息安全战略

与其他欧美国家不同，俄罗斯考虑到国情的实际情况，实施了“综合型”信息安全战略，强调“以维护信息安全为重点，维护国家的综合安全”。

由于长期以来俄罗斯信息安全工作全部由国家强力部门统辖，互联网出现后呈现出很大的不适应，加上国力尚处恢复阶段，信息基础尚不发达，信息的利用正处于发展之中，因此，俄罗斯对信息领域的国家利益的定位基本不越出国家范围。1997年的《俄罗斯国家安全构想》明确了信息安全是保障国家安全的重中之重；2001年的《俄联邦信息和信息化领域立法发展构想》分析了当时俄联邦信息和信息化领域立法的现状和发展趋势，确立了俄罗斯在之后5～10年内信息立法的主要方向和内容。

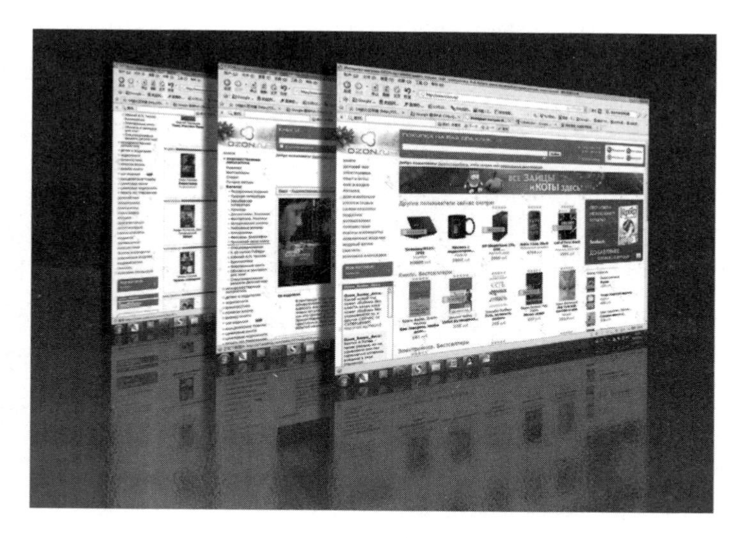

图2—12　迅速发展的俄罗斯互联网

2000年6月，普京批准《国家信息安全学说》。我们虽然可以从中看到其受西方"信息战"理论和实践冲击，但作为俄罗斯联邦国家建设和军事建设发展的必然，报告明确了联邦信息安全建设的目的、任务、原则和主要内容，把信息安全正式作为一种战略问题来考虑，认真探讨进行信息战的各种措施。特别是在军事领域，"针对信息活动"、"对信息基础设施的攻击"和"信息争夺"已成为未来军事斗争初期的重要行为样式，"确保信息安全并在激烈的信息对抗中获得优势"是保证未来军事行动获得成功的重要条件。

战略明确了俄罗斯信息安全领域的主要任务是制订保障信息安全的国家政策，明确信息安全保障的目标、计划以及应采取的相关措施和机制；发展和完善统一的俄罗斯信息安全保障体系，加强国家的信息保护系统和秘密保护系统的建设，同时重视信息安全基础设施和关键技术的发展，建立有效的风险评估和技术认证体系；完善保障俄联邦信息安全的法律法规体系；明确俄联邦和联邦各主体国家权力机关、企事业单位和各种所有制形式的机构乃至公民在保障俄联邦信息安全领域的职责，并协调他们之间的活动。

从制度保障方面来看，俄罗斯十分重视信息安全立法工作：在《俄罗斯联邦宪法》、《国家安全法》、《国家保密法》、《电信法》等中对国家的信息安全做出了相应的规定；制定和公布了《俄罗斯网络立法构想》、《俄罗斯联邦信息和信息化领域立法发展构想》、《信息安全学说》、《2000—2004年大众传媒立法发展构想》等纲领性文件；起草和修订《电子文件法》、《俄罗斯联邦因特网发展和利用国家政策法》、《信息权法》、《个人信息法》、《国际信息交易法》、《〈国际信息交易法〉联邦法的补充和修改法》、《信息、信息化和信息保护法》、《〈信息、信息化和信息保护法〉联邦法的补充和修改法》、《电子合同法》、《电子商务法》、《电子数字签名法》等20余部法律。

虽然俄罗斯的信息安全战略具有很强的综合性，但也存在一些困难和问题，致使俄罗斯实施综合性信息的目标难以在短期内全面实现。比如，俄罗斯的信息战防御漏洞多、问题难以全面解决、信息技术人才流失严重等。俄罗斯计算机信息处理领域的人才非常优秀，其专业水平令欧美同行称道。英特尔公司发言人曾表示："对我们来说，俄罗斯拥有丰富的马上就可以投入使用的人才，俄罗斯是一个很重要的研发基地。”鉴于此，欧美国家、企业借助资金和技术的优势不断蚕食俄罗斯 IT 产业的核心部分，竞相对其人才进行争夺，致使俄 IT 人才大量外流，严重影响俄“综合型”信息安全战略的实施。

2.相对开放的俄罗斯互联网治理

2010 年 11 月，俄罗斯总理普京签署了关于建立 2011—2020 年俄罗斯信息社会发展纲要，政府将每年拨款 1231 亿卢布用于实施建立信息社会项目。俄罗斯通信部承诺，要让每一位俄罗斯联邦公民都能够分享信息社会建设成果。近年来，俄罗斯互联网产业迅猛发展，网民人数迅速增加。截至 2010 年秋季，俄罗斯互联网用户已达到 4650 万，每周都上网的用户达到 4220 万 (约占到全体用户的 90%)，每天都上网的用户达到 3190 万 (约占到全体用户的 69%)。截止到 2010 年 10 月，宽带服务覆盖率达到 32%。[①]

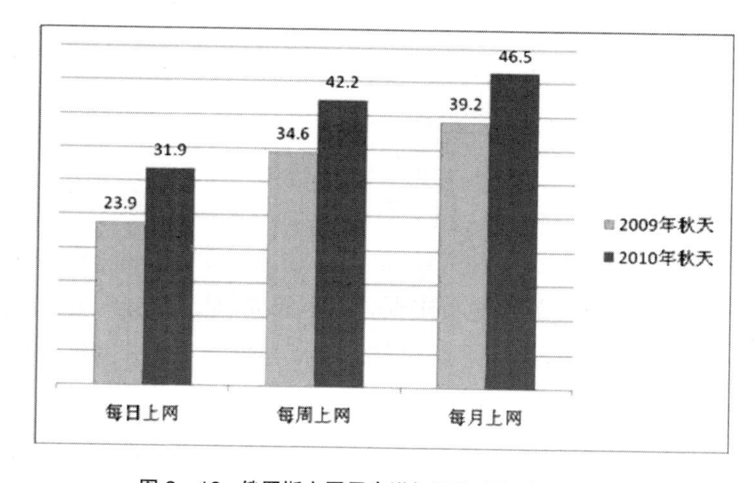

图 2—13 俄罗斯上网用户增加迅速（来源：199IT）

据俄媒体报道，大约 80% 的俄罗斯儿童在自己的房间上网，或者通过手机上网。另外，俄罗斯未成年网民上网时间的增加也引起有关方面的忧虑。25% 以上的俄罗斯儿童每周上网时间在 7 小时至 14 小时。20% 的俄罗斯儿童

① 来源：光明网，http://world.gmw.cn/2011-04/22/content_1870325.htm。

每周上网时间超过了 21 小时。由于儿童缺少必要的鉴别能力，他们经常受到“网络流氓”的侵害。有鉴于此，俄有关部门出台了一些法律与制度及相关措施加以防范。2010 年底，俄国家杜马通过了《保护青少年免受对其健康和发展有害的信息干扰法》草案。草案规定，要在所有的上网电脑中设置内容分级系统，即只有达到法定年龄才能浏览色情、暴力等内容的网页。根据该法律，俄司法机关将对互联网内容进行分级。所有网吧将从 2011 年 9 月 1 日起强制安装防止接触有害信息的系统，即信息过滤系统。

除了网民数量每年以 20% 多的速度增长外，俄罗斯注册网站数量也与日俱增。为了保护网民不受违法信息的侵害，俄政府规定，网站有责任清理网站自身发布和网民发布的违法信息。执法机关如发现违法信息，将通知有关网站立即删除。如果网站拒绝配合，执法机关将发出警告。两次警告无效，执法机关将通过法院、检察院关闭网站。若某媒体网站出现违规行为，媒体主管部门如信息管理局等将提出警告，两次警告后如仍未纠正或再次违规，则通过司法程序关闭违规媒体网站。

不过总体上看，俄罗斯的互联网治理还是相对温和的。比如，尽管 2011 年年底社交网站助推了杜马选举后的政局震荡，甚至有专家承认，在擅于使用互联网的俄罗斯人和政府之间的鸿沟已经大到“危险程度”，但普京和梅德韦杰夫仍然拒绝严加限制互联网，而是强调“必须加强国家在网络中的存在和影响”，“现在重要的是医治民族心理，要让千百万人民树立起信心，相信明天的前途会更美好。这样，电视、广播、网络的作用和影响就十分有限了”。

在国家如何应对网络监管问题上，普京和梅德韦杰夫都曾公开表态，目前俄政府不会直接介入网络的管理，因为互联网拥有自己的运行规则，国家不应该在这个领域设定很多限制。俄罗斯一些专家和官员也对是否有必要立法或者对网络进行国家监管进行过热烈探讨，得出的结论是，俄罗斯现阶段没有必要再专门立法，现有的法律和相关条文已经足够。网络需要管理，但不是通过屏蔽或者其他一些人为限制的手段，而应该完善互联网活动涉及的各个领域的法律，加大惩治力度，比如实施严格的域名注册监管制度等。对互联网中的诽谤、侮辱、虚假广告、传播淫秽色情内容、侵犯知识产权等都通过一些相应的法律进行行政责任追究。法律专家认为，对互联网的法律管理是必要和必须的，但关键还是如何管理。

对此，俄罗斯的网络市场业主认为，国家对网络虚拟社会的干预本身并没有什么负面影响，关键是措施一定要缜密。俄罗斯著名社交网站建立者格·克利梅科就认为，强化国家在互联网中的存在和影响不是一件坏事，有可能利用国家资源进一步推动市场的发展。如何避免虚拟和现实世界的严重脱节，保障网络文明的健康、有序发展，是当下俄罗斯需要解决的一个主要问题。

六 日本信息安全战略与互联网治理

1. 日本信息安全战略

（1）从 e-Japan 到 u-Japan

亚洲金融危机后，日本专门成立了信息通信技术战略总部，明确提出以技术立国、优先发展IT业的新战略。2000年，日本首先提出“IT基本法”，随后又提出了三项重大战略：e-Japan 战略、e-Japan 战略 II 和 u-Japan 战略（见图 2—14），分别以宽带化为突破口，促进信息技术应用和建设“无所不在”的泛在网络为目标，紧紧围绕信息产业乃至整个国民经济在不同时期的发展方针和重点，形成前后衔接、循序渐进的战略体系。

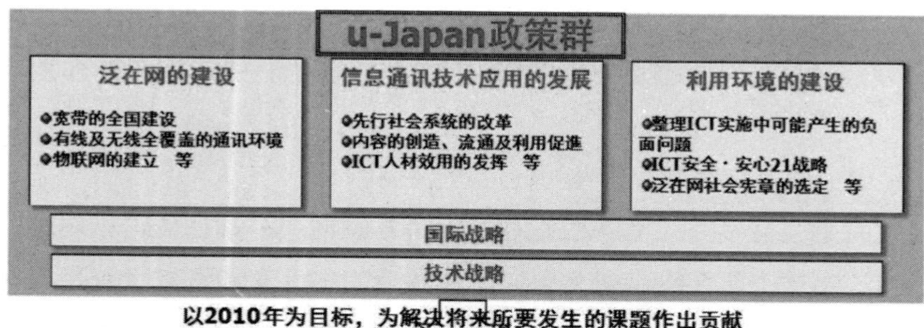

图 2—14 u-Japan 战略政策组成（来源：CDTF2008）

2010年5月11日，为适应不断变化的IT信息环境，日本信息安全政策会议通过了《日本保护国民信息安全战略》，旨在保护日本公众日常生活正常运转不可或缺的关键基础设施的安全，降低日本民众在使用IT技术时所面临的风险。该战略囊括了信息安全政策会议于2009年2月3日制定的《第二份信息安全基本计划》的全部内容，具有时间跨度长（2010年度至2013年度）及内容涉及面广等特点，是一个全面的IT战略。根据这一战略，日本政府2013年5月21日召开信息安全政策会议，并汇总出了一份《网络安全战略》的最终草案。该草案针对日益猖獗的网络黑客攻击提出了多项强化措施，其中还包括在日本自卫队设立“网络防卫队”等内容。

据了解，《网络安全战略》最终草案列举了在2015年度前需要开展的工作。其中包括针对疑似有外国政府参与的网络攻击，应加强自卫队的应对能力和防范力度；必须提升分析仪器的性能，培养高度专业性人才；改善政府机构及重要基建领域的有害软件感染率；在2020年底前将日本国内信息安全市场规模扩大一倍等内容。

草案还提出，将通过聘请专业人员与扩大权限等形式，强化日本内阁官房信息安全中心，并在2015年前将其改组为网络安全中心。此外，草案还称，对于日本自卫队，网络空间是“可以与陆海空和宇宙并列的新领域”，为应对包含网络攻击在内的“来自其他国家的武力攻击情况”，应在日本自卫队内设立“网络防卫队”。

据悉，日本政府计划就最终草案进行公开意见征集，并将于6月正式敲定并加紧落实，以防止政府、企业和普通网民成为网络攻击的对象。

（2）《日本保护国民信息安全战略》概览

通过日本政府强有力的领导，建立全面落实政策的体制，明确公共和私营部门的权责，并进一步加强公共和私营部门的伙伴关系，具体包括：

整合应对大规模攻击的准备行动。一是整合应对大规模网络攻击的准备行动，制定网络被大规模攻击的应对举措，加大对网络犯罪的打击力度，加强与各国及国际组织在应对网络攻击方面的合作，确保网络空间安全；二是加强日常信息收集工作，并建立一个共享体制，如内阁官房及各个省厅之间通力协作，加强对有用信息的搜集及分析工作；加强同外国政府及国际组织等的合作，建立并强化信息共享机制。

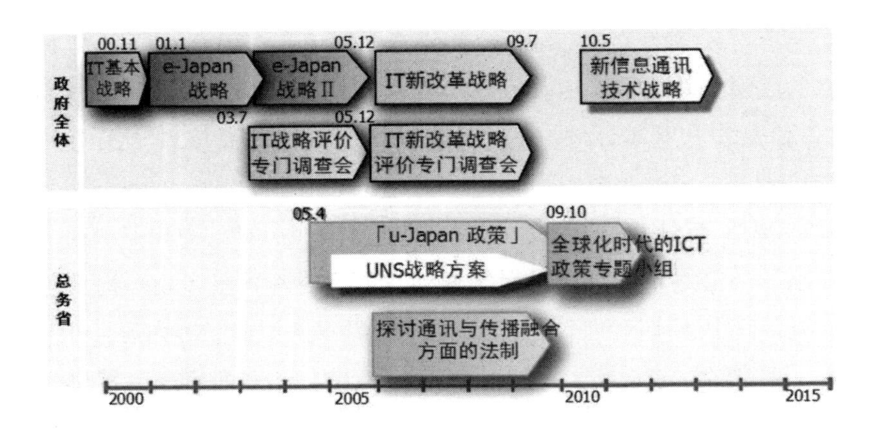

图 2—15　日本国家信息化发展路线图（来源：CDTF2008）

加强学习安全政策应对环境变化的能力。一是加强保护国民信息安全的基础，包括加强政府部门等基础能力的建设，加强和充实政府跨部门间的信息收集和分析系统的建设，推进建立适用于地方公共团体和独立行政法人的信息安全对策等。二是强化对国民和用户的保护，推进个人信息保护，适当发展个人隐私保护技术，强化预防网络犯罪的措施。三是加强国际合作，加强同美国、东盟、欧洲等国家及地区的合作，加强与亚太经合组织（APEC）、东盟地区论坛（AFR）、国际电信联盟（ITU）、国际观察与预警组织（I — WWN）、事件响应及安全组织论坛（FIRST）、亚太地区计算机应急响应组（APCERT）等国际组织的合作，加强与外国机构建立信息共享体制。四是推动技术战略发展，加快推进与信息安全相关的研究与开发工作，大力培养信息安全人才，确立信息安全治理体制。五是对与信息安全有关的制度进行整合，包括以改善网络空间的安全性和可依赖性为目标，对相关制度进行研究讨论；对各国的相关信息安全制度进行比较研究，通过分析各国的异同，从而提出合作课题并对合作措施进行探讨研究。

2. 日本互联网治理

日本近年来一直通过加强立法提高对互联网的监管力度，相继制定了

《规范互联网服务商责任法》、《打击利用交友网站引诱未成年人法》、《青少年安全上网环境整备法》、《规范电子邮件法》和《禁止不正当接入法》等法律。同时，为了应对网络犯罪，遏制网络上的违法、有害信息，日本各地警察总部设有网络犯罪对策部门及网络犯罪商谈窗口，并设有名为“互联网热线中心”的举报平台。

（1）制定法律规范网络行为

作为一个经济发达、电脑和互联网高度普及的国家，层出不穷、络绎不绝的网上犯罪一直困扰着日本政府和普通民众，仅 2011 年，日本警方就破获网络违法案件 5741 起。日本警方将网络犯罪分为非法接入、以电脑或电磁记录为对象的犯罪及制造病毒罪和利用网络的犯罪等三大类别。在利用网络犯罪这一大类中，又细分为网络诈骗、传播淫秽物品、猥亵儿童、传播儿童色情物品、侵权等许多类别。为此，日本政府与网络运营商协调一致，根据内紧外松的原则，主要通过法律手段不断加强对互联网的监管。早在 1984 年，日本制定了管理互联网的《电讯事业法》。①

进入 21 世纪之后，随着互联网技术的发达和网络的普及，日本相继制定了《规范互联网服务商责任法》和《打击利用交友网站引诱未成年人法》、《青少年安全上网环境整备法》和《规范电子邮件法》等法律法规，有效遏制了网上犯罪和违法、有害信息。日本对于互联网的管理除了依据刑法和民法之外，还制定了《个人信息保护法》、《反垃圾邮件法》、《禁止非法读取信息法》和《电子契约法》等专门法规来处置网络违法行为。网络服务提供商 ISP 和网络内容提供商 ICP、网站、个人网页、网站电子公告服务，都属于法律规范的范畴。信息发送者通过互联网站发送违法和不良信息，登载该信息的网站也要承担连带民事法律责任，网站有义务对违法和不良信息进行把关。

（2）设立违法有害信息举报平台

日本将网络上需要限制的信息分为违法信息和有害信息两类。违法信息指儿童色情图像、淫秽图像、贩卖毒品信息等信息，将本类信息上传互

① 来源：人民网，http://it.people.com.cn/GB/14548761.html。

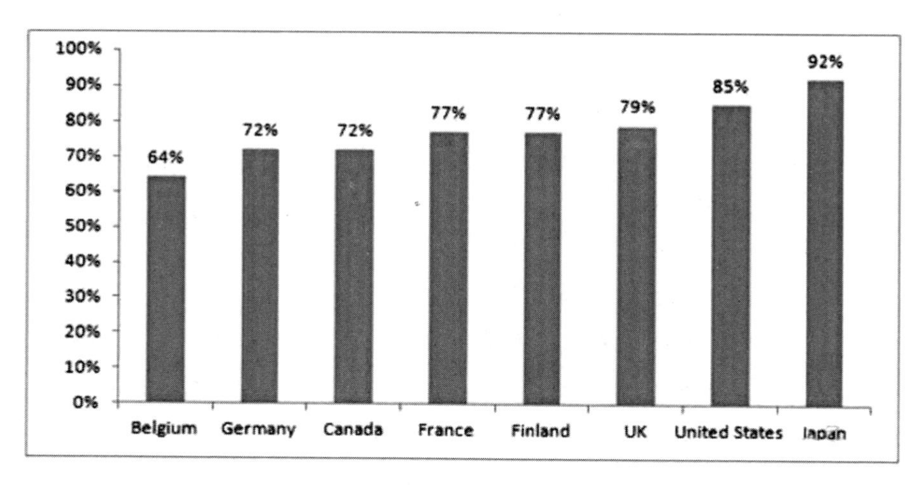

图 2—16 高度发达的日本移动互联网（来源：比特网）

联网的行为本身即违法。有害信息指尚未达到违法的程度，但是从维护公共安全和秩序的角度不能放任不管，比如违反公序良俗的信息，如教导杀人方法、指导自杀、转让枪支、制造爆炸物等信息。

日本 2006 年 6 月开始启用违法信息和有害信息举报平台“互联网热线中心”，日本是“互联网热线中心”国际网络 INHOPE 的正式会员。网民可以通过“中心”的网站在线举报，“中心”认定举报的信息为违法信息或有害信息时，会向警察厅通报，同时商请违规网站删除有关信息。当难以判断是否为违法或有害信息时，会与律师等法律顾问协商后作出断定。据“中心”统计，2011 年共接到举报 182757 件，经过分析约有 20% 共 36573 件为违法信息，2.6% 共 4827 件为有害信息，违法信息中有 56.8% 涉及公开淫秽影像。

（3）打击网络诽谤，阻击“围殴”

2008 年，日本警方共接到网络诽谤、网络中伤的报案共 11516 件，创下了历史新高，首次突破 1 万件，比 2007 年的 8871 件增加了近 30%，比 2005 年（5782 件）翻了近一番。关于网络造谣，日本曾有过发布不实的帖子而被送检的案子。

曾著有《WEB 围殴》一书的评论家荻上称，网络不是完全虚拟的空间，网络与现实相联。现实社会不能做的，在网络上也不能做，做了就会受罚。由于网络具有匿名性，所以才有了“围殴”现象。“围殴”与现实世界的虐待、私刑性质一样，对个人群起而攻之，在网络、在现实中都是越线行为。

七　其他国家互联网信息治理掠影

1. 澳大利亚多“管”齐下治理互联网

与其他发达国家一样，互联网正在改变澳大利亚人的工作和生活习惯，而对于随着网络的普及产生的各种问题，澳大利亚联邦政府从法制入手，保障互联网健康有序发展，多管齐下，对网络依法从严监管，毫不手软。①

（1）成立监管机构

加强政府层面的管理，健全机制，引导并保持互联网健康的发展方向，是澳大利亚联邦政府在互联网管理中的重要一环。据此，澳联邦政府决定将广播管制局和电信管制局合并，于 2005 年 7 月 1 日成立传播和媒体管理局 (ACMA)，负责整个澳大利亚的互联网管理工作，并在首都堪培拉、墨尔本和悉尼设有办事处，已有 690 人的管理队伍，还组成了一个管理委员会。这一决策，使广播电视和电信、互联网管理结合在一起，更加有利于高效管理，得到社会各个方面的支持和欢迎。

互联网是社会大众共有的虚拟世界，但不应是绝对的自由平台，如果管理不善，任其自由发展，国家信息安全、企业电子商务、大众个人隐私就会受到损失，网络谣言、网络色情和网络诈骗等违法犯罪就会泛滥。所以，ACMA 的主要职责是针对上述问题进行监管。在墨尔本，已着手对手机短信、网络传播中的违法内容加强管理，不留死角。

在行业协会层面，澳大利亚互联网协会作为社会组织协助联邦政府促进互联网有序运作也发挥着积极作用。该协会的成员来自社会各界，有运营和信息传播机构，致力于在社会各部门形成合力，向政府提出规范互联网发展的合理化建议，规避各种弯路和风险，促进澳大利亚互联网快速发展。

---

① 来源：人民网，http://world.people.com.cn/n/2013/0621/c1002-21918182-2.html。

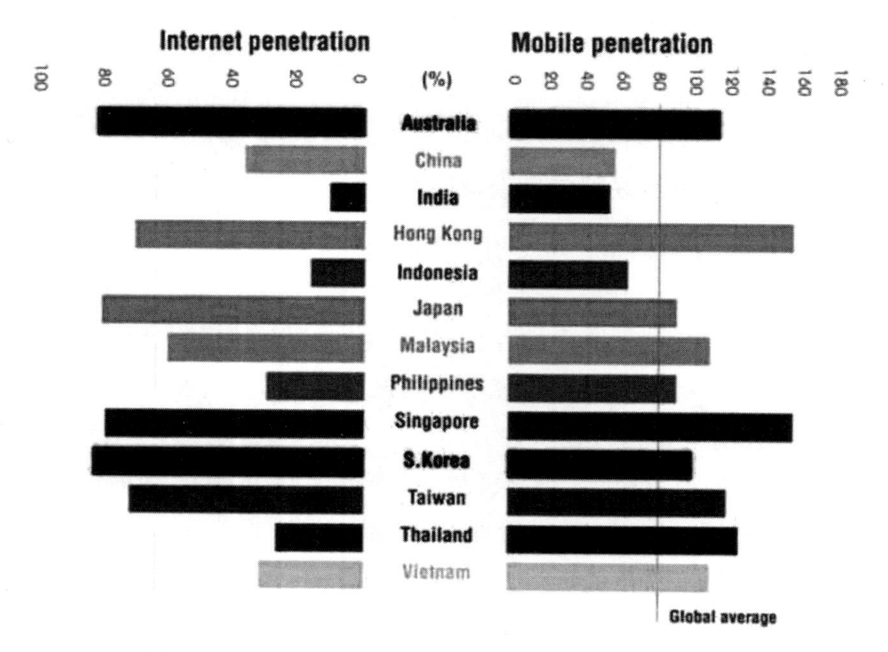

图 2—17　各国互联网与移动互联网渗透率（来源：博雅公司）

（2）依法管理是根本

“没有规矩，不成方圆”。依法管理互联网目前是国际上的通行和必须的做法，明确在互联网管理中哪些要得到保护，哪些要进行限制、禁止，并让使用互联网的人们明确自己的权利与义务，互联网才能顺利、安全地发展。建规立制、依法管理是对互联网管理最重要的环节，这是澳大利亚联邦政府管理互联网的重要手段。

澳大利亚是世界上最早制定互联网管理法规的国家之一，使互联网管理有章可循，有法可依。澳大利亚制定的有关涉及互联网管理内容的法规及标准由 ACMA、行业机构和消费者共同制定，有关互联网管理的法规主要有《广播服务法》、《反垃圾邮件法》、《互动赌博法》、《互联网内容法规》和《电子营销行业规定》等。

（3）倾向网络实名制

网络实名制管理在澳大利亚得到社会舆论和民众的支持和拥护。ACMA

要求，互联网用户必须年满18周岁，并用真实身份登录；未成年人上网必须由其监护人与网络公司签定合同。这样增加了人们在使用网络时的信用，更利于自律和别人的监督。实名制限制并能够阻止一些人用虚假的名字从事网络色情、网络诽谤和网络暴力等行为。澳大利亚有网民反映，用实名登录后，不用担心，更有安全感，得到网友的尊重，增强了自己的信心。

澳联合新闻社在评论韩国"网络实名制"时说，网络暴力现象在韩国日益严重，不少人利用网络的匿名制度，对他人在网上进行诽谤、辱骂和暴露隐私，不少明星都遭受过类似的网络暴力行为，有些甚至导致自杀的后果，所以，"实名制能够阻止人们利用虚假的名字来从事网络暴力行为"。《悉尼先驱晨报》也曾评论说，尽管网络很大程度上改变了人类的交流方式，并对现实社会的原有模式产生一定的"颠覆性"影响，但人们还是要求网络按照人类社会的基本规则来行事，即使在"虚拟世界"这个全新的领域，最基本的人性道德也是不能被违背的。文章说，人们不能在网络世界里随心所欲，正如他们在任何现实社会都不能胡作非为一样，而在网络上使用真实姓名，更能得到人们的尊重和信任。

（4）内容过滤不可少

目前，澳大利亚政府正在推行互联网强制过滤计划，防范网络不良信息对国家安全、个人隐私和经济利益的威胁。ACMA与各网络服务商签订协议，要求他们不得传播垃圾邮件、淫秽色情信息、暴力内容以及有害儿童身心健康的信息等，并向他们提供过滤软件。出现传播违法内容的问题时，ACMA可根据协议，要求网络服务商关闭受感染的服务器。同时，ACMA设有专门的举报投诉热线，接报24小时内就会采取处置措施，并向投诉方做出回复。

据了解，澳大利亚打击垃圾邮件是很严厉的。根据澳大利亚遏制垃圾邮件的法律规定，凡是批量发送的邮件必须符合三个方面的规定：一是发送方须在ACMA进行真实详细的备案登记，二是接收方同意接收，三是接收方如对邮件不满意可以退订。澳大利亚严格执行这些规定，对违者处以罚款。由于处罚得力，2004年以来，世界排名前200位的垃圾邮件公司已有不少退出了澳大利亚市场。

在澳大利亚，有人担心过滤网络内容会影响接入网络的速度，还有人认为无法对海量的网络信息一一分辨。但澳电子前沿基金会主席科林·雅各布强调，人们更担心政府对网络强制性审查的效率，担心过滤措施不一定能完全消除网络的不良信息。澳互联网行业联合会主席彼得·科罗内斯则认为，澳大利亚的互联网行业需要自己制定一个不良内容过滤的行业准则，“与欧洲国家的最好做法相一致”。他认为，对于儿童色情等不良信息，网络内容供应商也应该有所作为，而不是简单的反对或支持政府的计划。澳大利亚基督教团体主席吉姆·华莱士认为，对网络审查的基本目标在于要让社会形成一种准则，那就是网络并不是一个完全自由的地带。因此，相对于科技发展和社会期望值来说，政府提出对网络进行审查过滤计划是一件好事。

（5）打击网络犯罪不手软

开展网上执法，ACMA 与警方密切配合，共同严格查处网络各种违法行为，这是澳大利亚联邦政府对互联网进行严厉监管的辅助手段。澳大利亚联邦和各州政府警署负责网上执法，并设有专门的互联网监控部门，对网络违法犯罪情况实施监控，特别是监控针对儿童的网上色情信息。

根据澳大利亚法律，任何网络服务商不得在网上传播淫秽色情和极端暴力等内容的信息。在网上发表亵童照片，最高可处罚 11 万澳元和 5 年监禁；在网上出售色情内容信息的公司，最高可处罚 22 万澳元，涉案人可处以 5 ～ 10 年的监禁。按照法律，ACMA 与警方共同查处互联网的各种违法问题。对于澳大利亚境内网站的违法行为，ACMA 在接到举报后，通知警方前来查处。

同时，不良网络信息已经威胁到澳大利亚人的个人生活隐私、经济利益甚至国家安全。因此，在很多领域都可以看到澳大利亚与不良网络信息的较量。由于民众抱怨“谷歌街景”车通过无线网络非法获取他人隐私信息，澳联邦警察局今年还介入调查。澳通信部官员认为这是“澳历史上最严重的一桩触犯隐私权的行为”。由于网上银行诈骗频繁发生，澳大利亚各家银行一面打出“受到网银诈骗损失由银行负责”的广告拉住顾客，一面加强对网上银行的监管。为应对越来越频繁和猖狂的黑客攻击，澳国防部今年年初还专门成立了“网络安全运行中心”。在技术层面，为集中力量保证网络安全，澳政府还减少了互联网的网关。

另外，澳大利亚政府还积极开展国际合作，使互联网法律和管理方法与国际上取得协调。澳大利亚通过国际网络检举热线联盟，广泛开展国际合作，并与美国、加拿大、中国、日本、新加坡，以及欧洲国家进行了互联网发展和管理等方面的交流与合作。

规范有效的对互联网法制化管理，促进了澳大利亚互联网事业的发展和普及。在日新月异的当代互联网技术发展中，澳大利亚联邦政府部门、社会各界和民众依法安全高效地使用互联网，尽享互联网科技文明的成果，促进了澳大利亚经济社会的进步和发展。

2. 新加坡网络治理成就斐然

新加坡是世界上推广互联网最早和互联网普及率最高的国家之一，也是在网络管理方面最为成功的国家之一。新加坡从立法、执法、准入以及公民自我约束等渠道加强网络管理，在确保国家安全及社会稳定的前提下，最大限度地保障网民的网络遨游权利。

新加坡早在 1981 年就开始制订一系列的电脑化与信息科技策略——全国电脑化蓝图，随后又出台全国信息科技蓝图、全联新加坡计划和 IN2015 蓝图，并投入巨资打造“智慧岛”。据统计，1996 年，新加坡已有 20 万互联网用户，2000 年增加至 120 万，2008 年已超过 242 万，相当于总人口的 66.3%；而到 2012 年 12 月底，新加坡网民在总人口中的比例已经超过 77%。然而，新加坡在大力推广互联网的同时，没有忘记加强对它的管理。新加坡内阁资政李光耀曾指出，新兴的网络媒体是极重要的战略阵地，对国家安全、社会、人心影响巨大，一旦失守，后果不堪设想。新加坡对网络实行统一管理，但在严格监管的同时也有务实和灵活的一面，目的是促进网络健康发展，以服务于国家和社会。

首先，新政府高度重视互联网的立法及执法工作，将国家安全及公共利益置于首位。政府将《国内安全法》、《煽动法》、《广播法》以及《互联网实务法则》等相关法律有机结合起来，严厉打击和制止任何个人、团体或国家利用网络危害新国家安全的行为。新加坡《国内安全法》规定，政府有权逮捕任何涉嫌危害国家安全的人。《煽动法》规定，任何行为、言论、出版或表达，只要含有对政府或司法不满，或在国民中煽动仇恨或种族之间制造对立等内容，均定为煽动罪。媒体发展管理局是政府机构，负责对互联网使用的管理，《广播法》授权媒体发展管理局审查任何传播媒体、互联网站以及电影、录像、电脑游戏和音乐等。2005 年 9 月，3 名新加坡青少年博客因在网上发布具有煽动性的种族主义言论，被以违反《煽动法》为由告上法庭，其中三人均受到不同程度的监禁、罚款和其他指控。

其次，严格控制网站的创立及网络服务内容。新加坡《互联网实务法则》规定，所有互联网服务供应商都为政府所有或有政府背景，并遵守媒体发展管理局制定的互联网操作准则。管理局有权命令供应商关闭被认为危害公共安全、国家防务、宗教和谐及社会公德的网站。互联网禁止出现以下内容：危及公共安全和国家防务；动摇公众对执法部门信心；煽动或误导部分或全体公众；引起人们痛恨和蔑视政府、激发对政府不满；影响种族和宗教和谐；对种族或宗教团体进行抹黑和讥讽；在种族和宗教之间制造仇恨；提倡异端宗教或邪教仪式的内容；色情及猥亵内容；大肆渲染暴力、低俗色情和恐怖手法等。新政府规定，互联网内容提供商有义务协助政府删除或屏蔽任何被认为是危害公共道德、公共秩序、公共安全和国家和谐等内容及网站，如不履行义务，供应商将被处以罚款，或者暂停营业执照。政府还鼓励服务供应商开发推广网络管理软件，协助用户过滤掉不适宜看到的内容。

为维护国家团结和稳定，新加坡媒体发展管理局已屏蔽了多个包含色情等内容的网站。此外，该局还要求互联网内容供应商在以下情况必须注册：在新加坡注册的政治团体通过互联网以 WWW 方式提供网页者；在 WWW 上参与有关新加坡的政治和宗教讨论的用户团体或新闻组；为政治目的或宗教目的而提供网页的个人，以及由广管局通知其注册者；通过互联网络在新加坡销售的联机报纸，由广管局通知其注册者。

此外，加强公共教育，提高公民自觉过滤意识。新加坡政府认为，有效管理互联网的长远之计在于加强公共教育，政府鼓励供应商开发推广“家庭上网系统”，帮助用户过滤掉不合适的内容。新政府 1999 年成立“互联网家长顾问组”，由政府出资举办培训班，帮助家长指导孩子安全上网。从2003年1月起，传媒发展局还设立了500万美元的互联网公共教育基金，用于研制开发有效的内容管理工具、开展公共教育活动和鼓励安装绿色上网软件。

3. 印度日益重视网络安全

过去十几年，迅猛发展的网络产业为印度经济增长做出了积极贡献，但随着信息技术的不断演变，网络安全隐患日益增多。目前印度网民有1.2亿，据估计到2014年至少将达到3亿。印度网络在快速发展的同时，也存在巨大的安全隐患，垃圾邮件、色情信息、恶意病毒、虚假和欺诈事件层出不穷，约76%的印度网民成为网络犯罪受害者。印度国家安全也受到来自网络的现实威胁，恐怖分子和分离主义分子利用社交网站发布煽动性信息，借助谷歌地球、黑莓手机、卫星电话等技术对境内人员进行宣传、联络和发布指令，实施恐怖破坏活动。2008年11月发生的孟买恐怖袭击事件就是典型案例，2012年9月的阿萨姆流血事件让印度又一次尝到了社交网络带来的恶果。

另外，根据《2012诺顿网络犯罪报告》显示，印度约有66%的成人互联网用户曾经成为网络犯罪的受害者，仅过去一年中，印度网络犯罪受害人数就高达4200多万，造成直接经济损失80多亿美元。如按照上述报告的数据计算，印度平均每天约有11.5万人，每分钟80人或者每秒钟超过1人成为网络犯罪的受害者。据分析，印度网络犯罪主要以针对个人和企业的犯罪为主，多为利用黑客技术盗用个人信息、商业情报，甚至进行经济诈骗。近年来，针对大型信息技术系统、云计算、安卓系统以及其他数字生活终端的网络犯罪案件呈上升趋势，这种新型网络犯罪将为印度政府及企业带来更大挑战。

印度政府正在不断加强从政策立法到技术创新的网络监管手段，直面网络安全问题，尤其是新型网络犯罪。从政策法规上来说，印度是世界上为数不多专门为信息技术立法的国家之一。早在2000年6月，印度议会就出台了规范网络管理的《信息技术法》，规定向任何计算机或计算机系统传播病毒或导致病毒扩散，以及对电脑网络系统进行攻击或未经许可进入他人受保护的计算机系统等行为，都构成网络犯罪。2008 年孟买恐怖袭击发生后，印度政府迅速修订《信息技术法》，加强对网络运营商和个人进行“适当和有效”的管理。2011 年，印度政府对《信息技术法》进行了再次修订，重点加大对网站的规范管理，其中规定印度通信与信息技术部有权查封网站和删除内容，网站运营商须告知用户不得在网站发表有关煽动民族仇恨、威胁印度团结与公共秩序的内容；网站在接到当局通知后应该在 36 小时内删除不良内容。此外，新法案对印度网吧经营活动做出了更严格的规定，规模达几十万家的网吧业主须保留客户访问的所有网站为期一年的日志，并要求客户在上网前出示身份证。此外，网吧经营者还要保留浏览记录至少 6 个月，并且安装一些指定的网络安全软件系统，以配合监管。

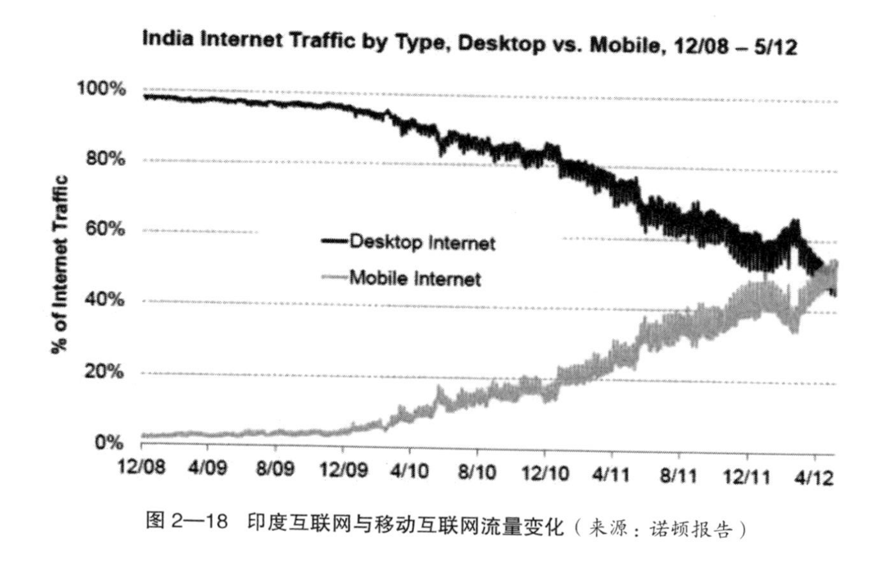

图 2—18 印度互联网与移动互联网流量变化（来源：诺顿报告）

2012 年阿萨姆事件之后，印度政府更是加强了对谷歌等互联网公司的监管，谷歌、FaceBook 也表示同意删除相关内容。印度政府官员表示，印度政府支持言论自由，印度政府进行的网络清理主要针对非法、毁谤、色情及其他类似的不良信息。印度人口众多，民族和宗教情况复杂，为了维护社会安定必须全面加强对网络的管理。

此外，印度政府还成立了印度数据安全委员会，专门针对日益增多的网络数据安全问题提供权威监测和管理方法。随着印度信息技术外包产业的不断升级发展以及网络技术在日常生活中的广泛运用，数据安全保护面临极大挑战。据统计，印度外包产业2011财政年度产值已达881亿美元，预计2020年可突破2200亿美元，同时印度电子商务迅速壮大，该国电子支付金额已占到支付总额的35.3%。这些产业的发展都将依赖可靠的交易保障，因此数据保护也成为当务之急。2001年9月，印度首个专门对付网络犯罪的警察局在班加罗尔成立，此后逐渐扩大到印度各主要城市。同时，政府还在南部城市海德拉巴成立了一个电脑犯罪分析实验室，以提高破案率。此外，印度中央调查局也开始与美国等国的安全机构共享情报，共同打击跨国网络犯罪。

日前，印度电信部已正式启动建立下一代互联网协议即IPv6的计划，并将成立相应的技术研发中心，希望在未来3年实现由现有的IPv4协议向IPv6的转换。据了解，由于基于IPv4协议提供的互联网地址空间已被耗尽，于是出现了一个地址有多名用户的情况，这对打击网络犯罪带来很大难题。因此，能提供更大空间的IPv6对解决网络安全问题意义重大。

4. 韩国依法严格监管互联网

韩国是世界上互联网最为发达、普及率最高的国家之一。为了保障互联网的安全使用和保护每一位用户的权益，韩国政府在网络监管方面制定了一系列严格的法律。

韩国是世界上第一个专门为网络审查立法和设立网络审查机构的国家。1995年，韩国成立了世界上最早的网络审查机构——信息通信伦理委员会，并出台了《电子传播商务法》。该法授权上述委员会对网络进行监察，对网络纠纷进行仲裁，关闭国内非法或不健康网站，屏蔽国外不良网站。2000年7月，韩国警察厅成立了网络犯罪应对中心，其“网络警官”既具有丰富的侦查经验又具备电脑专业知识，担负着接受检举、进行调查、开发新技术和进行国际合作等多项打击网络犯罪的任务。2008年，韩国政府新成立了广播通信审议委员会。2010年，为应对频繁的网络袭击事件，韩国国防部成立了“信息安全司令部”，以维护韩国的国家网络安全。此外，韩国还建立了“违法和有害信息报告中心”等投诉渠道来监督网上信息传播，任何人都可以拨打热线电话或在网上举报。

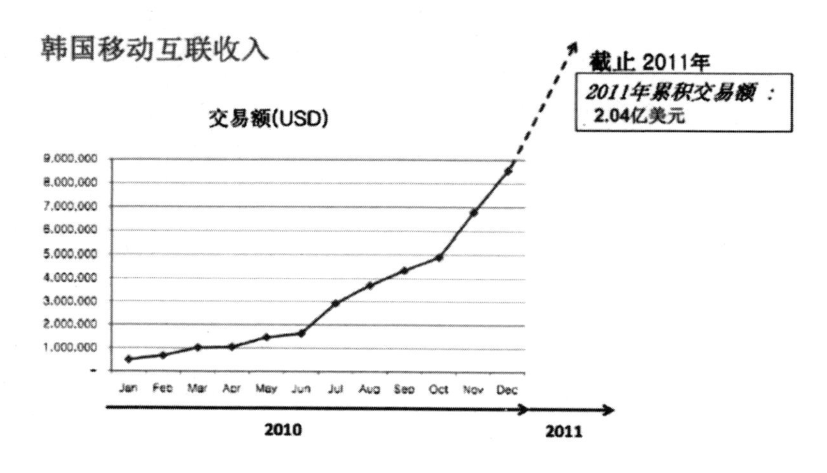

图 2—19 韩国移动互联网收入情况（来源：微云科技）

为保障网络安全、规范网络行为、保护用户权益，韩国政府陆续制定和完善了一系列有关网络管理的法律，如《电子通信基本法》、《国家信息化基本法》、《促进信息通信网络使用及保护信息法》、《信息通信基本保护法》、《网络安全管理规定》、《通信秘密保护法》等数十部法律。例如，为了保护网络个人信息，韩国行政安全部颁布实施了《个人信息保护法》，对个人信息的公开和使用做了详细的规定，特别是对窃取个人信息以及个人信息损害赔偿等行为，有清晰的处理规定。随着网络技术的飞速发展，韩国出台了《位置信息保护法》，要求在使用个人位置信息时必须得到当事人允许。2011 年 5 月，韩国谷歌公司和韩国门户网站 Daum 公司就因涉嫌非法收集智能手机用户的位置信息遭到韩国检方的调查。同时，韩国还在个人名誉保护、著作权保护、电子交易保护等方面专门制定或修订了有关法律，以适应网络和信息技术的发展。

韩国还是世界上第一个强制推行“网络实名制”的国家。为规范上网行为，减少网上不良信息，韩国政府逐步推行“网络实名制”。早在 2002 年，韩国政府就开始在政府网站推行网络实名制，此后逐步推广。2008 年，韩国国会通过一项修正案，将实名制扩展到所有日访问量超过 10 万的网站。

但是后来，韩国网络用户个人信息泄露事件不断发生，网络实名制越来越受到民众的质疑。尤其是2011年7月份，韩国门户网站Nate遭到黑客袭击，超过1000万用户的个人信息被窃取。事件发生后，韩国政府于2012年8月23日宣布废除网络实名制。尽管不断有人质疑韩国网络实名制"限制和破坏了网民的言论自由"，但这无疑是韩国加强网络监管的一次积极探索，它让人们开始思考，如何让实名制下的网民能感受到"言论自由"，同时在技术上保障公民的信息安全。

第二节 互联网内容管理的模式与经验

从前面的分析我们可以看出，无论是欧美等发达国家，还是日韩等亚洲近邻、俄罗斯等"金砖"国家，都在国家信息安全的整体战略下，对互联网内容加强治理和监管。

互联网内容管理比印刷媒介、电子媒介的内容管理要复杂得多。因为它的监管对象至少涵括了"网络传播的新闻信息（指有关政治、经济、军事、外交等事务的报道、评论，以及有关社会突发事件的新闻和评论）、互联网文化产品（指在网络上传播的音乐、游戏、文艺节目制品、动画漫画等）、网络视听节目（以数字化方式传播的广播电视节目，包括网络视频、IPTV、互联网电视等）等等"。有专家对近年来网络内容管理的规律做出如下概括："如果说，在过去十年间，报刊、广播、电视等传统媒体从严格管制的状态走向减少、放松和解除管制的话，那么网络媒体的法律和规范环境的发展则恰好经历了一个相反的过程，正在从无管制的放任状态日益走向加强管理的有序状态。"

一 依法治理和监管互联网

依法监管是大多数国家治理互联网的通行做法，一是制定和健全互联网法律法规，对网络信息、行为等进行规范；另一方面执法机关依法对网上行为进行监控，对违法犯罪行为予以打击。西方国家一般会根据互联网特点，对现有法律进行适当修改或新颁布法律来补充。在内容管理方面，立法的重点是解决两个问题：一是对网络言论和行为进行界定，二是明确政府、服务商、网民等不同环节在网络内容安全方面的权利和义务。迄今为止，各国专门为了规范网络内容而制定的法律并不多见，但就整体的网络管理已经有了一些立法性文件可以供我们参考。

1. 各国普遍重视网络安全和网络犯罪立法

“9·11”事件以后，美国和欧盟国家在有关网络立法中都对互联网管理和监控进行了更加严格的规定。美、英、法、德、日等在立法中规定，凡涉及色情、欺诈、教唆和诱导犯罪，侵犯知识产权、著作权和个人隐私，非法侵入计算机系统，主张恐怖主义，利用网络贩毒等都要追究刑事责任，并规定具体处罚措施，比如美国《国土安全法》中增加了监控互联网和惩治黑客等条款。

其次，各国对保护未成年人均非常重视，并制定相关法律法规，仅美国就有《儿童在线保护法》、《儿童网络隐私规则》、《儿童互联网保护法》、《反低俗法》等多部法律。英国《保护儿童法案》、日本《儿童卖淫、儿童色情相关行为等的处罚以及儿童保护法》、法国《未成年人保护法》、澳大利亚《联邦政府互联网审查法》等都做出了从严、从重处罚利用互联网腐蚀未成年人的犯罪行为。

另外，面对垃圾邮件给全球经济带来损失，各国纷纷对反垃圾邮件进行立法。比如美国、日本都颁布了《反垃圾邮件法》；欧盟颁布了《隐私和电信指令》，重点打击垃圾信息；澳大利亚2003年颁布了《垃圾邮件法案》。这方面，德国、英国、美国等国家具有一定的代表性。

德国是比较早的对互联网言论进行立法规范的国家，德国联邦议会于1997年通过了《多媒体法》，用来制止通过网络传播的违法内容，如暴力、色情、恶意言沦、谣言、反犹太主义的言论，并严格规范了有关纳粹的言论、思想及图片等相关信息。英国政府虽然未对互联网的内容监管制定出相关的法令规定，但传统法规中的刑法、猥亵物出版法及公共秩序法等同样适用于互联网。如对网络影视的管理，主要依照英国1990年的《广播法》（Broadcasting Act）。

美国针对互联网传播内容已出台了《电信法》、《数字千年版权法》、《通讯正当行为法》、《儿童互联网保护法》、《联邦禁止利用计算机犯罪法》等约130项法律、法规。2010年起，美国率先在全球铺开“社交媒体能力”项目，可将Facebook、Twitter等社交网站及其知名博客、公共意见领袖置于政府常态监控之下。随后，美国又启动了“网络身份标识战略”，致力于创建大数据时代一一对应的身份标识系统，力图通过“下一代”互联网提升网络透明度，规避虚拟社会颠覆、欺诈、侵权等不法行为。

除了欧美国家，亚洲国家在网络内容与网络言论方面也有自己的管理办法。在新加坡，传统的《诽谤法》、《煽动法》、《维护宗教融合法案》等相关内容也适用于互联网的内容管理，任何危害国家安全或煽动、诽谤性的内容都禁止在互联网上交流。早在1995年，韩国国会就修改通过了新的《电气通信事业法》，将“危险通信信息”作为管制对象，并根据该法令组建了信息通信伦理委员会。该委员会主要业务包括接受不良信息网上举报、对网络进行监察、为网络纠纷进行仲裁、关闭国内非法或不健康网站、屏蔽国外不良网站等内容。2008年，韩国政府新成立了“广播通信审议委员会”，接手了上述职责。

由此可以看出，对于互联网的治理和监管，很多西方国家都是将传统法律的适用领域进行延伸，即使是新的网络法规也是在此基础上的一种沿袭与改进。当然，对传统政策法规体系的继承和发展，也有利于保持网络法规政策的连续性和渐进性，从而形成较为成熟的网络内容监管体系，以保证网络良好的监管环境。

2. 对执法机关监控给予法律授权

西方国家普遍通过法律授权执法机关作为互联网监控的合法主体，依法实施互联网监控和管理。执法机关一般是指依法享有犯罪调查权的警察部门、情报部门等，除执法机关外，其他政府部门没有互联网监控权。

“9·11”之后，美国颁布《爱国者法》和《国土安全法》，授予执法机关更大的监视和搜查权。政府和执法机构不仅可以截获嫌疑人的互联网通信内容，而且可以秘密要求网络服务商提供客户的详细信息，例如，微软MSN和AOL就有义务向政府提供用户的有关信息和背景资料；据称新浪北美网站也经常收到美国 FBI 的通知，要求提供其所需要的档案。在这种情况下，网络服务商的信誉和公民的隐私权都只能让位于国家安全，这一切都在“棱镜门”事件曝光后得到了证实。英国《调查权法案》、《电子通信法案》和日本《犯罪搜查通信监听法》等也授权本国的执法机关在必要时可采取对包括互联网在内的信息进行公开或秘密的监控等措施。

当然，这些国家在进行互联网监控的同时，也普遍重视个人资料及隐私权的保护。美国、英国、日本、德国、俄罗斯在个人信息保护方面制定了专门的信息数据保护法。德国规定联邦检查机构拥有对数据保护的控制权，并规定可以将数据转移给公共部门的具体条件。但美国对特殊的个人资料信息制定法律法规进行规范，对一般个人信息则通过制定自律规则进行规范。

3. 规定网络服务商的法律责任

对网络服务商的责任进行规定，也是许多国家互联网立法中的重要内容。新加坡《互联网操作规则》、德国《多媒体法》、澳大利亚《联邦政府互联网审查法》等，都以专门一部分或较大篇幅对网络服务商的责任义务做出具体规定。美国、英国、日本、欧盟、法国等国相关的规定则分散在一般性互联网法律中。《纽约时报》等网站的论坛明确规定，“有权删除、编辑网民的各种言论”。《印度时报》称，他们有自己的价值观、理念，不符合他们理念、违背法律的信息不会有渠道在网上出现。

从这些国家的规定看，网络服务商的法律责任主要有三类：一是信息内容审查与阻断责任。ICP 可按照法律授权事先审查用户发布的信息内容，ISP 虽然难以做到事前审查，但发现违规信息或者违法行为后可采取技术措施予以阻断。许多国家对 ICP 和 ISP 赋予了对信息内容合法性进行合理审查，并负有发现后及时采取技术措施阻止或删除违法信息的责任。二是安全管理责任。虽然西方国家普遍采用“避风港”原则，免除 ISP 对于他人利用其提供的网络服务传播违法信息的责任，但仍然在立法中严格规范 ISP 的安全管理责任，主要包括日志记录留存责任，违法信息的发现、删除责任，技术阻止和拒绝传输责任等。三是协助、配合执法部门开展互联网监控的义务，主要包括协助执法机关实施互联网监控、发现违法信息和非法网站及时向执法机关报告，并阻止相关网页传输、依照执法机关的指令提供加密资料密码、对执法机关调取公民通信内容和公民个人数据及信息予以保密等。同时，为保护 ICP 和 ISP 在网络信息监管中的积极性，法律还明确了他们的免责条款，如按照主管部门或者版权方要求，及时将有害内容从网上删除，便不承担责任；还有就是对于他人提供的内容，只有在了解这些内容并且在技术上有可能阻止而且不超过其技术能力的情况下才负责任。

二 立体化的行政手段

许多西方国家政府表面上不直接介入或很少介入互联网管理，实际上它们多通过制定管理政策和管理制度、推进立法、行业自律、控制网络舆论和网络技术等方式，在网络管理中发挥着主导作用。

1. 对管理机构及管理职能适时调整

总体上，对互联网进行管理的机构主要可分为两种：一种是打击网络犯罪的主管部门，国家通过立法形式授权警察和网络安全部门监控各种网站和电子邮件，对危害社会稳定和国家安全的网络违法行为加以严惩。比如，德国内政部成立“信息和通信技术服务中心”，为网络调查和采取措施提供技术支持，美国、日本警方也有网络警察机构。还有一种是行政主管部门，主要负责制定互联网发展政策，实施行政管理，监督网络传播内容。多数国家都是由多个部门共同管理互联网，如日本就是以总务省为核心，文部科学省、经产省、法务省和内间调查室等分工协作的网络管理体系。当然，也有国家明确由一个部门负责管理，比如英国就是由通信办公室（Ofcom）负责互联网的行政管理等。

2.制定和落实管理制度

制定各种管理制度是政府履行法律授权，实施互联网管理的基本手段。

（1）登记注册制

要求服务商在从事相关服务时到政府主管机关指定的部门进行真实资料登记，以此明确和强化网络从业者的法律和网络安全责任。实行登记注册制的主要有新加坡、韩国、法国、意大利等国家。新加坡规定，接入服务商和拥有网址的政党、宗教团体以及以新加坡为对象的电子媒体，均须在新加坡广播局注册并接受管理。内容服务商无须专门注册，但政治团体发布网络网页、参与有关新加坡的政治和宗教讨论等四种情况下必须注册。韩国2005年的《维护报纸自由与功能法》，规定韩国新闻网站必须向政府主管部门登记。

（2）实名制

以真实姓名或资料使用互联网，是促进用户自我约束及问责的有效办法。目前，一些国家在不同程度上实行了网络实名制，但有的是政府行为，有的是服务商为降低风险的自发行为。如美国雅虎规定，网民必须履行注册手续并提供有效电子邮箱，通过邮箱获取注册密码，方可登录发言。在德国，网民只能在专门博客托管服务网站开设博客，并登记护照号码和实际住址。挪威的官方网站提供各种公共服务，如咨询、报税等，自然而然就需要进行实名注册。日本在部分BBS中保存了网民IP地址信息，预付费手机实行完全实名。韩国曾经实行的“实名制”较为彻底和严格，网民必须用真实姓名和身份证件注册并通过身份验证后，才能使用电子邮箱、发帖等。虽然韩国的实名制在2012年被取消，其原因却是无法保护网民的隐私。无论是政府还是网络服务商要求的实名制，服务商都有义务保护这些信息不被滥用和侵犯。

（3）许可制

以审查许可的方式，对一些重要网络内容或重点从业者和用户进行某种控制。在韩国，从事网络广播电视业务、手机电视业务必须履行申报手续取得相应的运营许可资格；新加坡实行分类许可制度，网络从业者依照其性质及提供服务的内容分为需要许可和无须许可两类，凡向主管部门登记，遵循分类许可证规定的义务，都被认为自动取得了执照，登记后的网站应根据《互联网运行准则》，自主判断并管理其网页上的内容。

（4）分级制

分级制主要是根据一定标准，对网络内容进行分级，以便于网络用户选择适合的网络信息，主要是保护未成年人。在多数国家，一般是从技术范畴，要求服务商对内容进行分级后做出明显标志，或者向用户提供过滤分级软件。

美国麻省理工学院最先以“使用的控制，而非检查”为理念推出PICS

网络分级制度。它后来发展成为技术成熟的 RSAC 分级系统，对那些不符合法律、道德规范的有害信息内容直接屏蔽。在此基础上，各国都先后成立了专门的机构对网络内容进行评估，按等级划分，以判定哪些内容可以在网络上传播，并帮助父母过滤掉对儿童健康成长不利的内容。如 1999 年澳大利亚广播局颁布《关于成年身份验证系统的决定》，规定含有 R 级内容（18 岁以下青少年必须有家长陪同方可观看）的网站必须核实其用户必须确为 18 岁以上的成年人。

英国于 2000 年由 IWF 确立了网络内容的分类标准，它采用“网络内容选择平台”PICS 系统对网上内容进行分类，其分类指标体系为：裸露、性、辱骂性语言、暴力、个人隐私、网络诈骗、种族主义言论、潜在有害言论或行为以及成人主题。它将这些标签在网页中进行标记，用户可以根据自己的意愿选择是否浏览这些信息。新加坡《行业内容操作守则》规定服务商应采用恰当的内容分级系统，将不同信息加以区分，标明所属的网站。

当然，也有人认为，对网络内容进行分级、过滤，很容易让民众失去消费信息的权利，并且无法对此做出反抗，因为他们也许并不知道自己的网络自由受到了侵害。

（5）内容审查与过滤制

内容审查一般是政府主管部门对网上传播的内容进行检查和监管，而过滤的通常做法是制订一个封堵用户访问的“互联网网址清单”。如果某网站被列入该“清单”，访问就会被禁止。从技术角度讲，过滤一般使用基于路由器的 IP 封堵、代理服务器以及 DNS 重新指向等技术。

比如，新加坡、德国对网上有关国家安全、政治稳定、种族歧视、纳粹类的违法信息监管尤为严格。新加坡不许在网上煽动种族歧视内容，政党大选期间也不允许有攻击性内容。澳大利亚于 2004 年开始监管匿名政治性网站，使互联网上的政治活动受到像传统媒体一样的规范。可见对待网络上的不良信息和违法信息，西方国家的态度和做法基本上是一致的，也是采取强硬手段实施事前监管，对网络内容直接进行审查和监控。

（6）举报投诉制

通过设立举报电话或举报网站的形式鼓励民众特别是网络用户监督、

举报有害信息和网站，引导民众参与互联网管理也是常用的手段，多数国家主要是依托自律组织或网络服务商来受理举报。

在英国，1996 年就已经设立了投诉举报机制，由前面提到的“网络观察基金会”（IWF）专门负责接待公众的举报或投诉；法国也由与英国 IWF 相类似的机构——互联网理事会来对互联网内容进行管理；在澳大利亚，《互联网审查法》规定设立网络警示机构，并由网络警示机构开通互联网安全帮助热线（1800880176）和网站 (www.netalert.net.au)，为用户安全使用互联网提供免费咨询，并接受对网上违法内容的举报。

这些投诉举报机制的建立，有利于充分发挥社会监督力量，对互联网的内容监管具有更强的针对性，其效果相对来说要明显得多。

3. 网络舆论操控与引导

在美国、欧洲、日本等国，政府有时候会通过各种手段引导舆论，最典型的做法是通过政府官员在媒体发表讲话、政府部门召开记者招待会或新闻发布会等方式，直接散布舆论；其次，是政府官员有意或者无意地把一些消息“泄露”给媒体，间接影响舆论；还有一种就是新闻“吹风”，把需要公布的信息通过官方认可的媒体传递出去，再以官方媒体炒作、发酵等方式引导舆论。互联网作为目前最重要的信息发布渠道，自然会成为不少政府引导网络舆论的必然之选。此外，为了加强引导，有的国家还设立了官方网站，借此增强政府的声音。比如在美伊战争中，美军就设立了各种“媒体中心”，通过互联网等媒体集中发布各种信息，同时利用不明显具有政府色彩的“中间商”为美军在伊拉克的军事行动大肆宣传。

4. 加强技术控制

互联网是技术的产物，互联网的发展离不开技术的进步，而互联网的监管更离不开技术的支持。目前，世界各国都非常重视通过高新技术加强互联网管理，对网络技术研发、使用及人才培养，从资金、政策等方面给予支持和倾斜。英国、澳大利亚等都有一套互联网管理的技术手段，及时发现、跟踪网上有害信息。在技术上，网络安全监管包括三方面内容：一是内容监管技术，其中又包括内容过滤技术、反垃圾邮件等技术；二是行为监控技术，如身份鉴别技术、网络审计技术、入侵检测技术等；三是网络状态监控技术，如网络数据侦听、截获、分析技术等。

尽管网络监管技术常常引来“侵犯隐私权”和“违背言论自由”的争议，但鉴于网上不良信息对国家和个人所造成的巨大威胁，美、英、日、韩、新等许多国家都加紧开发过滤技术，推广应用过滤软件，并辅以行政干预手段，加强网络谣言防御。[①]

美国军方和国家安全部门每年都在管理技术方面投入众多，保证在新技术层出不穷的情况下，技术管理也不落后。目前广泛的网络管理技术主要有分级技术、过滤技术、防火墙与访问控制技术、身份识别与鉴别技术、内容侦察与侦察控制技术等。同时，作为世界最大的过滤软件生产国，美国拥有强大的网络过滤技术和高效互联网监控系统，可随时实现对不良信息及敏感终端的监控。美国联邦调查局战略信息和行动中心公开招募软件公司开发监控软件，以获取自动扫描Facebook、Twitter等社交网站和一些新闻网站上公开信息的能力，帮助警方及时得到与恐怖主义、突发事件、重大事件、网络犯罪等有关的信息。美国著名的“肉食者”和“梯队”系统，不仅能够监控指定用户的网络活动，还可将触须伸至北美大陆以外的电子邮件等网络系统。近年，美国又推出了“谣言机器人”等多款软件，实时跟踪分析谣言来源及走向，实现对即时通信、在线数据库等的监控。对广泛采用的Facebook等社交媒体，美国加紧开发“地雷式”可嵌入软件，以便施行危险言行的高效追踪和监控。

欧洲一些专家也很早就意识到借助网站日志对互联网进行管理的重要性。欧盟相关法律文件对日志所涉及的问题有专门阐述。欧盟数据储存指令2006年生效，谁在网络上发布虚假信息、造谣生事都能够在一定时间内寻踪觅迹，会对有意识地造谣、传谣的不法网民产生震慑作用。

三　倡导行业自我协调与监管

1. 行业自律

和其他媒介的内容监管政策略有不同，对于互联网这一新兴媒体，当

① 戴建华：《应整合网络信息的监管主体》，《学习时报》2012年5月27日。

前很多国家贯彻的是“少干预、重自律”的监管思路。多建立行业协会，以行业监管为主，国家强制性管制为辅，国家与行业相互协同监管。国家主要制定指导性的内容监管政策与法规，具体的操作规范和监管执行则多由互联网行业协会来进行。充分发挥行业组织作用，把政府监管和行业自律结合起来，是各国管理互联网的通行做法。英国、日本、新加坡等大力支持行业自律组织开展工作。他们认为，政府不可能完全承担网上内容管理任务，行业自律是网上内容管理的重要手段，必须把大量的工作交给行业自律组织。只有把依法管理和行业自律结合起来，才能使网上内容管理更加有效。

如英国知名的行业自律组织“网络观察基金会（IWF）”自成立以来的17年中，保持了全天候受理有害信息投诉、专人评估投诉的惯例，并与警方配合，追查确认IP地址和信息来源，严惩违法信息传播者。在美国，对互联网的内容监管上，主管机构FCC（联邦通信委员会）的权限主要集中在内容传播政策的制定上，内容的直接监管则一般由行业协会和民间组织来执行，如“提倡保护儿童网站协会”就专门致力于举报和查证各种色情网站。

亚洲国家中，日本的行业自律体系非常完善。电气通信业者协会、电信服务业提供商协会等行业组织，制定了一系列行业规范，如《Internet网络事业者伦理准则》，强调行业自律与法治相结合，使网络参与者的自律成为解决网络问题的重要方式。其他一些国家也很重视行业自律：如以色列网民1994年自发组织成立了互联网协会，提出互联网自我管理和操作的基本规范和要求；埃及互联网协会要求所有会员坚守自律准则，“有责任与公众的安全、健康、福利需求保持一致，要迅速揭发可能危害公众、环境及可能影响或与埃及传统价值、道德、宗教和国家利益相冲突的一切因素”等。

互联网行业协会的自我协调和监管一方面有利于为本行业向国家争取尽可能多的权益，保证其权益不受侵害；另一方面，它作为国家和行业的沟通平台，可以推动行业实施自律，它甚至可以代表整个行业向违规者施加压力或采取严厉措施迫使其纠改不良内容的传播行为，以确保网络内容符合国家法律规定和道德要求。与国家的直接监管相比，行业监管带有协同监管的性质。因为它具有较强的可操作性，而且有利于减少国家对网络内容的干预，减少内容管理成本，所以这种协调监管更经济更实用。

2. 网民教育与自律

将互联网安全教育纳入国民教育体系，逐步培养广大网民对互联网内容的分析力与判断力，增强网民的免疫力，是防治互联网负面内容的根本。同时非常重要的是，政府要通过开展法律法规和基本常识等教育普及活动，规范网民的网络行为，形成网络道德规范。

作为世界上最早开展网络教育的国家，英国在 1997 年已有近 2/3 的学校开设了网络研究课程。针对互联网犯罪受害者多为青少年的特点，澳大利亚通讯公司专门推出了介绍网络安全的网站，其内容包括如何指导家长监督孩子们使用网络和通讯工具，像 Facebook、Twitter、MSN 和聊天室等，以及如何指导高年级的孩子处理好玩与学的关系，寓教于乐，实现玩耍和学习两不误。

美国"计算机伦理协会"制定了"伦理十诫"，包括"不干扰他人"、"不伤害他人"、"不用计算机作伪证"等内容。而在新加坡，政府要求网民为自己上传的内容引起的后果负责，同时通过"信息地图网站"专门用于驳斥谣言和错误信息，强化政府舆论引导的效果。

3. 社会监督与产业自律

社会监督的力量包括每一个公民和组织，但在互联网监管中以网民、家长和学校等为重点。社会监督以无时无处不在、低廉的成本、有利于网民自律等特点，被许多国家广泛采用。政府通过开展多方面教育普及活动，提高民众自我保护和网络监督意识，同时设置热线电话，开办监督网站，引导他们自觉参与到互联网管理，民众主要以举报网上违法内容的形式进行监管。

比如，新加坡广播局成立志愿者组织互联网家长顾问组（PAci），澳大利亚设立专门公众互联网咨询机构互联网警报，为本国公众提供咨询、教育以及研究支持服务。同时，新加坡传媒发展局从 2003 年 2 月起设立了 500 万美元的互联网公共教育基金，现已培训几万名母亲。欧盟计划 2005 ～ 2008 年《多年度行动计划》中有近一半预算，用于提高互联网用户安全警惕意识。

在政府和行业协会等积极探索各种手段进行互联网治理的同时，推动商业网站对用户提交内容进行自我管理，尤其是社交网站和新闻网站，具有很强的操作性。

例如，美国著名分类广告网站 Craigslist 上的“成人服务广告”曾一度占到其收入的三分之一。面对各方压力，该网站首先采取了人工审查制度，即每条广告必须通过网站审核后才能发布。在美国各州政府、未成年人保护组织的进一步敦促下，该网站于 2010 年 9 月在国会听证会上宣布永久性关闭美国站点上的这一板块，随后又将其在加拿大、南非等国际站点上的相关板块关闭。目前，从 Facebook 到“Google +”，从《华尔街日报》到《纽约时报》，美国知名的社交网络和主流媒体网站都要求或者鼓励用户和读者进行实名注册或评论，明确说明网站有权删除用户发布的内容。

4.国际合作自律

由于互联网服务的全球性，仅靠一国难以管理整个互联网，各国应该加强合作，共同管理和规范互联网，这已经成为各国的共识。到目前为止，有不少网络行为是无国界或可以轻松地跨越国界的。而且各国处于社会现实和技术水平等多种因素，从网络技术到互联网管理、从理论认识到实际行动都还存在多种差异，由此形成了国际互联网上大量“管不着”的盲区，给网络治理带来了难度。只靠各国自身治理网络，难免常常捉襟见肘、鞭长莫及。

譬如，为保护少年儿童免受网络色情毒害，美国实施《儿童互联网保护法》，规定所有公共网络资源都要安装色情过滤软件，但管不住。再如，中文色情网站租用美国的服务器，既可通过跨国限制来逃避中国的追究，又可通过限制美国境内对该网站的访问来规避美方管制。这表明，网络管理的国际合作还缺乏必要的力度，未能在技术与管理上协同作战，因此难免带来种种漏洞和无奈。

其实，每个国家在主权范围内很难实现完全有效的网络治理，没有一个国家能够以一国之力、只在一国之内独立达成网络治理。因此，各国政府即使都已采取了网络监管、加强法治等各种积极举措，也仍需寄望并致力于加强国际合作来求得真正实现全面有效的网络治理。对此，国际社会开始有了深切的认识：必须加强国际协调与合作，从技术到管理都要积极推进国际对接与国际协同，共同构建一个有利于增强网络治理有效性的网络信任系统。

对于通过加强国际协作来解决网络问题，国际社会其实早就有了重要行动。2003 年 12 月在日内瓦召开了第一届信息社会世界峰会，形成并颁布了关于网络问题的《原则宣言》和《行动计划》。2005 年 11 月在突尼斯又召开了第二届信息社会世界峰会，有 174 个国家参加，形成并颁布了《突尼斯信息社会议程》，其中第 17 条提出“我们敦促各国政府支持信息的广泛传播”。2009 年 4 月召开的 G20 伦敦峰会提出，必须在全球范围内取缔和打击拒绝披露信息的“避税天堂”。然而，这些国际共识的提出与有效规则的制定与执行还离得很远，尤其是在处理违法信息、涉及未成年人的有害信息、打击网上恐怖主义等犯罪活动、处理垃圾邮件以及保护知识产权方面，更需要各国共同努力，加强合作，联合行动。

第三节 中国互联网信息治理现状

互联网信息治理是一项复杂的社会系统工程，不能简单地视为技术问题，而是“三分技术，七分管理”，有时候甚至是“一分技术，九分管理”。在互联网世界里，政府不能依靠传统的行政命令发布信息和规定人们的网络行为，而是应该在确保互联网高效安全运行的基础上，寻求出一种治理与发展和谐同步的平衡之道。因此，充分认识中国互联网内容治理的复杂性是做好互联网治理工作的前提。

一 中国互联网治理的复杂性

1. 互联网信息传播的复杂性

当前，互联网正越来越多地渗透到社会生活的每一个角落。经过近半个世纪的发展，随着技术和终端的发展以及平民上网障碍的弱化，信息传播的形态正朝着移动泛在化、信源多元化、媒介融合化、即时互动化、社群自主化、社交封闭化等方向发展。

比如，在互联网用户方面，根据网站检测公司 Pindom 的统计，截至 2012 年 12 月 31 日，世界互联网用户规模超过 24 亿，互联网用户渗透率为 33.3%，也就是说，在每 3 名地球公民中就有一位是网民。中国的互联网应用上更加突出，根据 CNNIC 的统计，2013 年 12 月中国网民规模达到了 6.18 亿，已经无可争议地成为世界最大的网民群体，这种庞大的用户数量必然导致互联网信息复杂度的增强。

其次，在内容服务与信息应用方面，随着支撑互联网发展的硬件、软件、通信能力、成本等因素的改善，电子邮件、搜索引擎、新闻网站 / 新闻 APP、网络论坛、即时通信、电子商务、网络社区、视频分享、博客、微博、P2P、微信、地理信息定位 LBS 等互联网服务精彩纷呈，为公众的信息体验与传播提供了多样化、便捷化的服务。这些新型应用的出现，使信息传播方式呈现级联扩散。

（1）信息泛滥下的治理难题

截至 2013 年 12 月底，我国域名总数为 1844 万个，中国境内的网站数达 320 万个，这些网站承载着浩瀚的信息容量。有统计表明，近 30 年来，人类生产的信息已超过过去 5000 年信息生产的总和。这种信息的无限制制造和积累导致了信息泛滥，增加了网民获取有用信息的难度。《2013 年第一季度中国反垃圾邮件状况调查报告》显示，2013 年第一季度，中国电子邮箱用户平均每周收到垃圾邮件数量为 14.6 封，垃圾邮件所占比例为 37.37%。用户收到的垃圾邮件主要内容最多的是欺诈类、网站推广类和病毒类垃圾邮件，其中最反感的是欺诈类垃圾邮件，而每周仅处理这些垃圾邮件就要耗费近 9 分钟，算下来我国网民每年要为垃圾邮件浪费近 20 亿小时。同时，日益泛滥的各种不良与垃圾信息、淫秽色情及低俗信息、诈骗等违法信息已经成为中国互联网产业发展所面临的最大困境，而且呈现出复杂化、隐蔽化和专业化的趋势。例如，某些售卖枪支弹药的不法分子将“气枪”、“手枪”替换为“汽狗”、“汽机”、“手狗”等关键词，从而为内容过滤增加了难度。

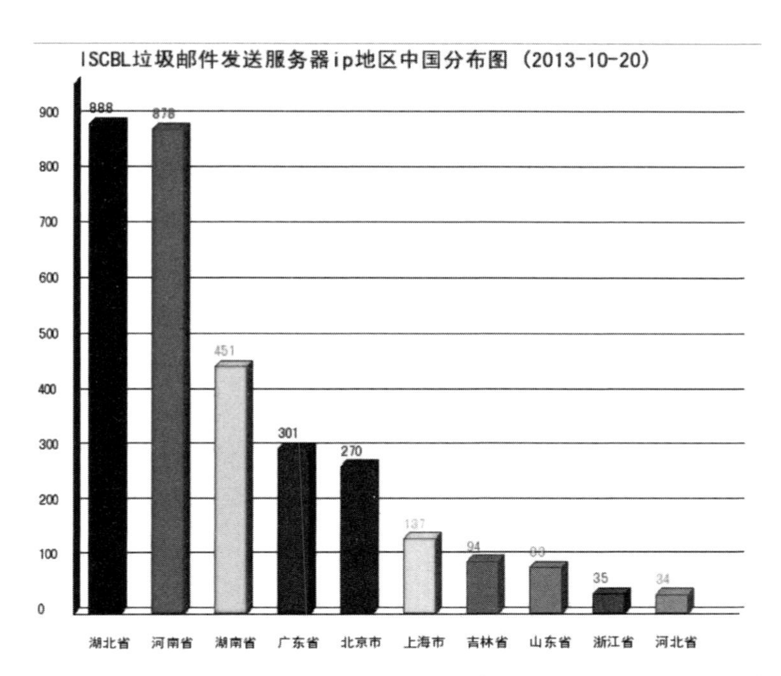

图 2—20　中国互联网某天垃圾邮件发送区域分布（来源：中国互联网反垃圾信息中心）

图 2—21　2012 年中国网民收到垃圾邮件情况（来源：中国互联网反垃圾信息中心）

在不良信息与垃圾信息泛滥的同时，一些搜索引擎营销作弊现象也开始引起业界关注，如一些地方网络公司和个人开始对百度搜索的排名规律进行研究，并通过各种作弊手段，让客户网站在百度的搜索结果上排名靠前。这些作弊手段多种多样，有内容作弊，如门户网页作弊、关键词堆叠、隐藏文本 、隐藏真实内容、重复的标签、重复的站点、恶意刷新点击率等，还有些采取链接作弊手段，如博客作弊、留言板作弊、链接工厂、隐藏的链接、伪造的双向链接等。作弊网站扭曲了搜索引擎的工作原理和工作结果，并对搜索用户正常的信息检索造成误导，严重影响了网民的搜索体验。更值得关注的是，一些不法分子通过作假行为，采用偷梁换柱的方式，将原本合法的推广物料修改为非法信息，或者设置一些跳转链接、IP 屏蔽等方式逃避监管。还有一些不法分子通过仿冒一些知名网站的 URL 和页面内容的方式进行网络钓鱼或诈骗。

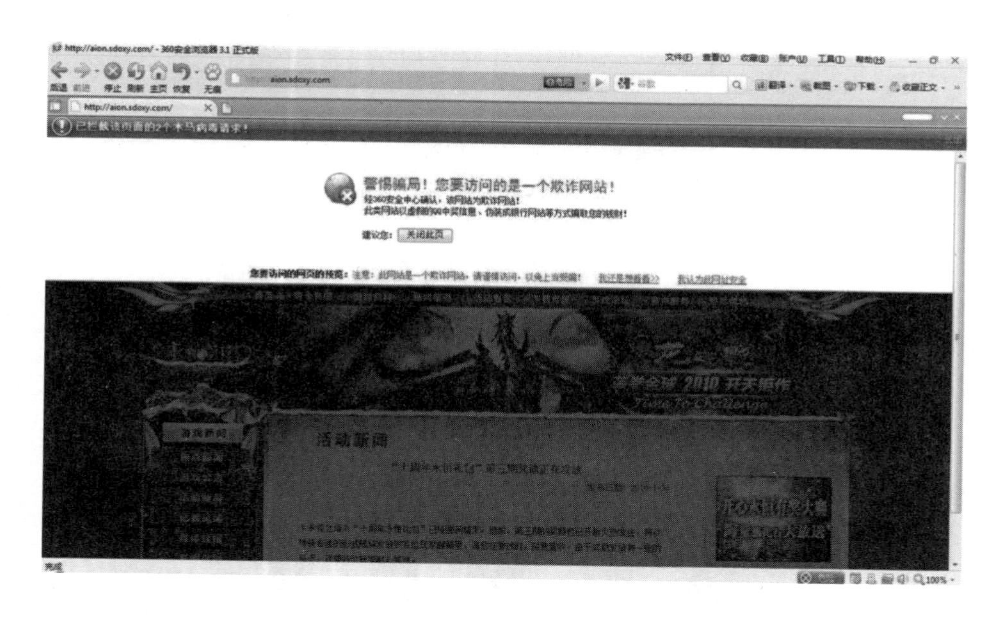

图 2—22 仿冒与欺诈网站是网络诈骗的常见方式（来源：互联网）

（2）多媒体资源分享与版权的冲突

上网带宽的增加和 P2P 等技术的出现，使网络用户可以直接将数字作品点对点地传送给他人，网民成为了真正的出版者和内容生产者（即UGC）。UGC是伴随着互联网从Web1.0（主要是指用户通过浏览器获取信息的模式）过渡到Web2.0（用户既是网站内容的浏览者也是网站内容的制造者的模式）而产生的。UGC并不是某一种具体的业务，而是一种用户使用互联网的新方式，即由原来的以下载为主变成下载和上传并重。

有人说，UGC模式导致了网络侵权活动的日益猖獗，尽管此说法未免有所偏颇，但是也有一定的道理。受灾最重的领域要数影视作品、文字作品、音乐作品、摄影作品、计算机软件作品等。在其他领域，也不乏网络侵权现象发生。例如，在网游领域，“私服”、“外挂”现象一直成为制约网游市场健康发展的顽疾。侵权者不仅分流游戏官网的人气，还因为劣质服务给官网带来众多负面影响。

根据北京市海淀法院发布的数据，该院审理的视频网站案件数量增长迅猛，在2009年集中爆发，共受理696件，绝对数量比2008年的114件增长了6倍多，从前一年占知识产权收案总数的7%飞涨到当年的43%。此后，案件数量仍快速上升，年平均增幅超过15%，2011年达到了949件。另据中国互联网违法和不良信息举报中心数据显示，2011年1月至10月全国范围互联网侵权类举报信息共19369件次，同比2010年增长134%，侵权类的举报在各类公共举报信息中增长最快。

（3）网络营销与商业信用缺失导致的碰撞

网络搜索、即时通讯、网络娱乐、网络购物已经成为网民生活中不可或缺的一部分。网络生活的主流性和黏着性给传统企业带来了巨大的商机，网络营销成为企业竞争不可或缺的利器。随着互联网模式的创新，企业可以选择多种多样的网络营销方式，如搜索引擎营销、网上建站或开店、口碑营销、网络广告、微博营销、Email营销、数据库营销等。根据DCCI数据，2010年网络广告营销市场规模达到256.6亿元，未来几年将保持30%以上的增速。其中，搜索引擎推广规模最高，为108.3亿元；综合门户网站次之，达到60.2亿元。在网络零售市场，近年也是呈现爆发式增长趋势。

网络营销日新月异的变化，需要相适应的社会信用环境作为支撑。然而我国当前的商业信用问题依然严峻，导致交易成本提高，效率降低，不仅会损害消费者利益，还会阻碍整个网络营销业的快速发展。根据中消协的统计，2013 年上半年全国消协组织共受理消费者投诉 265572 件，以网络购物为主体的媒体购物的投诉量在服务投诉中遥遥领先，由于管理和服务滞后于网络购物市场的快速增长，网购产品的质量保证和服务的承诺兑现将极大考验着网购行业的健康发展。同时，网络购物的电子支付问题较为集中，主要表现在不法分子利用支付系统漏洞，发送假冒支付链接，诱骗消费者点击该链接，从而达到骗取钱财的目的。另外，随着网络团购的出现和迅速火爆，网络团购出现虚假折扣、变相涨价等诈骗现象。

另外，50% 以上的中小企业网站平均一个月难以更新一次，给假冒、钓鱼等非法网站提供了绝佳的可乘之机。假冒网站的迅速增多，使中小企业网站发展面临“没人信、没人管和没效果”的三大困局。专家认为，中小企业网站知名度低，在大多数网民面前都是“生面孔”，很难取信于民，也因而成为网络诚信缺失的最大受害者。

图 2—23　网络内容的常见形式（来源：易目唯）

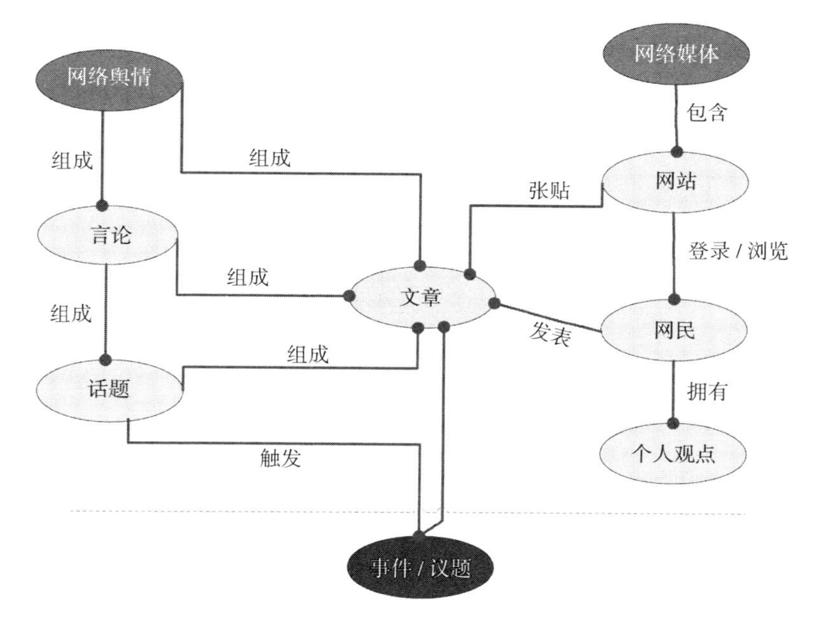

图 2—24 网络舆情的形成示意图（来源：易目唯）

2. 互联网内容治理工作协调的复杂性

自从 1994 年接入国际互联网后，为防止境外网上有害信息的渗透，中国政府按照“法律规范、行政监管、技术保障、行业自律”的基本原则，建立了部门分工负责、齐抓共管的行政管理体制，明确规定多个政府部门作为监管主体对网络信息服务进行监督管理。

实际上，中国这种网络信息服务监管体制确立的思路是将行政部门的职权延伸到网络领域，形成了现行统筹协调、分工负责的管理格局。由多个政府部门各自负责、相互配合、齐抓共管的监管主体格局，可以发挥各个部门的优势，形成监管合力的效果。如中宣部、工信部、国新办、文化部、公安部、教育部、安全部、卫生部、新闻出版广电总局等十几个部委，分别负责互联网站的审批、经营项目及内容管理等。虽然在 2006 年 2 月 17 日各部委联合发布的《互联网站管理协调工作方案》详细规定了各互联网内容监管部门的分工，但随着网络信息服务业的迅猛发展，体制设计与网络信息管理实践之间的矛盾越来越突出，不协调、不适应、不科学之处日益明显，在一定程度上制约了网络信息的科学有效监管。以开办新闻网站为例，要正常开展互联网新闻网站业务，就必须办理新闻信息服务许可、出版许可、视听节目许可、ICP经营许可等多项许可，手续繁琐。再以网络游戏为例，新闻出版部门认为其属于游戏出版物，文化部门认为其属于文化娱乐，产业部门认为其属于软件产业，部门之间管理权限争议不断。

图2—25 中国互联网内容监管机构（来源：易目唯）

毫无疑问，互联网是当代先进生产力的标志，是信息技术革命的产物，是融网络技术、信息平台、传播媒介、新兴产业、社会形态等多重属性于一身的具有聚合性、复杂性、开放性等特点的信息系统，不能简单割裂管理。简单将传统部门的管理职能向网络领域延伸，管理网络领域的新事物，必然重现“横向多头、纵向分段”的传统格局的弊端。更重要的是，传统管理部门的管理对象是具体的、单一的，而互联网的特性使管理对象交织融合，造成你中有我、我中有你的现象。目前的管理分工既依信息类别又依表现形式、既按应用服务又按载体形态划分职责，也就必然造成“平面分割管理”、“立体交叉管理”的管理格局，自然导致“有利就管、无利不管”、“谁都可以管、谁都可不管”等现象。网络本身具有跨领域、跨部门、跨地域特性，对互联网的发展和管理已超出单个部门或领域、地域的界限，仅靠单个部门各自为战、独立开展工作，已无法有效履行监管职责。对此，目前建立了齐抓共管的网络管理协调工作机制，但是，该协调机制的效果也不尽如人意。[①]

这些职能部门之间并未形成真正有效的沟通协调机制，均按照各自分工和权属各司其政，线性管理和多头管理导致职能分工不明确、职责设置重复、推诿或争权的情况经常发生。“多头管理”、“各自为战”已成为网络管理不力，各类问题屡屡发生的重要原因之一，而“国家互联网信息办公室”在2011年5月4日的挂牌，意味着中国互联网信息管理领域最高权力部门宣告成立，中国互联网“政出多门”的多头管理体制将得到一定程度整合，互联网内容治理将得到加强。此前，文字新闻类由国新办管理，影音内容准入牌照归原广电总局审发，出版、游戏类则是文化部和原新闻出版总署管……国家互联网信息办公室成立后将集中此类职能，“负责网络新闻业务及其他相关业务的审批和日常监管，指导有关部门做好网络游戏、网络视听、网络出版等网络文化领域业务布局规划”。

在《互联网信息服务管理办法》中直接规定了哪些网络内容是在政府管制范围之内的。针对BBS内容的管理、网络新闻服务的管理等都是直接的管制，政府规定ICP没有新闻的首发权，它们必须间接地转载传统媒体或者政府制定的官方网站的新闻。通过这种方式，政府初步实现了对新闻内容的网络管制。

虽然如此，但是由于中国政府的网络治理是按照信息形态和内容差异划分责任主体，实行多部门管理，因此仍然会造成职能交叉的问题，“九龙治水”的分权架构在一定程度上加大了监管成本，降低了监管效率，同时导致争功诿过、执法责任不明确的法律后果。

二　中国互联网管理现状和建议措施

“积极利用、科学发展、依法管理、确保安全”是中国互联网的基本政

① 李欲晓：《中国互联网法制建设进程》，第四届中美互联网论坛，2011年9月9日。

策。目前，中国正在坚持依法管理、科学管理和有效管理互联网，努力完善法律规范、行政监管、行业自律、技术保障、公众监督和社会教育相结合的互联网管理体系；目标是促进互联网的普遍、无障碍接入和持续健康发展，依法保障公民网上言论自由，规范互联网信息传播秩序，推动互联网积极有效应用，创造有利于公平竞争的市场环境，保障宪法和法律赋予的公民权益，保障网络信息安全和国家安全。

1.依法进行互联网治理

（1）中国互联网法律发展历程

1994 年 2 月 18 日，中国国务院颁布了中国第一部关于互联网的法律文件——《中华人民共和国计算机信息系统安全保护条例》，由此拉开了我国网络立法的序幕。到目前为止，中国已出台与网络相关的法律、法规和规章共计两百多部，形成了覆盖网络安全、电子商务、个人信息保护以及网络知识产权等领域的网络法律体系。

为应对日益严峻的网络安全威胁，我国《刑法》(285、286、287 条) 对违反国家规定，侵入计算机系统，提供专门用于侵入、非法控制计算机信息系统的程序、工具，对计算机信息系统功能进行删除、修改、增加、干扰，造成计算机信息系统不能正常运行，故意制作、传播计算机病毒等破坏性程序，或者利用计算机实施传统犯罪的行为进行定罪处罚。《全国人大常务委员会关于维护互联网安全的决定》规定，对危害网络信息安全的行为依照《刑法》的相关规定定罪处罚。此外，对不构成犯罪的危害网络安全的违法行为，可依照《中华人民共和国治安管理处罚法》、《中华人民共和国电信条例》、《计算机信息网络国际联网安全保护管理办法》和《互联网信息服务管理办法》等法律法规予以行政处罚。

我国于 1999 年颁布的《合同法》第 11 条和第 16 条正式确认了以电子形式订立的合同的法律效力。2005 年实施的《电子签名法》，开启了我国网络法制建设的新阶段。《电子签名法》实施以来，我国的电子签名及认证服务业得到了迅速发展，依法设立的电子认证服务机构达到 30 多家，发放有效证书超过了 1000 万张。这些证书广泛应用于报税、报关、外贸管理、网上支付等政务和商务领域，有效地保障了网络交易安全，并为构建网络社

图 2—26

会信任体系奠定了基础。同时，一些地方性法规也对电子商务进行了规制，例如，2002 年广东省人大常委会颁布了《广东省电子交易条例》。

2009 年《刑法修正案（七）》规定了出售、非法获取和提供个人信息罪，2010 年 7 月 1 日实施的《中华人民共和国侵权责任法》明确规定了对公民个人隐私权的保护。此外，《全国人大常务委员会关于维护互联网安全的决定》、《电信条例》、《计算机信息网络国际联网安全保护管理办法》、《网络游戏管理暂行办法》、《互联网医疗保健信息服务管理办法》、《网络商品交易及有关服务行为管理暂行办法》、《互联网视听节目服务管理规定》和《上海市促进电子商务发展规定》等法律、行政法规、部门规章以及地方性法规也有保护个人信息的规定。我国互联网行业从业单位还以行业自律规范的形式签署了中国互联网行业自律公约，公约中规定互联网服务提供者必须采取有效措施保护用户的个人隐私。上述规定，构建了以法律保护为主、行业自律为辅的个人隐私和个人信息保护模式。

为应对网络对知识产权保护提出的挑战，我国修订了《著作权法》，制定了《计算机软件保护条例》、《互联网著作权行政保护办法》和《信息网络传播权保护条例》，最高人民法院出台了《关于审理涉及计算机网络著作权纠纷案件适用法律若干问题的解释》。针对域名管理有关问题，中国有关部门相继制定了《中国互联网络域名管理办法》、《中文域名争议解决办法》、《中国互联网络域名注册实施细则》和《中国互联网络信息中心域名争议解决程序规则》等规范性文件，最高人民法院也出台了《关于审理涉及计算机网络域名民事纠纷案件适用法律若干问题的解释》，这些规定为我国域名注册、管理和争议解决提供了基本的依据，有效地平衡了域名持有人与商标权等其他民事权利人之间的利益。

为规范网络业务市场的竞争秩序，适应电信业对外开放的需要，我国颁布了《电信条例》、《外商投资电信企业管理规定》、《电信终端设备进网审批管理规定》、《计算机信息网络国际联网管理暂行规定》、《中国公用计算机互联网国际联网管理办法》、《电信业务经营许可规定》，上述法律文件详细规定了接入单位的接入条件以及经营网络业务的企业的设立条件。《互联网信息服务管理办法》、《互联网视听节目服务管理规定》、《互联网新闻信息服务管理规定》、《互联网文化管理暂行规定》、《互联网出版管理暂行规定》对从事新闻、出版、教育、药品和医疗器械等互联网信息服务实行前置审批制度，对非经营性互联网信息服务实行备案制度。

中国有世界最大规模的网民，6.18 亿网民中未成年人约占 1/3，互联网对未成年人成长的影响越来越大。同时，网络淫秽色情等违法和有害信息严重危害青少年的身心健康，成为社会普遍关注的问题。为依法保护未成年人上网安全，营造有利于未成年人健康成长的网络环境，2004 年最高人民法院、最高人民检察院联合出台了《关于办理利用互联网、移动通讯终端、声讯台制作、复制、出版、贩卖、传播淫秽电子信息刑事案件具体应用法律若干问题的解释》，根据该司法解释，向不满十八周岁的未成年人贩卖、传播淫秽电子信息和语音信息的，依照制作、贩卖、传播淫秽物品罪的规定从重处罚。2006 年 12 月 19 日全国人大常委会对《中华人民共和国未成年人保护法》进行了修订，规定了预防未成年人沉迷网络和接触有害信息的具体措施。2010 年 3 月文化部颁布了《网络游戏管理暂行办法》，规定以未成年人为对象的网络游戏不得含有诱发未成年人违法犯罪的行为和妨害未成年人身心健康的内容。

上述法律为保障网络社会的公民合法权益提供了基本依据，为维护网络信息安全、促进互联网普及和应用发挥了重要作用。但我们也注意到，规范网络社会所需的法律仍处于不断探索的阶段，立法滞后于实践的现象明显存在。现行网络立法中有些规定过于笼统，特别是欠缺保障网络信息安全以及对个人信息权利进行保护的基本法，这些需要引起有关方面的重视。

（2）依法治理互联网的挑战①

随着网络融合、网络技术革命以及网络在生产和生活领域的深层次应用，再加上层出不穷的网络滥用与网络犯罪行为，互联网法制建设面临更加严峻的挑战。

首先，我国目前的网络融合正处于起步阶段，市场监管体系、服务质量体系和信用体系建设需要相关法律的进一步完善。同时，沿海地区与内陆地区、城市地区与农村地区之间仍然存在明显的数字差距，需要从法律和政策方面保障落后地区居民的接入互联网、使用互联网的权利。在弱势群体权益保护方面，政府、行业组织、社会与家庭等多方主体应加大对弱势群体尤其是未成年人的保护力度，进一步净化网络空间，营造互联网持续发展的法制环境。

其次，网络信息安全是国家安全的重要组成部分。网络欺诈、垃圾信息、黑客攻击、侵犯个人隐私和网络恐怖主义等越来越多的网络滥用行为不断出现，其危害已发展到严重影响各国政治、经济、军事和文化安全的程度，同时也对个人安全造成了前所未有的威胁。互联网的国际性特征决定了任何一个国家都不能单独解决网络安全问题，在全球范围内制订一致的规则和采取统一行动以应对突发的网络威胁和网络攻击已迫在眉睫。

第三，云计算、移动互联网、三网融合和物联网技术的出现将互联网发展带入一个全新的阶段，这不仅对公众的日常工作、生活方式产生重大影响，同时对个人信息保护和国家安全保障提出了更高的要求；博客、微博、微信、SNS 等网络新业务新型态的出现，移动通信技术的日益成熟和广

---

① 源自：http://www.aisixiang.com/data/59727.html。

泛应用，网络信息传播形式以文字为主向音频、视频、图片等多媒体形态转变，不仅增加了监管的难度，而且使当事人之间的法律关系变得更为复杂，迫切需要法律明确个人权利和义务的范围以及清晰地划定个人安全与国家安全之间的界限。

第四，中国需要加快制定《信息安全法》，以有效地保障国家、企业以及个人的信息安全；尽快出台《个人信息保护法》，保障个人在网络社会的基本权利；推进《电子政务法》的立法进程，通过规范国家机关、事业单位和团体组织的电子政务活动，提高公共管理的水平和透明度，更好地为社会公众提供信息与服务。同时，为推动电子商务发展，依法维护各方权益，需要进一步完善与网络交易有关的立法。

总体上看，中国通过多部针对互联网的法律、行政法规、司法解释和部门规章，为依法管理互联网提供了基本依据，为维护网络信息安全发挥了重要作用，但是其存在的问题也不容回避。比如，互联网立法缺乏统一规划，不同时间、不同部门制定的规章之间冲突和矛盾的现象较为普遍；还有，法律的效率层级比较低，适用范围有限，尤其是一些地方性法规具有很强的地域性，难以作为法院裁判的依据；另外一个共性的问题是互联网领域的许多立法存在明显的滞后和过时现象，一方面互联网治理跟不上网络技术应用发展的新步伐，另一方面是相关管理部门无法适应互联网的发展节奏，及时提供系统而权威的政策法规体系。因此，依法治理互联网要从中国国情出发，借鉴国际经验，完善中国的互联网法律制度。

2. 多方参与共同治理互联网

互联网信息的复杂性使任何单一的主体都难以全面地解决互联网存在的问题，这就需要政府、互联网管理机构、互联网企业、国际组织、个人和组织等主体一起努力。

（1）政府

任何一个国家、政府在互联网管理中都发挥着主导作用，因为政府的行为对于互联网规则的形成是至关重要的。正如国新办在2010年发布的《中国互联网发展》白皮书所言，中国政府有关部门根据法定职责，依法维护公民权益、公共利益和国家安全。国家通信管理部门负责互联网行业管理，包括对中国境内互联网域名、IP 地址等互联网基础资源的管理。依据《互联网信息服务管理办法》，中国对经营性互联网信息服务实行许可制度，对非经营性互联网信息服务实行备案制度。国家新闻、出版、教育、卫生等部门依据《互联网信息服务管理办法》，对“从事新闻、出版、教育、医疗保健、药品和医疗器械等互联网信息服务”实行许可制度。公安机关等国家执法部门负责互联网安全监督管理，依法查处打击各类网络违法犯罪活动。

从中我们可以看出，政府首先直接介入互联网治理的政策和规章制度的制定；其次，政府可以在一定程度上解决互联网发展过程中所带来的纠纷和问题。但网络立法，既无成熟经验可以借鉴，也难以预见未来网络出现的新情况、新问题，企望通过法律一劳永逸地规范网络发展和解决所有网络问题是不现实的。因此，网络立法必须跟踪网络发展进程，及时修订和完善法律法规，保障网络文化健康发展。修订和完善网络法律法规，既要避免因法律法规过于宽松而导致网络有害信息泛滥，又要避免因法律法规过于严厉而影响网络文化发展的活力。另一方面，应不断提高网络执法水平，使依法管理真正做到执法必严。我国网络有害信息泛滥既有无法可依的问题，也有执法不严的问题。应进一步明确相关部门在依法管理网络中的职责，避免多头管理或推诿扯皮现象，确保每一项法律法规都能得到严格执行。

（2）互联网管理机构

互联网管理机构作为专业机构，比政府在管理和解决互联网问题方面更为专业、有效和直接，但其侧重点在于互联网技术和运作标准方面，体现为对于互联网的技术支持和行业统治。不过需要注意的是，目前国际上的互联网管理机构主要包括互联网国际域名管理机构（ICANN）、万维网联盟（W3C）和互联网号码分配局（IANA）。其中，ICANN 成立于 1998 年 10 月，是一个集合了全球网络界商业、技术及学术各领域专家的非营利性国际组织，负责互联网协议（IP）地址的空间分配、协议标识符的指派、通用顶级域名（gTLD）以及国家和地区顶级域名（ccTLD）系统的管理、以及根服务器系统的管理。现由 IANA 和其他实体与美国政府约定进行管理，而 IANA 是互联网域名系统的最高权威机构，掌握着互联网域名系统的设计、维护及地址资源分配等方面的绝对权力。这两家机构都与美国政府有着千丝万缕的联系，而创建于 1994 年的 W3C 则是互联网技术领域最具权威和影响力的国际中立性技术标准机构。到目前为止，W3C 已发布了 200 多项影响深远的互联网技术标准及实施指南，如 HTML、XML 等，有效促进了 Web 技术的互相兼容，对互联网技术的发展和应用起到了基础性和根本性的支撑作用。在中国，CNNIC（中国互联网信息中心）负责国家网络基础资源的运行管理和服务，承担国家网络基础资源的技术研发并保障安全，开展互联网发展研究并提供咨询，促进全球互联网开放合作和技术交流，是中国信息社会重要的基础设施建设者、运行者和管理者。

当然，这些机构更侧重于技术和标准层面的管理。

（3）互联网企业与协会

互联网企业参与互联网治理既是其自愿承担社会责任的体现，同时也是“谁运营谁负责”、“谁接入谁负责”这一原则的体现。

互联网企业作为网络空间的节点，对于本网站发布传播的信息内容负有安全管理责任。这里定义的信息安全并不是通常意义上的防病毒、防木马、防网络攻击等网络安全的概念，而是指信息内容安全，即在网络媒体属性不断强化的趋势下，互联网上信息内容绿色健康，符合网络道德，符合社会共识。特别是随着互联网对经济社会的影响日益加大，网络空间已经成为日常生产和生活的新平台，这个平台的稳健与否和构成平台的每一个互联网企业行为息息相关。互联网企业在为网络用户提供便捷服务的同时，更要树立起信息安全责任意识，自觉抵制网上的虚假和不良信息，为整个互联网的持续发展营造诚信、绿色的环境。

互联网企业作为网络空间的重要节点，其行为影响不仅限于企业内部，且将会传播到全网范围内。互联网企业其实也是一种从事特定商业交易的行为市场主体，具有自身独特的文化属性和自我意识，必须要对企业的社会责任有所认知和执行。如果各互联网网站放任违法信息发布，而不需要承担相应的后果，其结果必然导致网上信息良莠不齐，加剧互联网的信任危机，使得网络空间难以维持。

从可行性方面看，互联网企业参与网络信息安全治理是净化网络环境的有效途径。一方面，网络是信息传输的通道，随着网络数据流量的不断翻番，信息网络传输能力也必须随着增长，这就要求与之相配套的技术措施要不断升级，导致压力不断加大，监管部门单纯依靠技术手段难以从根本上解决互联网信息安全问题；另一方面，互联网企业作为信息源，本身就是推动新技术、新应用不断丰富的主体，对于新技术新应用的功能和影响最为了解，最能提出有效应对方案。这要求互联网企业在追求自身经济利益的同时，必须对其业务可能产生的社会影响高度重视，并从企业制度建设和技术管理手段等方面予以配套，主动防止违法不良信息蔓延。

从互联网自身的发展趋势看，互联网企业承担起信息安全管理责任也是推动互联网形成健康商业模式的重要保障。与中国互联网市场巨大的潜力相比，中国互联网企业商业模式还称不上成熟。这固然有网络技术、网络架构和中国网民消费特点方面的原因，但也与中国网络诚信缺失、虚假信息泛滥、“娱乐至死”备受追捧等现象密切相关。这一点，从下面的前几年专项行动的曝光名单表中也可以清晰地看到，不仅一些中小规模的互联网网站存在低俗内容，即使如几大商业门户网站也概莫能外。因此面对上述问题，互联网企业应当严格约束自身行为，积极履行管理责任，避免负面影响在网上扩散传播，通过塑造互联网企业的良好社会形象，以点带面，共同营造互联网发展的诚信环境。

表2—2　　整治互联网低俗之风专项行动曝光名单（第一批）

网站名	栏目或频道位置	存在低俗内容情况
Google	“网页搜索”、“图片搜索”搜索结果	存在大量淫秽色情网站链接
百度网	“百度贴吧”以及“百度空间”、“百度搜索”的“网页搜索”搜索结果	存在大量的低俗图片，部分版块存在淫秽色情的内容；搜索结果存在大量淫秽色情网站链接
新浪网	“相册”、“博客”栏目	对新增低俗内容删除不及时
搜狐网	“相册”栏目、“博客”栏目、“论坛贴图”版块	对新增低俗内容删除不及时
腾讯网	“搜搜图片”、“相册”栏目、“个人空间”	对新增低俗内容删除不及时
网易	“相册”栏目	对新增低俗内容删除不及时

续表

网站名	栏目或频道位置	存在低俗内容情况
中国人	社区的“贴贴图图”版块	对新增低俗内容删除不及时
中搜	社区的“贴图版块”	对新增低俗内容删除不及时
猫扑网	图片的“漂亮MM”版块	对新增低俗内容删除不及时
天线视频	“用户分享频道”	存在大量低俗视频
第一视频	“体育频道”	存在大量低俗图片
天涯社区	“相册”、“天涯来吧”栏目	存在大量低俗图片
游久网	“美眉频道”	存在大量低俗图片
天极网	图库“美女”、“明星写真”；热图吧“网友自拍”及“美女风情”版块	存在大量低俗图片
合肥热线	论坛的“美女贴图”版块	存在大量低俗图片
铁血网	图鉴的“美眉图片”版块	存在大量低俗图片
131游戏网	“美眉频道”	存在大量低俗图片
搜刮网	网站资讯的“写真”频道、相册的“疯狂自拍”、“明星图库”、“漂亮MM”版块	存在大量低俗图片
快车网	“图片”频道	存在大量低俗图片

注：根据公开信息整理，易目唯

表2—3　　整治互联网低俗之风专项行动曝光名单（第二批）

网站名	所在地	栏目或频道位置	存在低俗内容情况
MSN中国	上海	电影频道、社区的精品贴图版块	存在大量低俗图片
TOM网	北京	娱乐频道、体育频道、汽车频道	存在大量色情和低俗图片
空中网	北京	娱乐频道写真栏目	存在大量低俗视频
西部网	陕西	体育图片栏目	存在大量低俗图片
聚友网社区	北京	精品贴图版块	存在大量低俗图片
易车会网站	北京	相册、汽车图库版块	存在大量低俗图片
游民星空	河北	游戏mm频道	存在大量低俗图片
52PK网	安徽	美女写真栏目	存在大量低俗图片
POCO网	广东	图片频道	存在大量低俗图片
17173	福建	美眉频道	存在大量低俗图片
合众网	北京	美女视频栏目	存在大量低俗视频
小虎在线WAP网站	上海	视频搜索栏目	存在大量低俗视频
泡泡吧WAP网站	上海	娱乐频道	存在大量低俗图片
动感网WAP网站	上海	美图频道	存在大量低俗图片

注：根据公开信息整理，易目唯

虽然互联网网站应该在互联网信息安全问题上发挥更大的作用，但是海量的互联网网站和各式各样的承办主体，注定其管理体制将会比较松散。考虑到互联网企业在网上内容审查方面所承担的义务以及因失责所带来的潜在风险，世界主要国家的互联网企业多在政府的引导下，建立起行业自律组织。2004 年 6 月 18 日，中国互联网协会向全社会公布《中国互联网行业自律公约》，提出我国互联网行业自律的基本原则是爱国、守法、公平、诚信。公约 31 条多为倡议性内容，对于具体义务、责任，均未做出较为明晰的规定。《公约》规定我国互联网行业从业者接受公约的自律规则，均可以申请加入，成员单位通知公约执行机构后，也可以退出公约。也就在这一年，中国互联网协会建立和主办的“违法和不良信息举报中心”网站在北京开通，中国公民均可通过该网站举报中国境内互联网上的违法和不良信息，并随后向社会发布了《坚决抵制网上有害信息的倡议》。

2006 年 4 月 9 日，北京千龙网、新浪网、搜狐网、网易网、TOM 网、中华网、百度网、北青网、西祠胡同网、雅虎网等 14 家网站联合向全国互联网界发出《文明办网倡议书》。2006 年 4 月 19 日，“网络文明与道德建设研讨会”在北京举行，与会的人民网、新浪网等 19 家网站共同签署了《文明上网自律公约》。根据互联网协会的章程，“制订并实施互联网行业规范和自律公约，协调会员之间的关系，促进会员之间的沟通与协作，充分发挥行业自律作用，维护国家信息安全，维护行业整体利益和用户利益，促进行业服务质量的提高”是协会的任务之一。正基于此，在随后的几年中，中国互联网协会又陆续发布了《抵制恶意软件自律公约》、《反网络病毒自律公约》、《中国互联网协会抵制网络谣言倡议书》、《互联网搜索引擎服务自律公约》等协会自律公约和倡议书，对于互联网治理和信息安全起到了一定的推动和促进作用。

（4）网民和其他组织

网民和其他社会主体数量庞大，是中国互联网信息消费的主力军。一方面中国网民作为互联网服务和产品的消费者，为了维护自身的权利和利益必然要参与到互联网治理中来；另一方面，互联网已经成为一种生活方式，虚拟世界同样需要良好的规范和和谐的秩序，网民参与互联网治理逐渐变成一种动力。文明上网一旦成为社会共识，法律、法规、协议、倡议也便成了管理的辅助手段。互联网内容传播的突出特点是，网络搭建了一个大众真正享有传播自主权的传播平台。因此，可以充分利用网络传播自身的特点，“大家的空间大家管”，积极号召民间力量一同管理，对于网上的不良内容，号召网民一致声讨，起到一个道德监督的作用。

互联网社会中的组织，有的属于自利组织，有的属于互益组织，有的属于公益组织。自利组织属于市民社会范畴，公益组织属于公民社会范畴，比较复杂的是互益组织，如果它们在私人领域活动，那就属于市民社会范畴，如果它们在公共领域活动，那就属于公民社会范畴。对于在不同领域里活动的不同性质的互联网虚拟社会中的组织，也要像现实社会中的社会组织一样，进行分类监管，给予不同的财政补助和税收优惠，积极鼓励互联网虚拟社会中的一些组织从纯粹的自利组织、互益组织，逐渐走向公益组织。如果越来越多的社会组织关心网络上的公共利益，则网络社会的和谐与稳定是不言而喻的。①

（5）国际组织

各国互联网彼此相联，同时又分属不同主权范围，这决定了加强国际交流与合作的必要性，国际组织也就成了互联网治理的重要力量之一。它一方面推动了各国在互联网治理方面的合作，同时也可以通过制定行业规章制度来规范国际间相关行业的行为。

比如，中国积极参与各种互联网国际组织的活动，先后派代表参加了历届信息社会世界峰会（WSIS）及与互联网相关的其他重要国际或区域性会议。在打击网络犯罪领域，中国公安机关参加了国际刑警组织亚洲及南太平洋地区信息技术犯罪工作组（The Interpol Asia-South Pacific Working Party on IT Crime）、中美执法合作联合联络小组（JLG）等国际合作，并先后与美国、英国、德国、意大利、香港等国家或地区举行双边或多边会谈，就打击网络犯罪进行磋商。2007年以来，中国先后与美国、英国举办了“中美互联网论坛”和“中英互联网圆桌会议”。同时，中国主张发挥联合国在

---

① 源自：http://www.aisixiang.com/data/59727.html。

国际互联网管理中的作用。中国支持建立一个在联合国框架下的、全球范围内经过民主程序产生的、权威的、公正的互联网国际管理机构，因为互联网基础资源关系到互联网的发展与安全。

3. 加强互联网内容的监控与引导

（1）必不可少的互联网内容监管

互联网内容的监管实则是一个庞大而复杂的过程。这其中既要依靠技术手段，又要政府与互联网参与者的共同合作才能取得很好的效果。在中国整个内容监管体制中，政府的行政监管始终占据着主导地位，这表现为频繁地出台相关法律和行政法规强制网站进行自我过滤和审查以达到监管的目的。

除了政府内部相关人员关注并随时监管互联网的信息流传外，2006 年起中国互联网网络设立了“虚拟网警”制度。互联网内容审查就是主要依靠这些网络警察在管理，他们通过关键字过滤、网关 IP 封锁等技术手段对论坛、网志、聊天室和 Web 页面等互联网资讯进行审查，以确保互联网的健康发展。

目前中国互联网的内容审查主要分为两个阶段：一是信息发布前的审查，这一阶段主要是通过技术手段，如过滤软件，自动过滤一些带有敏感政治倾向或反党倾向、暴力倾向、不健康色彩等话题的词语，阻止信息在互联网发布；二是信息发布后的审查，有些信息为了防止在发布前就被删除，特地寻找替代词以蒙骗过关发布，若被发现就会删除该信息或者屏蔽相关网站以断绝信息在网络的广泛传播。

对于网络内容监控，我们应该一分为二地看待。一方面，严格的监管体制可以帮助网民事先过滤网络暴力、色情等不良信息，节省了网民筛选信息的时间。这不但促进了互联网络的健康发展，维护社会稳定和网络秩序，也让互联网切实地发挥了其最大作用——令网民真正地从互联网获益：网民不需要烦恼收到垃圾邮件，也不需要抱怨在查阅资料时搜索太多的垃圾信息，真正享受到网络所带来的好处。

另一方面，在互联网监管体制中政府行政手段的过多介入会导致互联网的衰弱，妨碍互联网的发展，也会抑制互联网服务商的积极性，限制网民的言论自由。一些互联网网站因为害怕政府的处罚而暂停或彻底关闭网站服务，这不仅不利于中国互联网的发展，也间接地损害了国家的经济利益。其次，多个部门的重复审查和监管会危害到互联网服务供应商的利益，也让整个监管体制显得冗余，对中国整个互联网的发展不利，希望国家互联网信息管理办公室在未来的互联网监管中可以发挥越来越大的作用，尽量避免“政出多门”。

（2）加强网络舆论引导

加强网络舆情的引导工作，形成正确的网络舆论导向。网络舆情是社会重大事件、群众利益诉求和网民思想情绪在网络上的集中体现。政府部门要健全网络舆情引导的工作机制，建立网络舆情分级制度和网络舆情监控系统，制定重大网络舆情的应急处置方案，最好能建立专业的网络舆情分析队伍和参谋系统，加强对网络舆情的收集、整理和研判能力，及时发现倾向性问题，提出应对措施，防止网络舆情的扩散和放大。其中，党政部门，特别是网络监管部门对“意见领袖”的事先和事中监控、引导、说服、教育、批评、惩处非常重要，通过他们可以做好社会情绪的疏导和平息，可以避免大规模网络社会事件的爆发。

4.充分运用技术手段

互联网是技术高度发展的产物，维护互联网的信息安全同样也需要强大的技术能力作保障。首先，依法加强互联网基础资源、关键环节和信息数据服务的监管，规范域名、IP 地址、登记备案和接入服务管理，基础电信业务经营者、互联网信息服务提供者等应建立互联网安全管理制度，有义务和责任采取技术措施，阻止各类违法信息的传播。其次，政府有关部门还要对规范基础电信业务经营者、互联网信息服务提供者行为的互联网安全管理制度的实施情况进行严密的监督和控制。

因此，要充分运用技术手段遏制互联网上不良违法信息的生产与传播，净化社会生产与生活的环境。目前，国际上互联网控制技术的手段有过滤 / 屏蔽技术、标签标识和内容分级系统、年龄认证系统、新型顶级域名（TLD）/ 分区等，后面章节会有所涉及。

总之，互联网信息安全和内容治理是一个系统工程，需要依法调动各环节的积极性，通过技术等多种手段加强互联网信息监控和舆论引导，才能给广大网民创造一个健康、积极向上的互联网环境。

第四节　中外互联网监管的异同与交锋

一　中外互联网监管的相通之处

从前面的论述可以看出，无论是美国、英国、德国、日本等发达国家，还是中国和俄罗斯等发展中国家，对于互联网的监管大致都可以分为三个层面。

第一，道德层面。建立互联网社会的道德规范，这是网络监管的基础。不论中国还是美国，不论新加坡还是俄罗斯，网上传播色情、暴力、种族和宗家歧视都是不允许的。未成年人是特殊的行为群体，是受到社会保护的对象，这是现实社会中的普遍道德准则，同时也是网络社会的基本的道德标准。互联网上的各种行为和各种现象是与现实社会相互影响、互动的，互联网是依托现实世界存在的网络，不能脱离现实社会中人们普遍的价值观念、道德准则和行为基准。所以，中外各国基本上都是依靠网民的自我监督和社会的外部监督来进行互联网监管。

第二，技术层面。有效的技术监督是互联网监管的直接手段，也是最行而有效的方法。美国是最早颁布建立全国互联网络的国家，网络传播技术和监控技术都是世界第一流的，国内拥有众多世界知名的互联网安全产品，如 Safe families、Kid Rocket 等过滤软件、思科、诺顿防火墙等都是国际知名产品；俄罗斯、英国等国家在网络监管技术方面也有自己的拳头产品；中国 1994 年才开始接触入互联网，起步较晚，但网络管理部门在这方面也做出了许多有益的探索，例如在全国互联网领域联合多部门开展“扫黄打非”专项治理行动，大力推行对互联网有害信息的自动过滤，进一步加强对互联网监管领域的技术投入和资金扶持等。

第三，立法层面。立法监督管理是保障互联网良性发展的根本。以美国为例，有多部专门针对互联网的法律，如《数字千年版权法》和《电子签名法》等。2001 年 10 月 26 日，美国总统布什签署的《美国爱国者法案》规定，联邦调查局和中央情报局可以侦查任何一部电话和计算机，甚至允许网络服务商无需得到法院命令或传票就可以向执法机构透露用户的通讯情况。英国、法国、德国、新加坡、日本、韩国等互联网发达国家，也都非常重视互联网信息安全和内容监管的法制保障。中国自 1994 年以来也陆续颁布了一系列互联网领域的法律法规，主要包括《计算机信息网络国际联网安全保护管理办法》、《中华人民共和国计算机信息安全保护条例》、《中华人民共和国电信条例》、《全国人民代表大会常务委员会关于维护互联网安全的决定》等。通过这些立法，初步形成了较为完善的互联网管理制度。

二　中外互联网监管相异之处

中国主要采取以政府主导和各行业自律他律相结合的监管模式，由事前、事中监管和事后三个阶段组成，针对每个阶段的特点，灵活采取不同的方式来监管不同的对象，共同完善监管体系。

第一，事前监管。在事前监管阶段，一是加强市场准入许可认证，所有在中国境内设立运行服务器和申请域名的公司或个人，必须经过工业和信息化部的严格审查和批准；二是加强互联网资源的统一监管和基础性资源的统一分配，例如由工信部统一建设并管理全国的互联网 IP 地址数据库。通过以上方法达到事前监管目标。

第二，事中监管。在事中监管阶段，主要是从法律和法规层面，保证国内所有正在进行的网络建设，从设计阶段起就能够和国家的整个互联网发展战略相一致，就能够充分考虑到国家安全等各方面的因素，对参与建设人员资质严格审查。同理，提供互联网服务的运营商要接受国家严格监管，全民都有义务举报和终止任何损害国家利益和公众安全的互联网不法行为。

第三，事后监管。在事后监管阶段，主要针对的是在网络运行期间所产生的问题。这一阶段的监管措施主要是加大执法力度，扩大监察范围，对于任何提供非法服务的互联网运营商都予以坚决取缔，对于任何认证认可手续不完善的运营商都依法暂停运营，限期整改。

对比而言，欧美等国家的监管模式偏重于事中与事后的审查机制。这与欧美国家的体制是分不开的。美国的互联网建设涉及到各个方面利益集团的具体利益，这些利益集团渗透在一些民间组织甚至相关政府部门如标准化组织、互联网行业监管部门等之中，在制定网络监管法律法规时，往往是这些利益集团进行相互博弈。最终出台的行业规范和技术标准就体现了这一政府与社会共同参与、他律与自律并存的多元监管模式。

尽管欧盟各国家都在为互联网立法而努力，但随着欧盟一体化进程的发展，在互联网立法方面有一体化的趋势。原则上，各国应该遵循欧盟委员会颁布的法律，但只有得到本国的批准才有执行的强制性。从欧盟各国的互联网管理实践来看，其对互联网的基本态度和政策没有明显差异：互联网作为新兴事物，应遵循最低限度立法原则，除非必要时才针对互联网进行专门的立法；制订互联网相关政策和法律的首要原则是确保互联网快速、健康地发展，其中对电子商务、电子政务的影响必须是积极的和促进的；必要的管理要辅之以行业自律，政策法规要与行业自律配套，与社会监督呼应；要避免互联网使用者遭受有害信息的伤害。

与欧盟互联网法律统一化的趋势有所不同，美国则是各州均制定出有关互联网管理的法律法规，并规定了详细的违法处罚办法。这些法律法规涵盖了互联网建设发展中的各个领域，如成人网站、少年儿童保护、国家安全、互联网版权、域名抢注、电子交易、反垃圾邮件方面等。当然，FCC对于互联网内容的监管权具有相应的裁决权，2011 年 11 月 20 日正式生效的《网络中立条例》赋予了 FCC 介入互联网服务提供商（ISP）网络管理领域以及发起针对 ISP 违约问题独立调查的权力。

三 中外互联网监管的交流与交锋

1. 中外互联网发展与监管交流

目前，加强对话和沟通已经成为促进全球互联网发展的主旋律。比如，中美互联网论坛、中英互联网圆桌会议、中韩互联网论坛等就是中外各国在互联网发展和监管领域的友好交流活动。

图 2—27　中美互联网论坛（来源：新华网）

创办于 2007 年的中美互联网论坛由中国互联网协会、美国微软公司联合主办，旨在促进中美两国互联网业界的交流与合作，2007 年以来已先后举办了六届，不仅在两国互联网业界产生了良好影响，也引起了国际社会的广泛关注。在 2013 年中美互联网论坛上，网络安全问题成为中美双方都关注的重要问题。在 2013 年 3 月 17 日，国务院总理李克强在中外记者会上提出，在网络安全问题上“少一些没有根据的指责，多做一些维护网络安全的实事”，“不否认中美之间有分歧，但只要我们相互尊重对方的重大关切，管控好分歧，就可以使共同利益超越分歧”。国新办原副主任钱小芊在论坛开幕式报告中提出：“我们应进一步凝聚共识和力量，努力排除和减少各种干扰，坚定不移地推动两国互联网领域的对话交流与合作向前发展。”希望通过论坛，开启中美共同应对网络安全挑战、加强互联网领域交流与合作新的春天。

由中国国务院新闻办公室和英国商业、创新和技能部联合举办的“中英互联网圆桌会议”从 2008 年开始也已经举办多届，为两国政府有关部门、互联网业界加强对话交流、共同促进两国互联网发展正发挥着日益重要的作用。

2012年9月，来自俄罗斯、巴西、南非、中国等国政府有关部门、学术机构和知名互联网企业的代表，在北京参加了首届“新兴国家互联网圆桌会议”，并通过这一开放的对话与合作平台交流经验，交汇思想。新兴国家在互联网发展、治理以及网络安全方面面临的挑战比发达国家更大更多。新兴国家相互学习借鉴互联网发展和治理的经验，携手合作维护网络安全，切实提高包括新兴国家在内的广大发展中国家在互联网领域的国际话语权成为与会各国代表深入探讨的议题。

众所周知，各国互联网彼此相联，又分属不同主权范围，这就决定了加强国际交流与合作的必要性。应对日益严峻的网络安全挑战，各国除加强自身的能力建设外，迫切需要加强国际合作。不过，互联网领域的国际交流与合作应体现完全平等、相互尊重、互助互利的原则；反对以“网络自由”为名，行“互联网强权”之实。

2. 中美互联网监管的交锋

自2010年以来，美国政府开始对外推动“网络自由”，宣扬所谓互联网世界的“公开、透明和人权”，试图用美国理念和标准重塑网络世界。2009年11月奥巴马总统访华期间对“网络自由”大加推崇。美国国务卿希拉里2010年1月和2011年2月两次发表“网络自由”主题演说，影射中国限制互联网自由。这是互联网监管领域两国监管理念的一次激烈交锋。2010年，美国著名搜索引擎公司谷歌声称，因不满意中国网络监管制度退出中国。2011年5月美国政府更是出台《网络空间国际战略》。中国国内很多分析认为，在后冷战时代，为了控制国际互联网的政治传播，推销美式价值观，促进美国“公共外交”，美国政府业已形成一整套“网络自由”战略，并将其作为美国全球战略的信息化辅助手段和信息心理战措施。

对中国而言，美国的“网络自由”战略更多地意味着压力与挑战。首先，中国互联网发展的国际环境出现更为复杂的局面。其次，就中国国内政治而言，美国的“网络自由”战略极具欺骗性和误导性，有可能迷惑部分中国民众，使其盲目相信美国“网络自由”主张，反而对中国政府的网络监管提出质疑。同时，美国利用“网络自由”议题向中国施压，为某些政治势力提供了活动空间，不利于中国社会基层矛盾和社会管理问题的解决。第三，就中美关系而言，“网络自由”战略给中美关系带来了非传统领域的不确定因素，有可能在心理与认知层面损害对于保持中美关系长期稳定至关重要的战略信任。

在美国看来，与其他国家的互联网监管相比，中国互联网监管有四个突出的问题。

（1）预先审查

其他国家进行的互联网审查多数通过法律方式进行，即指控信息提供者违反某一法律，然后通过法院裁决，颁布禁令后加以关闭。这样，对于不受管辖的其他国家的网站，网络审查基本上无能为力（尽管有些国家，如澳大利亚等强制要求网络供应商向用户提供过滤软件，但安装与否仍是用户的自由）。与大多数国家不同，中国的网络审查意在防止违规信息流入用户终端，这样虽然不能强制其他国家网站关闭，但依然可以起到作用。

（2）模糊的标准及自我审查

目前网络内容审查主要存在两个层次，一为政治审查，二为思想审查。政治审查主要是指敏感话题被封锁，而思想审查则表现为避免网民过分关注某个话题，尽管这个话题网民一面倒支持政府，也有可能被封锁或移除，以免矛盾激化，或者说避免网民聚集。

中国网络审查所使用的标准有一定的模糊度，表现在违法（规）的标准难以把握。比如到何种程度就会“危害国家统一、主权和领土完整的”，何种程度又会“扰乱社会秩序”，何种程度又会“破坏社会稳定”，法规上均没有明文规定。因此，许多中国网络论坛的管理者会以比官方更严苛的标准审查管理范围内的言论。

（3）程序不透明

中国有些网站由于受网络审查被关闭或删除内容，其中部分网站所有者有异议，但难以寻求复议与诉讼的途径。由于监管在程序上缺少明确的界定，谁实施处罚、被处罚违反什么法律、依据什么进行处罚都难以明确指认。这种情况在一些学术、法律、维权网站上特别突出。

对网络审查的一部分行为，极少有相关部门表示负责。中国有关部门在面临相关询问时，通常会笼统地说是依法行事，或者表示对个案不知情，不会明确回答由何单位来具体执行与解释。

（4）对政治言论限制较严格

对于涉及到有关批评中国政治体制、其他意识形态的宣传、社会敏感事件与问题、对中共高层领导人及其子女的批评和信息公开，通常会予以一些限制。各个网站会采用或接受程度不同的政治敏感词过滤，过滤的结果是任何出现涉及敏感词汇的言论不能在网上发表或被替换发表等；也有一些与政治无关的内容，例如矿难、贪污、包庇黑社会之类的社会问题。

在哈佛大学2012年2月推出的一份调查报告《中国互联网审查制度如何允许政府批评但是沉默群体性事件》中，认为“该审查制度的目的并不是为了阻止民众批评政府，而是为了消除互联网上一切会产生群体性事件的可能”。

3. 中美互联网监管交锋案例

（1）中美互联网监管交锋案例：谷歌事件

2010年1月13日，谷歌官方博客表示考虑关闭“谷歌中国”。

2010年1月14日，外交部回应：中国互联网是开放的，互联网企业应依法运营。

2010年2月6日，在谷歌与美国安局联合网络反恐后美众院决定召开谷歌事件听证会。

2010年3月3日，美国贸易代表办公室发言人表示，已接受了两家与Google有关的非盈利组织递交的申诉材料，并不排除上诉至WTO。

2010年3月23日凌晨3时零3分，谷歌公司高级副总裁、首席法律官大卫·德拉蒙德公开发表声明，再次借黑客攻击问题指责中国，宣布停止对谷歌中国搜索服务的“过滤审查”，并将搜索服务由中国内地转至香港。

2010年3月23日当天，国务院新闻办公室网络局负责人就此发表谈话指出，再次强调外国公司在中国经营应当遵循中国法律，如谷歌公司愿遵守中国法律，我们依然欢迎谷歌公司在中国经营和发展；如谷歌公司执意将谷歌中国网站的搜索服务撤走，那是谷歌公司自己的事情，但必须按照中国法律和国际惯例，负责任地做好有关善后工作。

值得关注的是，美国国务卿希拉里不仅发表书面声明表示美国政府对谷歌事件的关切，还明确表示支持谷歌公司的决策，批评中国对网络信息的管制，并将中国列入“限制网络自由”的国家。可以说，谷歌公司最终从中国大陆市场退出的决定不乏美国政府的官方授意与支持，其背后蕴藏着奥巴马政府以“谷歌事件”为借口对中国施压而试图实现更多其他利益的动机。

我们必须看到，WTO 对互联网内容监管尚未做出任何法律规定，而国际版权公约《伯尔尼公约》则明确规定各国对文字内容拥有审查权。全世界已有 164 个国家承认该文本，其中包括中国和美国。

（2）中美互联网监管交锋案例：舆论交锋

- 中国的所谓“互联网自由”问题成为中美人权对话的重要议题和美国国别人权报告的重要内容。

自中美人权对话在 2010 年恢复以后，在 2010 年 5 月 13 至 14 日举行的中美第 15 次人权对话、2011 年 4 月 27 日至 28 日举行的中美第 16 次人权对话和 2012 年 7 月 23 日至 24 日举行的第十七次中美人权对话中，互联网自由问题都是中美对话的重要内容。美国国务院 2012 年 2 月 15 日向国会提交的《2011 年度各国人权报告》中，对中国所谓“限制”互联网自由问题也大加指责。

- 利用经济和技术手段帮助中国的反政府力量利用互联网从事反华活动。

美国国务院 2011 年总投入 3000 万美元，用于网络自由。针对中国，美国务院决定向“法轮功”设立的“全球互联网自由联盟”的软件公司拨款 150 万美元，协助其研发“翻墙”软件，加强对中国的网络信息渗透。2011 年 5 月中旬，美国国务院官员称他们将支出 1900 万美元用于绕过中国、伊朗和其他国家的互联网监管。此外，美国国务院还设立了网络事务协调员办公室，并由前白宫网络安全专家克里斯托弗·佩恩特领导，国务院还宣布推出中文、俄文、印地文、阿拉伯文和波斯文“推特”账户。美国之音还开发了很多其他上网方式，出资设立了一些中国大陆网民可以直接访问的网站。为进一步扩大中国手机用户，加强意识形态“移动化”渗透的有效性，美国之音专门制定了指标，2012 年要在新媒体和手机方面在中国每月增加 50 万用户，2013 年每月 100 万，2014 年则达到每月 200 万。针对中国等国家的网络审查，近年来美国广播管理委员会一直在手机设备和突破封网和审查技术方面增加投资，美国之音不断与实力强的公司合作，研发能够突破网络审查和封锁的软件，2012 财年将增加专项经费 40 万美元。美国广播管理委员会于 2010 年成功开发了一套对抗网络审查技术系统，并利用新技术将数据信息输送到香港和中国，采用的新技术包括名为“从电邮订阅”（feed over email，简称 FOE）的技术系统。据报道，该技术已可以成功突破中国的互联网审查。在 FOE 等技术的“帮助下”，美国之音网站仍有大量的中国用户。据美国广播管理委员会调查统计，从 2009 年 10 月 1 日到 2010 年 9 月 30 日美国之音中文网站的总访问人数超过 600 万，总浏览网页达到 2176 万个，人均每次访问时长近 10 分钟。

- 利用中美互联网论坛等公开场合进行交流与交锋。

2012 年，美国政府向中国摆出了具体案例。在一轮网络安全外交谈判会议上，美方的一名情报官员花费两小时展示了中国对美国公司发起网络攻击的 3 个案例，并摆出了“证据”。同年夏天，多家美国媒体公司向白宫和美国国务院举报其电脑系统遭到入侵，从那以后越来越多的美国公司做出了此类举报——美国政府官员认为，这些举报表明美国公司现在更加担忧网络攻击造成的有害影响，而它们希望美国政府采取行动。

2013 年 4 月 9 日开幕式上，美国国务院副国务卿罗伯特·霍马茨称“中国黑客行为长久反噬中国利益”；时任国务院新闻办公室、国家互联网信息办公室副主任钱小芊表示，中美首先应增强互联网战略互信，避免误判。

2013 年 4 月 22 日据《华尔街日报》网站报道，美国政府正在针对来自中国的“网络间谍”行为酝酿更加严厉的对策，包括贸易制裁、外交施压、提起诉讼、数字攻防等。

但在 2013 年 6 月，美国国家安全局进行的电话和网络秘密监控项目曝光，在美各界及国际社会掀起轩然大波，其中以代号为“棱镜”的网络监控项目牵涉面最广，内容最新，也最具争议。“棱镜”项目不仅给奥巴马政府摆上一连串棘手难题，也给国际社会带来巨大冲击。多年来，美国等一些西方国家一直指责中国发动网络攻击，这个信息的披露证明，实施网络攻击规模最大的其实是美国。

第三章 互联网内容监管技术纲要

众所周知，互联网是技术高度发展的产物，维护互联网的信息安全同样也需要强大的技术能力作保障，了解关于网络内容安全的相关技术将有助于我们更好地保障网络信息安全。

第一节 网络内容安全技术概述

在互联网内容监管技术中，国内外都对敏感信息识别进行了较为深入的研究，比如美国联邦调查局的特征鉴别工具 Carnivore、美国国家安全局的全球监测系统 ECHELON（非官方承认的全球间谍网络）等。这些系统主要应用了信息流的采集、挖掘技术以及一些自然语言的理解技术，其处理对象主要是危害国家、民族和反动、邪教等有害的信息流。在国家层面之外，一些软件企业也先后开发出关于相应识别过滤敏感信息的产品，如“网络巡警”、“网络保姆”、“网络爸爸”等，2010 年中国原信息产业部推荐使用的“绿坝”也属于类似的产品，它们分析的目的主要集中在各种商业机密、有害于青少年健康成长的色情、淫秽、暴力、毒品、赌博等内容方面，用户主要是中小企业和家庭用户，主要采用关键字技术或者黑名单技术，即事先将已经发现问题的网站或者网址链接列入被禁止访问的名单里，从而控制访问。对于信息流的获取一般采取被动方式，即对流过服务器的信息流进行识别和过滤，不让非法信息进入安全域内。在这方面国内的相关机构和公司也在积极进行研究，但基本上都采取了基于关键字或者简单语义的识别技术，或者采用被动获取信息的方法。

一　常见网络安全技术

1.数据安全技术

数据安全技术包括数据保密技术、数据完整性技术和数据可用性技术。其中，数据保密性技术主要包括通信与信息处理和存储等环节的数据加密技术、文件加密技术；数据完整性技术在计算机系统和网络中得到广泛的重视；数据可用性技术包括数据备份与数据恢复技术，也得到广泛的重视。

保密技术主要是保证只有被授权的用户才可以访问数据，对于其他人对数据的访问则予以限制，可以分为网络传输保密技术和数据存储保密技术。就像电话可以被窃听一样，网络传输也可以被窃听，解决这个问题的办法就是通过保密技术对于传输数据进行加密处理。存储保密技术主要是访问控制技术，对于不同类别的数据设置不同的访问权限，很多安全型的操作系统都可以实现初级的访问控制。数据保密技术在商业和军事领域是非常重要的，商业泄密、军事泄密都是非常严重的事情。

数据的完整性技术是保证网络或者系统中的数据和信息处于一种完整和未受损害状态的技术，确保数据不会因为有意或者无意的损害而丢失或者改变。数据的完整性影响到数据的可用性，同时要保证系统是正常运转的，使得网络上不会出现严重的拥堵，以免用户请求数据时，数据不能被及时传送过来。“拒绝服务”是一种常见的恶作剧式的攻击方式，它使得服务器忙于处理一些乱七八糟的任务，消耗大量的系统时间和系统资源，而无暇顾及用户的数据请求，蠕虫病毒就是典型的“拒绝服务”攻击。其实这种例子很多，比如，2013 年 8 月 25 日上午，CNNIC（中国互联网络信息中心）新浪认证微博称，8 月 25 日凌晨零时许，中国国家域名解析节点受到拒绝服务攻击，经该中心处置，至 2 时许服务器恢复正常。但凌晨 4 时许，国家域名解析节点再次受到有史以来最大规模的拒绝服务攻击，部分网站解析受到影响，导致访问缓慢或中断。从后来披露的信息看，这次拒绝服务攻击是利用僵尸网络向 .CN 顶级域名系统持续发起大量针对某游戏私服网站域名的查询请求，峰值流量较平常激增近 1000 倍，造成 .CN 顶级域名系统的互联网出口带宽短期内严重拥塞。

8月25日凌晨零时许，国家域名解析节点受到拒绝服务攻击，经我中心处置，至2时许，服务恢复正常，我中心于凌晨3时许通过官方微博对用户发布了通报。

凌晨4时许，国家域名解析节点再次受到有史以来最大规模的拒绝服务攻击，部分网站解析受到影响，导致访问缓慢或中断。从发生攻击至发布公告之时，我中心与国家有关部门一直在积极努力处置。截止目前，攻击仍在持续，国家域名解析服务已逐步恢复。

目前，工业和信息化部已启动“域名系统安全专项应急预案”，进一步保障国家域名的解析服务。我中心对受到影响的用户表示歉意，对发动网络攻击影响互联网稳定的行为表示谴责。我中心将继续与国家各相关部门协同，持续提升服务能力。

事件的最新情况，我们将及时通过官方发布渠道向公众予以告知。

图 3—1 CNNIC 遭受 DDOS 攻击的声明（来源：CNNIC 新浪微博）

数据恢复主要是指计算机数据被损坏后，采用相关技术进行数据复原的过程。尽管用户一般会对重要数据进行备份，甚至是异地备份和多份备份，但数据备份仍然不可能完全取代数据恢复。原因有二：一是完全的实时备份难度大，不容易实现，即使实现了完全实时备份，也只能在一定程度上降低风险，不可能完全避免数据丢失。二是操作上的失误或发生逻辑错误，即使进行了备份，也往往会造成数据丢失。数据备份与数据恢复在功能上是互为补充的，前者是预防措施，后者是补救措施。

2. 信息隐藏与发现技术[①]

信息隐藏与发现技术是一种在时间和空间两个方面利用正规资源承载和检测附加信息的技术，可划分为隐蔽存储通道技术和隐蔽时间通道技术。隐蔽存储通道技术表示在计算机的系统空间、客体存储空间，尤其在图像、文字、图形等文件中，利用其资源隐藏信息的技术；隐蔽时间通道技术表示利用计算机处理频率或计算机网络和公共通信、电视等网络通道的带宽

① 中国信息产业商会信息安全产业分会：《中国信息安全产业发展白皮书》，2005年。

资源搭载隐藏信息的技术。有时，将隐蔽存储通道技术和隐蔽时间通道技术混合使用。目前已经提出的信息隐藏算法，根据载体不同可以分为时域（空域）替换技术、变换域技术、扩展频谱技术、统计方法等。

在计算机和网络系统中，隐蔽通道是一种以允许违背合法的安全策略的方式进行操作系统进程间通信的通道，其隐蔽通道同样划分隐蔽存储通道与隐蔽时间通道。隐蔽存储通道是指在系统中包含着一种载体，它允许一个进程直接或间接写一个存储位置，而另一个进程可以直接或间接读这个存储位置。例如，在系统上这种问题主要表现在全局变量上、进程头、文件头、系统参数等资源的占有上，利用这些资源进行特殊的通信或信息交换；同样可以表现在用户的存储空间上，例如对于图像信息，从不同的层面观察（微观和宏观）看到不同的信息内容。即便是文字格式的信息，也可以约定从不同的层面看到不同的信息，例如从微观看是字符矩阵表格，从宏观看是人物的头像。又例如，在网络系统中主要表现在数据包头或信元头或用户数据存储空间的剥夺上，达到传输隐藏信息目的。隐蔽时间通道是指在系统中包含着一种载体，它允许一个进程向另一个进程以调制其使用系统资源的方式传递信号，而第二个进程在响应时间内，可以观察这个调制资源的信号，并做出相应动作。例如，在网络上主要表现在传输频率的剥夺上或某种数据包出现的方式和频率所约定的隐藏信息。一定带宽的隐蔽通道在操作系统中是很难避免的，而这种带宽可以通过实际测量与工程计算的方法得到。衡量信息隐藏技术的技术指标主要包括隐蔽通道的容量或带宽以及隐藏的信息的存在形式，其存在形式可以是明文、密文或压缩格式的。

隐蔽存储通道和隐蔽时间通道检测技术或者说信息隐藏的发现技术是一件非常困难的工作，利用隐蔽存储通道和隐蔽时间通道隐藏信息是一件比较容易做到的事情，但是发现隐藏信息却非常困难。信息隐藏检测技术之所以重要不仅仅是由于信息隐藏技术可能危害国家安全，也由于代理系统可以以数据格式或者文档形式存在，作为入侵的手段，引起安全部门的关注。

信息隐藏技术是近几年来兴起的一个前沿研究领域，在网络图像、语音、网络、人工智能等领域具有广泛的应用前景，已经成为信息安全技术两大研究方向之一：信息加密与信息隐藏。目前，为保证数据传输的安全，需要采用数据传输加密技术、信息隐藏技术、数据完整性鉴别技术；为保证信息存储安全，必须保证数据库安全和终端安全。目前国际上先进的信息隐藏技术已能做到隐藏的信息可以经受人的感觉检测和仪器的检测，并能抵抗一些人为的攻击。但总的来说，信息隐藏技术尚没有发展到可实用的阶段，有许多实际问题亟待解决，如信息隐藏的容量问题，如何建立不可感知性的数学度量模型，信息隐藏的容量上界如何计算等；信息隐藏的对立面——隐藏分析如何得到同步发展；如何对信息隐藏进行分析和分类；如何找到信息隐藏技术自己的理论依据，形成完善和科学的理论体系等。因此，用密码加密仍是互联网信息传输的主要安全手段。

3. 系统与网络防护技术

系统和网络的安全防护技术包括应用防护技术、系统防护技术和网络防护技术。其中，应用防护技术包括应用程序接口（API）安全技术、隐蔽API技术和应用层门卫技术等，系统防护技术包括可信计算基（TCB）、抗篡改、抗旁路、自主访问控制、强制访问控制、强制行为控制、标识与鉴别（用户鉴别、机器鉴别）、客体重用、系统备份与恢复技术、系统抗拒绝服务技术、系统防信息泄露技术等，网络防护技术包括网络安全体系结构、安全网络设备、安全网络协议和安全网络服务构成的多层次防护结构等。具体来说，网络防护技术包括网络可信计算基（NTCB）技术、互联网应用防护技术［例如套接字（SOCKS）、互联网密钥交换协议（IKEP）、安全SSL、安全S/MIME、媒体加密器和互联网安全（IPSec）］和互联网网络安全技术（例如DNSIX网络协议、安全路由器、防火墙、代理服务器、网关、访问控制服务器、服务器软件防火墙、VPN技术等）、门卫技术、网络抗拒绝服务技术、网络防信息泄露与截获技术等。解决信息化安全传统技术主要问题，就是系统与网络安全防护的发展趋势。

4. 系统与网络安全检测、监控技术

目前得到一定应用的系统和网络安全检测技术，包括已知病毒检测器、已知蓄意代码检测、配置管理检测、隐蔽通道检测、通信连接检测、内容检测、Web 检测、代理服务器检测、访问控制服务器检测、网络协议测试与检测、网络服务测试与检测等。已经使用的系统和网络的安全监控技术，包括包过滤技术、状态包过滤技术、内容过滤与监控技术、软件行为（应用）监控技术、已知入侵检测与监控技术等。这一部分将是我们在后面研究的重点。

从安全检测与监控产品技术的发展趋势来看，已经从对单一行为的检测转向多行为的检测，只有积极开展大范围、多主体和多行为的检测，才能把所有主体和客体的相互关系搞清楚，才能把一个主体行为踪迹搞清楚，才能真正将安全检测与监控产品建立在可信基础之上，把信息安全检测与监控的工作推进到宏观与统计的新高度。同时，从客户关注的行为检测与监控问题来看，把入侵行为检测与内部行为监管密切的结合起来也是系统与网络安全检测与监控的重点问题。

另外，从安全检测和监控体系结构看，信息安全检测与监控技术产品的平台化——安全检测和监控产品组网，构成大范围的安全检测与监控系统，逐渐成为当前发展的一个重要的关注点。对于互联网这一具有地区、国家甚至国际范围的运营网络环境系统，建立大范围的安全检测与监控体系是非常重要的。作为信息安全检测与监控技术产品的辅助系统，审计系统的建设也要实现平台化，这样才能满足用户更有效的安全管理。

5. 信息安全管理平台

信息安全管理平台，就是要把入侵检测、防火墙、脆弱性检查、蓄意代码检查、计算机病毒检查等安全产品与系统建立互动、互操作的统一管理平台。信息安全产品在 20 世纪 90 年代问世以来，经历过独立发展、客户化发展（不同客户领域需求的安全产品，例如划分成电信、金融、政府等领域的产品）、可视化等发展阶段，今后会更加智能化和便捷化，同时与行为监管体系相联系，促使安全管理更加有效和具有证据化。

6. 病毒、蓄意代码检测与消除技术

计算机和网络病毒以及蓄意代码检测与消除技术是当前用户最经常关心的技术。传统的计算机和网络病毒检测技术主要依靠行为结果判断、模式识别与匹配等方法来发现病毒的存在。国家还建立了病毒预警和服务体系来消除其影响，维护计算机和网络系统的正常运行。但是，这些发现能力和预警、服务体系建设的现代化程度还需要提高。

显然需要将这些传统的计算机和网络病毒以及蓄意代码检测与消除技术与多代理技术结合起来，需要将模式检测发现与行为检测与发现技术集合起来。

7. 身份认证技术

身份认证技术是现代网络安全技术最重要的内容之一，无论是可信计算平台、可信网络平台、可信连接标签、代理活动和交易活动都需要代理认证技术，配合使用的系统包括数字签名、电子印鉴、标签认证、代理认证、数字证书管理、密钥管理等系统。在网络世界的认证系统中，都以逻辑参数作为鉴别的主要依据。

目前主要存在三种认证体系：基于PKI技术实现的第三方在线认证系统、基于IBE算法实现的认证系统、基于CPK算法实现的认证系统。其中，PKI是一种标准的利用公钥加密技术为各类可信认证系统提供安全基础平台的技术和规范，其核心组成部分是CA数字证书，也被称为数字身份证，可用来识别数字证书持有者的真实身份，一般用于规模不超过百万用户的系统。我国已经颁布的《电子签名法》和《电子认证服务密码管理办法》对电子认证机构可信系统的技术有着严格的要求，使得基于PKI的第三方认证技术有了法律保障，得到了广泛的应用。IBE系统主要由PKG、主密钥s以及用户ID等构成，由于不需要CA证书，因此在信息加密应用中显得更为灵活，也更节约网络资源。目前，IBE在国外的发展比较快，大有替代PKI的趋势，但中国IBE的应用并不普遍。CPK是中国密码学和信息安全著名专家南相浩教授1999年提出的基于标识的公钥算法，也称之为组合公钥算法，是无第三方认证技术，无须在线认证数据库系统的支持，颁发的是ID证书。CPK采用集中式的密钥存储方式，一次性认证，一个芯片实现，在规模性、经济性、运行效率上具有优势，也使得CPK比较适用于国防网、政务网、金融支付网、手机网络、电子身份证、电子标签、电子票据、软件代码认证、数字版权等对身份认证安全性要求较高的大型网络。

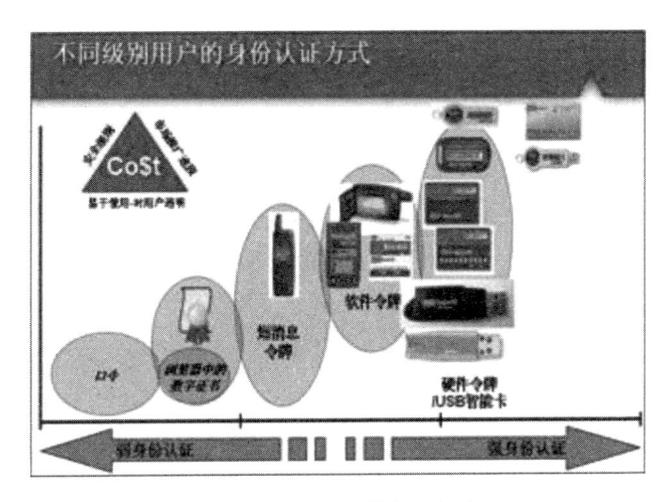

图 3—2 不同的身份认证技术（来源：It168）

8. 业务连续性技术

这一技术主要对银行、重要经济机构等具有重要意义，尤其是银行。银行业务连续性管理信息系统主要帮助实施业务连续性计划和业务连续性管理两个方面的任务，主要包含故障诊断和容错模型与分析、软件系统异常处理模型与分析、备份系统模型与分析、外部威胁与攻击应急响应模型与分析、恢复模型与分析、业务连续性管理模型与分析等。

2013 年 7 月 23 日上午，中国工商银行在多地突然出现系统故障，客户在工行柜台、ATM 机和网银办理交易时，发现工商银行“瘫痪了”——柜台、ATM 机均无法取款，网银也无法进行交易。其后工行回应称是系统升级故障导致，这就属于典型的业务连续性出了问题。

二 新型网络安全技术

除了上面常见的网络安全技术外，针对网络虚拟世界行为安全和信息的语义范畴的内容安全观念或称之为现代可信概念的安全技术，也可以算是传统信息化安全问题通过行为可信概念或方法解决问题的技术。这些新技术概念不仅仅考虑网络提供的安全功能和安全服务能力，同时还要考虑提供让网络用户和管理者建立可信性的能力和主体建立可信认识的服务

图 3—3　工商银行系统故障（来源：互联网）

和支持。

1. 可信网络技术

随着互联网在业务种类、用户数量以及复杂度上的急剧膨胀，当前分散、孤立、单一防御、外在附加的网络安全系统已经无法应对多样、随机、隐蔽和传播等特点的攻击和破坏行为，然而系统的脆弱性又不可避免，互联网正面临着严峻的安全挑战。在这种背景下，可信网络成为了当前网络发展的重要方向。

可信网络中的“可信”是指对网络中的行为与行为的结果总是预期和可控的，能够提供检测、监管、实施等功能，具体可以理解为提供边界防护、接入安全、内网安全等功能，并建立相应的体系结构，以维护整个网络系统的可信性。目前，可信网络的许多概念还处在摸索阶段，尤其对其基本属性和面临的关键问题上并没有清晰一致的描述，学术界针对可信网络的研究工作大多是在理论与技术的某个局部目标展开的，并没有形成完整的体系。

从根本上来讲，可信网络就是要保证网络系统行为及其结果是可预测的，能够做到行为状态可监测、行为结果可评估、行为源可追踪、异常行为可控制，从而保障系统的安全性、可生存性和可控性。可信网络体系结构一方面使安全成为嵌入到网络内部的一种服务，同时从体系结构的设计上保障了网络服务的安全持续。

可信网络技术的基础是可信计算技术，但计算可信并不意味着是可信网络。一般地讲，计算平台是指包括计算机、服务器、终端设备和网络设备等在内的在网络范围内的，能够实现共享、交换、通信任务的支持运营，管理、开发或应用的环境系统。而如果一个网络对于本地用户和远程实体是可信的，那么该网络平台就是可信网络。其工作原理是通过不断的可信测量递交的可信报告实现一个实体与预期值的充分匹配，来了解信息网络平台的可信程度，为此在可信计算概念中引入了子系统身份鉴别、加密、子系统实体、可信平台模式、平台完整性、验证平台身份与完整性、抗篡改、CC 测评和其他技术。

因此，如果一个网络和应用是可信的，使用和管理这个网络与应用的所有用户能够考察到这个网络和应用系统中的行为与行为的结果总是预期和可控的，那么网络和应用系统对于使用主体就是可信的。在网络与系统上针对业务与技术的行为与行为结果提供行为控制、行为监管、行为认证、行为管理和行为对抗的充分能力，并建立相应的体系是维护网络的可信性根本措施。具体而言，可信网络技术是在原有可信计算技术与网络安全技术的基础上增加行为可信的思想，强化对网络状态的动态处理，为实施智能自适应的网络安全和服务质量控制提供策略基础，主要包括服务提供的可信、网络传输的可信和终端用户的可信。

2. 多代理技术

代理是指具有代理性、自治性、社会性、协同性、交互性、移动性与适应性等特性的网络环境内有组织群体应用进程。多代理是将代理群体依照一种组织模式构成具有分工、相互协同和实现制定总体目标的系统体系。

代理技术诞生于 20 世纪 70 年代，但到 90 年代中后期才开始迅速发展，在本世纪，尤其是在 2001 年“9・11”事件之后，受到更大重视。代理是一种研究人类在网络虚拟世界中虚拟主体行为的技术，一个代理往往是由用户界面模块、学习模块、任务技术模块、操作系统接口模块、执行模块、一个知识库以及中央控制模块组成。其中中央控制模块处于代理的核心地位，控制着其他所有模块。代理技术，尤其是多代理技术的发展，使软件不仅仅作为工具为人类所使用，而且成为网络世界中代表人类在其中自治活动的主动虚拟主体，并能联合起来构成有组织群体为其“主人”服务。这是计算机科学与技术中继计算技术、网络技术、对象技术和可视化技术之后，带动IT全局发展的更高层面的新技术，它将为IT发展带来一个新的时代：代理时代。

“9·11”事件后各发达国家在重新反思其信息化发展战略，研讨新型的系统体系结构是其中重要内容。例如，传统的雷达信息处理系统、电力调度系统、铁路与交通的信息综合处理系统、经济监管系统以及银行的计划采用的数据大集中系统在设计体系结构时，都会采用被动的、统一管理集中控制体系结构。这种体系结构在和平时期使用得越好，到战时，一两枚精确制导导弹打击便可以瘫痪大范围的指挥与控制。因此，传统典型的信息系统体系结构，尤其军事、电力、民航、交通、电信、金融等国家基础设施的信息系统，需要实施主动模式的革新。比如，美国国土安全战略，对国家基础设施信息化将要实行更加严格的监管与控制，其主流技术是代理技术；2003年由布什总统签发的美国网络空间国家安全策略之中，谈到新技术发展对国家网络空间安全的影响时，首先提到光学计算和智能代理技术；美国情报部门（例如FBI）在世界范围的情报收集中大量采用代理技术；在互联网内容与行为监管方面：美国和欧洲互联网的安全技术主要是网络内容与行为的监管技术；多家跨国公司认为代理技术是21世纪软件最重要的发展战略。

随后出现的代理网格技术则是多代理系统实现“系统协同”的公共要求，实现分离代理系统之间协同任务，创建、合并或联合这些分离代理系统，构成更大的代理系统的协同联合体的框架或机制称之为代理网格。其本质上是一种新型的功能强大的具有主动特性的，充分利用资源和可实施不确定分布式计算的技术。

3. 数字标签技术

数字标签或数字标识是解决安全问题的基本方法之一。在网络上使用信息标签，使得信息在网络中得到认可，对信息在网络上的旅行路径得到了基本认定，没有数字标签的文件与信息，将会被查处与质疑。我们日常说接触到的 RFID 射频数字标签、安全防伪数字标签、数字水印、XML 数字签名等也算是数字标签技术在不同领域里的应用。

数字标签系统最早是美国军方在 1991 年提出的。在电信领域中，利用标签技术可以改进交换、路由、寻址的技术，提高网络传输的效率和质量，甚至提高网络传输的安全机理，XML 可扩展的标记语言也可以作为客体的数字标签使用。DAML（XML + 语义 Web）则是美国国防部使用的代理标记语言，将数字标签技术与代理技术结合起来，可以更加强化客体在网络中的传输安全，提高客体在公共网络中传输的防护能力。

4. 信息监管技术

（1）行为监管技术

行为监管技术是为防范风险，对行为的输入、过程与输出、行为产生的环境、行为特性和与其他内容与行为关联性（空间关联性、时间关联性和其他环境属性相关性）进行综合研究、分析、监控、管理，并发现问题的技术。

从类别上讲，行为监管技术可以细分为行为隐蔽技术、行为踪迹变化技术、行为踪迹消除技术、行为可信性技术、行为完整性防护技术、行为可信认证技术、行为控制技术、行为一致性检查技术、行为协同控制技术、行为有效性确认技术、行为输入条件满足性判定技术、行为过程记录跟踪技术、行为输出条件满足性判定技术、行为环境标识与识别技术、行为分类技术、应用系统行为监控技术、终端行为监控技术、网络行为监控技术、计算机系统行为监控技术、网络定位技术、网络跟踪技术、网络远程控制技术等。

（2）内容监管技术

内容监管技术是为防范风险，对内容本身、内容产生的环境、内容变化过程、相关行为特性和其他内容与行为关联性（空间关联性、时间关联性和其他环境属性相关性）进行综合研究、分析、监控、管理，并发现问题的技术。内容监管的对象包括格式内容（主要为应用系统数据库记录内容等）、字符文档内容（字符文件内容）、图形内容、图像内容、加密信息内容和隐藏信息内容等。

内容监管技术又可以进一步细分，包括内容保密性技术、内容完整性技术、内容可信判定技术、内容分类技术、内容摘要技术、内容标识与识别技术、内容载体（客体）标识与识别技术、应用系统内容监控技术、终端内容监控技术、网络内容监控技术、内容过滤技术、键盘记录技术、屏幕抓取技术等。

（3）监管代理技术

监管代理技术是一种从事信息内容与系统行为监管任务的代理技术，包括代理分类技术、代理组织体系结构、代理通信技术、代理数据采集技术、代理行为监控技术、代理操作技术、代理管理技术、代理协同技术、代理识别技术、代理安全技术、代理移动技术等。

（4）监管代理服务技术

代理服务技术是一种从事与监管任务相关的服务代理技术，包括代理可信网络安装服务技术、代理可信网络配置服务技术、代理可信网络管理服务技术、代理可信网络测试服务技术、代理可信网络监控服务技术、代理可信网络诊断服务技术、代理可信网络维护服务技术、代理可信网络培训服务技术等。

（5）监管代理平台技术

监管代理平台技术是一种为监管的探针、信息采集器、监视器和具有操作与控制功能的代理部件、子系统和系统实现互联、互通和互操作的系统，包括多代理系统互操作性标准化技术、代理网格平台技术、网络配置可信管理平台（TCP）技术、系统配置可信管理平台技术、安全资源管理平台技术、凭证与密钥管理平台技术、系统裁减技术等。

5. 网络对抗技术

安全威慑体系主要针对有组织犯罪、有较大和很大资源的攻击者对国家基础设施信息系统发出的攻击威胁，通常意义上防护或保障体系已经不能防止这种威胁的发生，提供对攻击者实施打击的力量和能力是非常必要的，让任何攻击者在实施攻击时要三思而行，不能轻易去攻击。从另一个方面说明了企业或行业安全不仅仅是这些部门的事情，还是国家，尤其是国家政法部门（例如公安、安全、保密、司法、检查、法院等）和军事部门共同的事情。

第一种威慑力量是打击公共信息网络的犯罪行为的力量。网络犯罪和破坏是人在计算机中的代理软件完成的，那么防护、打击与执法也必须在网络中，也必须通过其代理完成。犯罪和破坏在网络内，而防护、打击和执法在网络外，这种现象是难以想象的。

第二种威慑力量是打击信息恐怖主义的威胁力量，主要任务是打击国家要害行业信息专网上的有组织犯罪行为和恐怖主义的犯罪行为。

第三种威慑力量是在战争中实施网络对抗的力量。所谓网络对抗的战争形态，是指双方建立一支多种功能代理的作战协同体系，建立网络中的虚拟组织和军队。双方有攻击，也有防护，在很大程度上，消灭对方的网络代理系统是网络对抗的重要，甚至有时是主要内容。

建立“网络警察”是打击网络犯罪的数字化警察部队，建立数字化安全部队打击网络敌对势力与恐怖势力，建立能够实施网络对抗的数字化师或数字化军，这是三个独立发展的国家主权意义上的威慑体系，相互之间不能替代，而是相互依存。

网络对抗技术可以包括代理生存与消除对手技术、模式发现与模式隐藏技术、行为发现与行为隐藏技术、行为控制性与反控制的技术、行为特性对抗技术、攻击入侵技术（例如“黑客”模式攻击方法、“战争”模式寄寓“和平”工作模式之中的攻击方法、快速有线插播攻击方法、卫星通信攻击方法、无线通信攻击方法等）、定位与反定位技术、追踪与反追踪技术、行为对抗组织输送、配置技术、行为对抗能力评估（红 / 蓝测试）等。

三　网络内容监控技术

从上面的论述可以看出，传统的网络安全技术主要对于计算机和网络系统自身的安全进行防护，而网络内容的监管则被纳入了新型网络安全技术的范畴。上面我们虽然单纯从技术分类的角度对于网络内容监管和网络行为监管技术进行了介绍，但过于抽象化和概念化，下面结合网络内容的采集、处理、挖掘等具体业务进行简要介绍。

1. 信息内容获取技术

信息内容获取技术可以分为主动获取技术和被动获取技术。其中，主动获取技术通过向网络注入数据包后的反馈来获取信息，特点是接入方式简单，能够获取更广泛的信息，但会对网络负载造成额外的负担；被动获取技术则在网络出入口上通过镜像或旁路侦听方式获取网络信息，特点是接入需要网络管理者的协作，获取的内容仅限于进出本地网络的数据流，但不会对网络造成额外负担。

2. 信息内容处理技术

信息内容处理是指对获取的网络信息内容进行在线识别、判断、语义综合分析、内容过滤等，确定其是否为所需要的目标内容，识别的准确度和速度是其中的重要指标。根据内容的不同，主要分为文字、音频、图像、图形识别和处理技术。

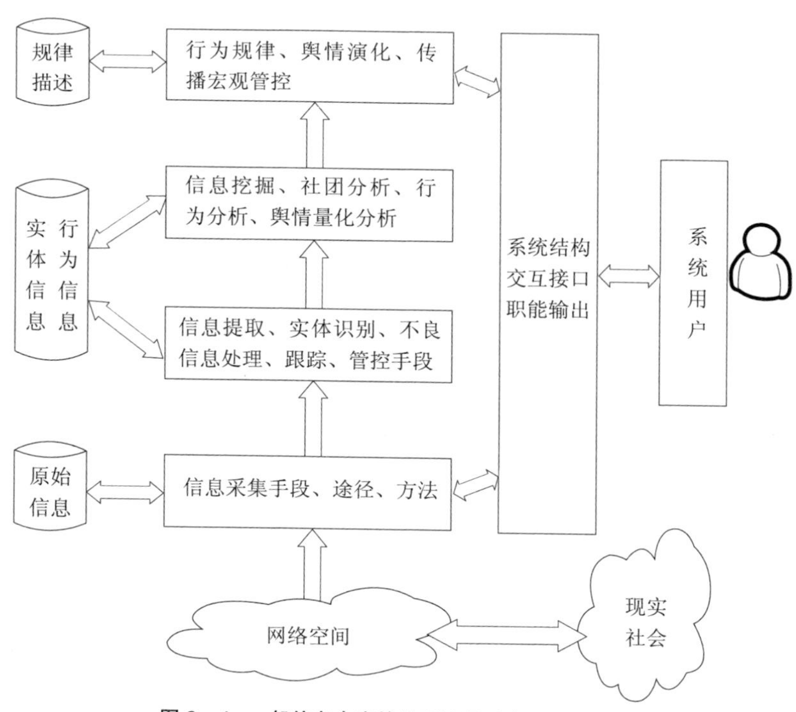

图 3—4　一般信息内容的处理流程（来源：易目唯）

3. 数据分析与挖掘技术

数据挖掘就是从大量的、不完全的、有噪声的、模糊的、随机的实际应用数据中，提取隐含在其中的、人们事先不知道的但又是潜在有用的信息和知识的过程，也有的称之为数据融合或者数据分析和决策支持等。这个定义包括几层含义：数据源必须是真实的、大量的、含噪声的；发现的是用户感兴趣的知识；发现的知识要可接受、可理解、可运用；并不要求发现放之四海皆准的知识，仅支持特定的发现问题。简而言之，数据挖掘就是按企业或者用户的既定业务目标，对大量的数据进行探索和分析，揭示隐藏的、未知的或验证已知的规律性，并进一步将其模型化的技术和方法。

4. 网络舆情监测与分析技术

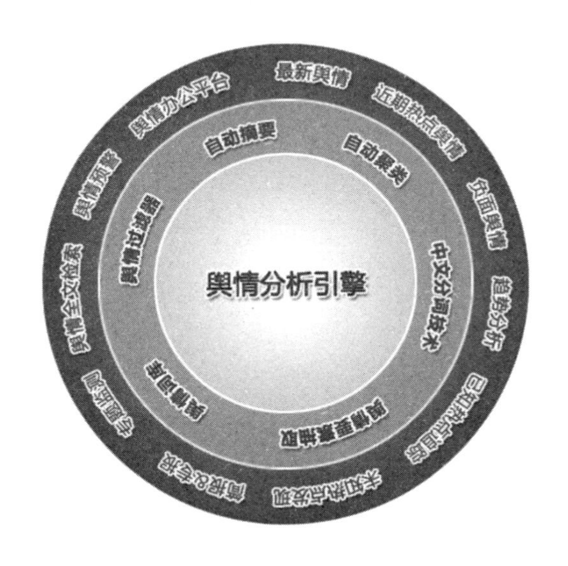

图 3—5　网络舆情监控系统组成（来源：邦富软件）

网络舆情监测与分析技术，主要是指对海量的网络舆情信息进行深度挖掘与分析，快速汇总成舆情信息，代替传统人工阅读和分析网络舆情信息的繁复工作的技术和方法，可以分为网络舆情采集与提取技术、话题发现与追踪技术、倾向性分析技术和自动文摘技术等。

网络舆情采集与提取技术：网络舆情主要通过新闻、论坛 /BBS、博客、微博、微信、即时通信软件等渠道形成和传播，这些通道的承载体主要为动态网页，它们承载着松散的结构化信息，使得舆情信息的有效抽取很有难度，网络舆情采集与提取技术主要实现对于这些松散的结构化信息的抓取和提取。

话题发现与追踪技术：网民讨论的话题繁多，涵盖社会方方面面，如何从海量信息中找到热点、敏感话题，并对其趋势变化进行追踪成为研究热点。早期的研究思路是基于文本聚类，即文本的关键词作为文本的特征。这种方法虽然能将一个大类话题下的文本进行聚合，但没有保证话题的可读性与准确性。后有专家实现了话题发现与追踪：即将文本聚类问题转换为话题特征聚类问题，并依据事件对语言文本信息流进行重新组织与利用。

倾向性分析技术：通过倾向性分析可以明确网络传播者所蕴涵的感情、态度、观点、立场、意图等主观反映。比如新浪网的“新闻心情排行”将用户阅读新闻评论时的心情划分为多个层次。对舆情文本进行倾向性分析，实际上就是试图用计算机实现根据文本的内容提炼出文本作者的情感方向的目标。

多文档自动文摘技术：新闻、帖子、微博、博文等页面都包含着垃圾信息，多文档自动摘要技术能对页面内容进行过滤，并提炼成概要信息，便于查询和检索。

从网络舆情信息的采集与提取，到话题的发现与追踪、到态度倾向性分析，再到多文档自动摘要的生成，基本上构成了有效的舆情信息获取和分析方法，可以为舆情分析提供必要的技术支撑。

第二节 网络信息采集技术

网络信息的采集与预处理技术是实施互联网监控的基础和前提。众所周知，互联网上的信息来源广泛，而且匿名信息居多，网民可以隐藏自己的身份在博客、论坛、BBS、微博、新闻评论等平台发表自己的观点和看法，同时网络信息的传播具有快速性和跨地域性，难以把握其规律，另外海量信息中又存在着大量的垃圾信息，这些特点给网络信息的采集和抓取带来了很大的困难，网络爬虫（网络蜘蛛）信息获取技术和实时信息采集技术就是在这种环境下诞生的。

一 网络爬虫信息获取技术

网络爬虫（又被称为网页蜘蛛、网络机器人、网页追逐者等），是一种按照一定的规则自动抓取万维网信息的程序或者脚本，另外一些不常使用的名字还有网络蚂蚁、自动索引、模拟程序或者蠕虫等。

互联网上的信息浩瀚万千，而且毫无秩序，所有的信息像汪洋上的一个个小岛，网页链接是这些小岛之间纵横交错的桥梁，搜索引擎则为你绘制一幅一目了然的信息地图，供用户随时查阅，而网络爬虫则是搜索引擎的基础技术。当“爬虫”程序出现时，现代意义上的搜索引擎才初露端倪。它实际上是一种电脑“机器人”（Computer Robot）——能以人类无法达到的速度不间断地执行某项任务的软件程序。由于专门用于检索信息的“机器人”程序就像爬虫一样在网络间爬来爬去，反反复复，不知疲倦，所以，搜索引擎的“机器人”程序就被称为“爬虫”程序。[①]

1. 网络爬虫技术工作原理

采用爬虫获取信息技术之后，搜索引擎的基本原理如图 3-6，可以概括为三步走。

- 利用蜘蛛系统程序，自动访问互联网，并沿着任何网页中的所有 URL 爬到其他网页，重复这过程，并把爬过的所有网页收集回来。
- 由分析索引系统程序对收集回来的网页进行分析，提取相关网页信息，根据一定的相关度算法进行大量复杂计算，得到每一个网页针对页面内容中及超链中每一个关键词的相关度（或重要性），然后用这些相关信息建立网页索引数据库。
- 当用户输入关键词搜索后，由搜索系统程序从网页索引数据库中找到符合该关键词的所有相关网页。然后根据相关度、网页权重、网

① 百度百科：网络爬虫。

页体验度等进行排序，总分值越高，排名越靠前。最后，由页面生成系统将搜索结果的链接地址和页面内容摘要等内容组织起来返回给用户。

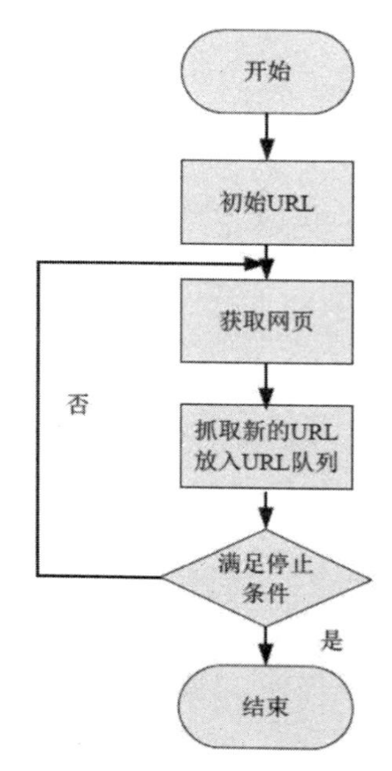

图 3—6 最简单的网络爬虫算法（来源：易目唯）

在抓取网页的时候，网络蜘蛛一般有三种策略：广度优先、深度优先和最佳优先。其中，最常用的是广度优先和最佳优先。

广度优先是指网络蜘蛛会先抓取起始网页中链接的所有网页，然后再选择其中的一个链接网页，继续抓取在此网页中链接的所有网页。这是最常用的方式，因为这个方法可以让网络蜘蛛并行处理，提高其抓取速度。

深度优先是指网络蜘蛛会从起始页开始，一个链接一个链接地跟踪下去，处理完这条线路之后再转入下一个起始页，继续跟踪链接。这个方法的优点是网络蜘蛛在设计的时候比较容易，但是如果网页层级太多，则会导致爬虫陷入（trapped）问题。

最佳优先搜索策略按照一定的网页分析算法，预测候选 URL 与目标网页的相似度或与主题的相关性，并选取评价最好的一个或几个 URL 进行抓取。它只访问经过网页分析算法预测为“有用”的网页。但这种策略存在的一个问题是，在爬虫抓取路径上的很多相关网页可能被忽略，因为最佳优先策略是一种局部最优搜索算法，因此需要将最佳优先结合具体的应用进行改进，以跳出局部最优点。研究表明，这样的闭环调整可以将无关网页数量降低 30%~90%。

综上所述，通用的网络爬虫的爬行策略难以应对大规模的网页爬行，既不能保证抓取到的网页质量，爬行效率也较低，难以满足网络监管系统的需求，存在很大的改进空间。同时，对于网站设计者来说，扁平化的网站结构设计有助于搜索引擎抓取其更多的网页。

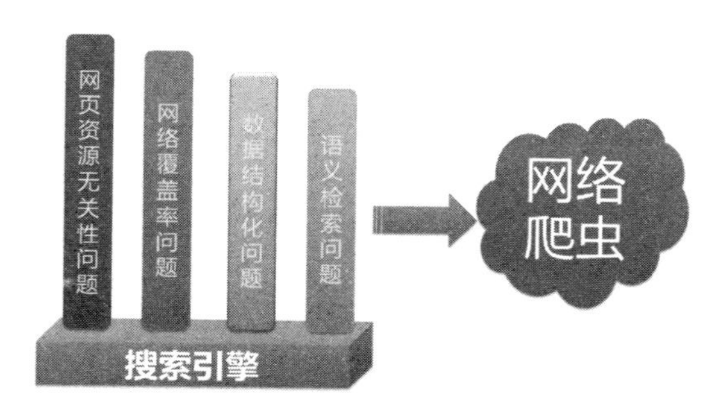

图 3—7　网络爬虫——搜索引擎基础（来源：互联网）

2. 网络爬虫技术的改进

（1）主题爬行技术

主题爬行技术，也有人称之为聚焦检索或者主题检索，是专门用于从互联网上大规模收集特定主题信息的技术，是构成垂直搜索引擎或 Web 信息采集系统的关键技术。主题爬行技术弥补了通用爬行技术缺乏针对性和专业性的缺点，在实际应用中与通用搜索引擎互为补充。

主题爬行的特性之一是面向“Web Content”，即面向网页内容的主题需求。但随着主题爬行应用范围的扩大，人们对主题的认识和需求范畴也不断扩展，从网页内容反映出的主题扩展到了一群网页的共同主题或特定类型网页的主题特征甚至是对多种主题含义的交叉需求，如搜集“网络内容监控领域的论文”、“体育类的专题频道”或“计算机领域的研究人员的个人网站”等。因此对特定文档类型、特定网站的搜集也应属于主题爬行技术的范畴。与关注网页内容的主题特征不同，这两类主题爬行技术分别关注网页的类型特征、网站整体的主题特征。这三种主题爬行技术分别代表了目前主题爬行技术领域的三类基本需求，但在实际应用中可能是独立需求，也可能是多种需求的交叉，即复合需求。

（2）并行爬行技术

并行爬行技术，也称为分布式爬行技术。并行爬虫包含多个爬虫，每个爬虫需要完成的任务和单个的爬行器类似，它们从互联网上下载网页，并把网页保存在本地的磁盘，从中抽取 URL 并沿着这些 URL 的指向继续爬行。由于并行爬行器需要分割下载任务，可能爬虫会将自己抽取的 URL 发送给其他爬虫。这些爬虫可能分布在同一个局域网之中，或者分散在不同的地理位置。它的目标是最大化下载的速度，同时尽量减少并行的开销和下载重复的页面。为了避免下载一个页面两次，爬虫系统需要策略来处理爬虫运行时新发现的 URL，因为同一个 URL 地址，可能被不同的爬虫进程抓到。

根据爬虫的分散程度不同，并行爬虫可以分为基于局域网的并行爬虫和基于广域网的并行爬虫。局域网并行爬虫在同一个局域网里运行，通过同一个网络去访问外部互联网，下载网页。由于所有的网络负载都集中在所在局域网的出口上，因此爬虫的数量会受到局域网出口带宽的限制。基于广域网并行爬虫由于分别运行在不同地理位置（或网络位置），具有在一定程度上分散网络流量，减小网络出口的负载的优势。但爬虫之间的通讯带宽可能是有限的，通常需要通过互联网进行通信。

在实际应用中，基于局域网分布式网络爬虫应用的更广一些，而基于广域网的爬虫由于实现复杂，设计和实现成本过高，一般只有实力雄厚和采集任务较重的大公司才会使用这种爬虫。

（3）增量式爬行技术

传统的爬行器根据自己的需要采集足量的信息后停止采集，当过一段时间这些数据过时后，它会重新采集一遍来代替先前的信息，称为周期性 Web 爬行。而增量式爬行技术对待旧的页面采用增量式更新，即爬虫在需要的时候采集新产生的或已经发生了变化的页面，而对没有变化的页面不进行采集。和周期性信息爬行相比，增量式爬行能极大地减小数据抓取量，从而极大地减少了抓取的时间与空间开销。但是与此同时，增量式爬行也增加了算法的复杂性和技术难度。不过面对互联网浩如烟海的内容以及每日以几何级数增长的信息，增量式爬行技术无疑具有更广阔的发展潜力。

3.网络爬虫的限制

（1）限制抓取

网络爬虫进入一个网站，一般会访问一个特殊的文本文件 Robots.txt（即拒绝蜘蛛协议），这个文件一般放在网站服务器的根目录下，网站管理员可以通过 robots.txt 来定义哪些目录网络爬虫不能访问，或者哪些目录对于某些特定的网络爬虫不能访问。例如有些网站的可执行文件目录和临时文件目录不希望被搜索引擎搜索到，那么网站管理员就可以把这些目录定义为拒绝访问目录。

每个网络爬虫都有自己的名字，在抓取网页的时候，都会向网站表明自己的身份。网络爬虫在抓取网页的时候会发送一个请求，这个请求中就有一个字段为 User-agent，用于标识此网络爬虫的身份。例如 Google 网络爬虫的标识为 GoogleBot，百度网络爬虫的标识为 BaiDuSpide。如果在网站上有访问日志记录，网站管理员就能知道哪些搜索引擎的网络爬虫来过、什么时候过来的以及读了多少数据等。如果网站管理员发现某个爬虫有问题，就通过其标识来和其所有者联系。

如果某网站禁止网络爬虫访问，则可以在 Robots.txt 中进行定义：

User-agent: *

Disallow: /

这两行的意思就是，禁止所有搜索引擎访问网站的任何部分。

淘宝网的 Robots.txt 文件：

User-agent: Baiduspider

Disallow: /

User-agent: baiduspider

Disallow: /

很显然，淘宝不允许百度的爬虫访问其网站下其所有的目录——2008

年 9 月 8 日淘宝网开始封杀百度爬虫；国内同样耳熟能详的还有京东商城拒绝一淘搜索——2011 年 10 月 25 日，京东商城正式将一淘网的爬虫屏蔽，以防止一淘网对其内容的抓取。

当然，Robots.txt 只是一个协议，如果网络爬虫的设计者不遵循这个协议，网站管理员也无法阻止网络爬虫对于某些页面的访问，但一般的网络爬虫都会遵循这些协议，而且网站管理员还可以通过其他方式来拒绝网络爬虫对某些网页的抓取。

（2）动态网页抓取

搜索引擎建立网页索引，处理的对象是文本文件。对于网络爬虫来说，抓取下来的网页包括各种格式，包括 html、图片、doc、pdf、多媒体、动态网页及其他格式等。这些文件抓取下来后，需要把这些文件中的文本信息提取出来。准确提取这些文档的信息，一方面对搜索引擎的搜索准确性有重要作用，另一方面对于网络爬虫正确跟踪其他链接有一定影响。

动态网页一直是网络爬虫面临的难题。所谓动态网页，是相对于静态网页而言，是由程序自动生成的页面，这样的好处是可以快速统一更改网页风格，也可以减少网页所占服务器的空间，但同样给网络爬虫的抓取带来一些麻烦。由于开发语言不断的增多，动态网页的类型也越来越多，如 asp、jsp、php 等。这些类型的网页对于网络爬虫来说，可能还稍微容易一些。网络爬虫比较难于处理的是一些脚本语言（如 VBScript 和 JavaScript）生成的网页，如果要完善地处理好这些网页，网络爬虫需要有自己的脚本解释程序。对于许多数据是放在数据库的网站，需要通过本网站的数据库搜索才能获得信息，这些给网络爬虫的抓取带来很大的困难。对于这类网站，如果网站设计者希望这些数据能被搜索引擎搜索，则需要提供一种可以遍历整个数据库内容的方法。

（3）其他爬行陷阱

- 登录要求。有些企业站和个人站的设置一定要注册登录后才能看到相关的文章内容，这种对爬虫不是很友好，爬虫不会注册，也不会登录。
- 动态 URL。简单的说就是带有问号、等号及参数的网址就是动态 URL，动态 URL 不利于搜索引擎爬虫的爬行和抓取。

- 强制用 Cookies。部分网站为了让用户记住登陆信息，强迫用户使用 Cookies。如果未开启，则无法进行访问，访问页面显示的也不会正常，这种方式会让爬虫无法进行访问。
- 框架结构，也称帧结构（Frame）。网页表现为一个页面内的某一块保持固定，其他部分信息可以通过滚动条上下或左右移动显示，如左边菜单固定，正文信息可移动，或者顶部导航和 LOGO 部分保持固定，其他部分上下或左右移动。最常使用框架结构的网页是邮箱系统。
- 各种跳转。对搜索引擎来说只对 301 跳转相对来说比较友好，对其他形式的跳转都是比较敏感的，如 JavaScript 跳转、MetaRefresh 跳转、Flash 跳转、302 跳转等。
- 首页 Flash。Flash 做的 Logo、广告、图表等，这些对搜索引擎抓取和收录是没有问题的，很多网站的首页是一个大的 Flash 文件，这种就是爬虫陷阱，在爬虫抓取时 HTML 代码中只是一个链接，并没有文字，无法读取任何内容。

二　网络信息的实时采集技术

信息采集技术是指利用计算机软件技术，针对定制的目标数据源，实时进行信息采集、抽取、挖掘、处理，将非结构化的信息从大量的网页中抽取出来保存到结构化的数据库中，从而为各种信息服务系统提供数据输入的整个过程。这种技术在物联网、高速骨干网等新型网络环境中使用较多，比如，利用 RFID 进行交通信息的实时采集，城市交通视频监控网络中交通拥堵信息的实时采集，利用 3G 或者 GPS 等进行实时定位信息采集，生产制造系统骨干网中的传感器数据采集……

网络信息的实时采集，通俗地讲，就是实时地指从指定的网页批量抓取到自己想要的数据，比如新闻、博客、帖子、电子商务网站上产品和价格信息等，然后保存至指定的数据库（Oracle、MsSQL、MySQL）或一定格式（txt、excel）的文件数据，以供用户使用的过程。由于实时采集对于网络数据高速处理安全芯片等硬件设备、带宽等具有较高的要求，因此主要针对 40G 及以上高带宽骨干网、无线宽带网络、3G 网络、NGN 等新型网络环境才有可能真正实现网络信息的实时采集技术。

目前，即使对于互联网舆情服务商来说，在现有的网络环境下也难以对所有的网站实现实时采集，一般只能做到对主要的网站、论坛、博客、微博等进行实时监控。信息监控系统的作用是时刻跟踪信息源的更新状况，一旦出现新的信息，即刻通知信息采集系统，因此具有监控高效、占用带宽低、反馈精确等优点。然后，信息采集系统根据监控系统的反馈，进行信息的增量采集。这样虽然并非真正的实时采集，但是基本上兼顾了时效性和高效率，同时降低了对于采集系统的资源占用。

第三节　网络信息处理技术

通过网络爬虫或者实时采集系统抓取到的网络信息格式可谓纷繁复杂，包括 html、图片、doc、pdf、多媒体、动态网页及其他格式等。这些文件抓取下来后，需要把这些文件中的文本信息提取出来。这时候就需要对各种格式的信息内容进行去噪、汉字编码转换等一系列处理，然后转换成纯文本格式的文档，再根据文本内容进行内容过滤、语义分析等处理。

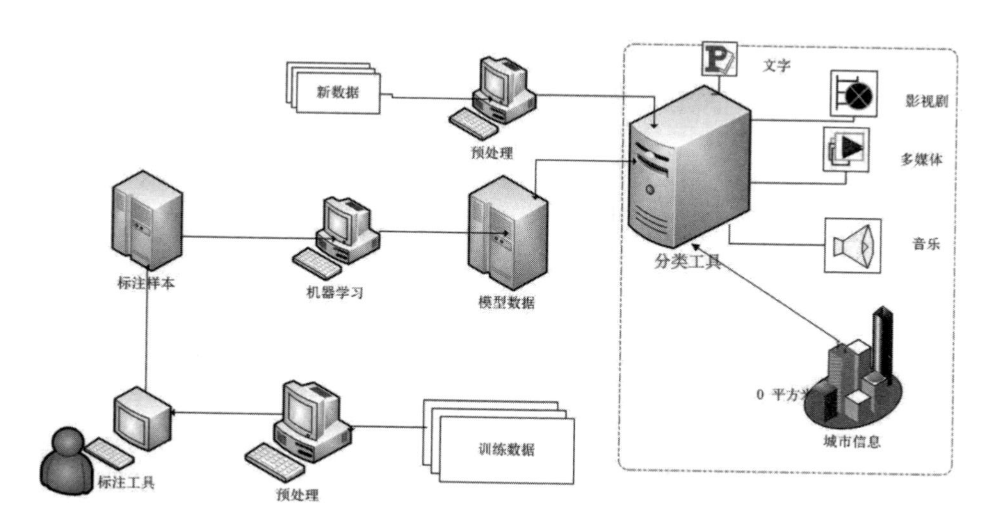

图 3—8　网络内容处理示意图（来源：易目唯）

一　网页净化

一般的 Web 网页通常都会包含两部分内容，一部分内容体现的是网页的主题信息，如新闻网页中的新闻部分，可称之为主题内容；另一部分则是与主题内容无关的导航条、广告信息、版权信息等，可称之为“噪音”。噪音内容的位置并不固定，但一般情况下都分布在主题内容周围，有时也夹杂在主题内容中间，但它们并无直接的内容相关性。同时，一般的噪音内容通常是以链接的形式出现，因此“噪音”会导致相互链接的网页常常也无内容相关性。因此，Web 网页中的噪音内容不仅给互联网上基于网页内容的应用带来困难，也给基于网页超链指向的应用系统带来困难。

网页净化与消重是大规模搜索引擎系统预处理环节的重要组成部分。其中，网页净化（noise reduction）是识别和清除网页内的噪声内容（如广告、版权信息等），并提取网页主题以及与主题相关的内容。网页消重（replicas or near-replicas detection），就是指去除所搜集网页集合中主题内容重复的网页。我们日常访问的网站当中，内容经常是一对多，也就是同一个内容可能是多个 URL 当中都存在的。

网页净化可以提高互联网应用程序处理结果的准确性。首先，网页净化后，没有了噪音内容的干扰，网络应用程序可以将网页的正文内容为处理对象，有助于提高处理结果的准确性。其次，网页净化可以显著简化网页内标签结构的复杂性并减小网页的大小，节省后续处理过程的时间和空间开销。

1. 网页分块法

即使在同一网页中，每条信息的重要度也并不相同，比如大标题就要比导航条更加引人注目，图片一般会比文字更抢眼。考虑到网页中的不同信息由于所处位置、空间大小或者内容不同而具有不同的重要度，我们可以将网页按照内容属性分块，利用不同分块的特征来进行净化，从而提高网页正文提取的质量。网页分块处理办法，一般可以区分为基于位置关系的分块、基于文档对象模型的分块以及基于视觉特征的网页分块等。

（1）基于位置关系的分块

最简单的基于位置关系的分块，就是将一个网页分成上、下、左、右和中间 5 个部分，再根据这 5 个部分的特征进行分类。由于实际的网页结构要复杂得多，这种基于网页布局的方法并不能适用于所有的网页；而且这种方法切分的网页粒度比较粗，有可能破坏网页本身的内在特征，难以充分包括整个网页的语义特征。并不是这种方法应用就少，其实有不少应用程序都是基于这种思路进行网页内容分析和处理的，比如有道云笔记，在进行网页笔记处理时就可以简单地选择“保存整个网页”或者是只“保存正文”。

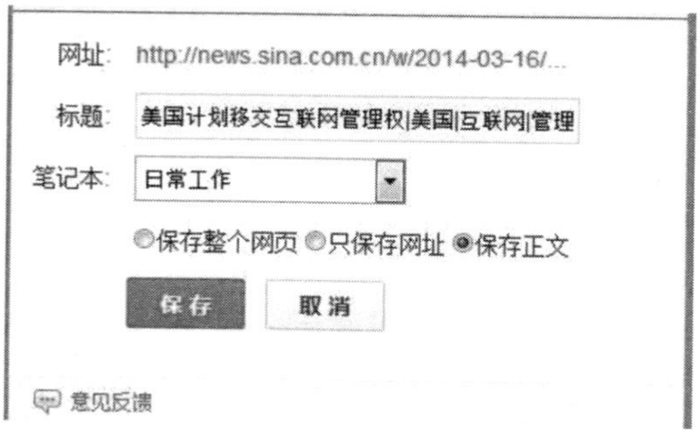

网址: http://news.sina.com.cn/w/2014-03-16/...
标题: 美国计划移交互联网管理权|美国|互联网|管理
笔记本: 日常工作
○保存整个网页 ○只保存网址 ◉保存正文
保存 取消
意见反馈

图 3—9 有道云笔记对内容分块的应用（来源：易目唯）

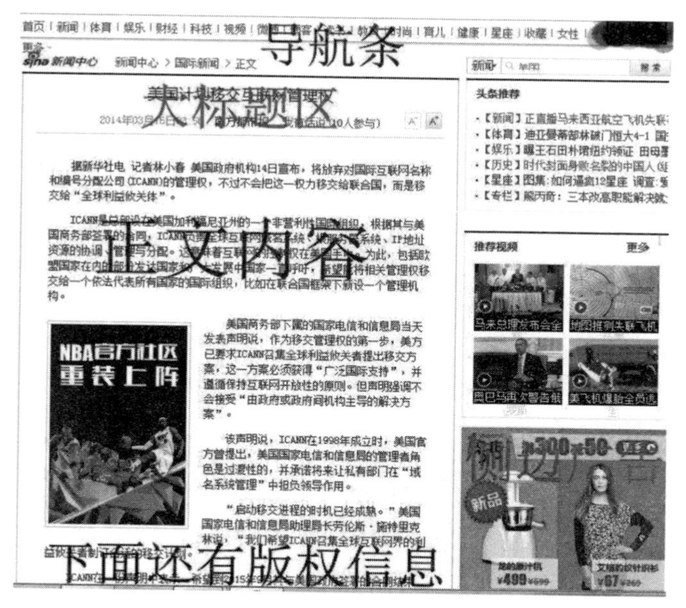

图 3—10 简单的网页分块示意（来源：易目唯）

（2）基于文档对象模型（DOM）的分块法

找出网页 HTML 文档里的特定标签，利用标签项将 HTML 文档表示成一个 DOM 树的结构，这些标签包括 heading（H 标签，文本标题标签）、table（表格标签）、list（列表模板标签）等等。在许多情况下，文档对象模型不是用来表示网页内容结构的，所以利用它不能够准确地对网页中各分块的语义信息进行辨别。

（3）基于视觉特征网页分块法（VIPS）

利用字体、颜色、大小等网页版面特征，根据一定的语义关联，将整个网页表示成一棵 HTML DOM 树；利用横竖线条将 DOM 树节点所对应的分块在网页中分隔开来，构成网页的标准分块。每个节点通过一致度（DOC）来衡量它与其他节点的语义相关性，从而将相关的分块聚集在一起。

2. 基于DOM树的净化方法

这种净化方法是先将 HTML 中的标签按照功能分类，然后提取出适合网页净化的标签树。HTML 标签分为两类：规划网页布局的标签和属性标签。网页是由若干内容块组成，而内容块是由特定标签规划出。常用的特定标签有 <table>、<div>、<p> 等。属性标签主要用来描述网页中的内容，比如，<b> 标签说明它所包含的内容用粗体来显示。依据特定标签构造标签树中的结点，其他类型的标签信息作为它所在的内容块的属性。标签树构造完成后，网页净化过程就变为对标签树中结点的剪裁（可以参见图 3—11）。

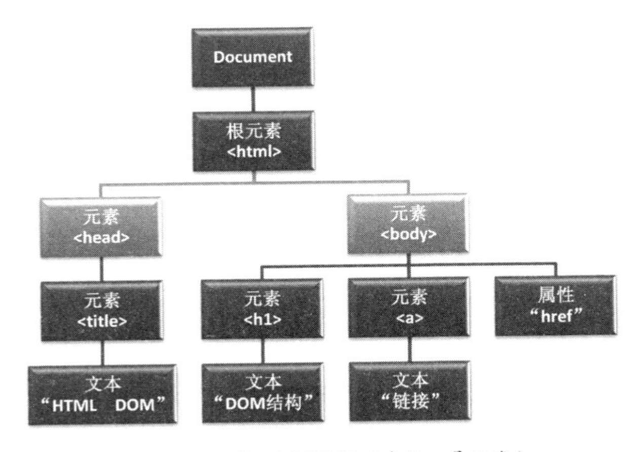

图 3—11 DOM 树示意图（来源：易目唯）

依据内容块中的词项数、图片数与超链接数的比值可以将每个内容块进行归类，可分为主题型、多链接型、图片型等。比如，该内容块中的词项数与图片数的比值小于某个值，那么就可以将该内容块划分为图片型；如果内容块中超链接数与该块中总词项数的比值大于某个值，该内容块就是多链接型。

按照上述思路，一般的 Web 网页可以分为三类：主题网页、目录网页和图片网页。针对这三种网页的净化方法也略有不同。在目录型网页中，大多数的内容块都是多链接型的，因此重要的信息通常分布在网页中间区域，而网页边缘信息的重要性相对较弱，比如新浪新闻首页等就是最典型的目录网页。因此，对于目录型网页，我们可以将网页中间区域的内容块作为网页的主题内容，而其他内容块则通过与主题内容计算相似性等多种方法来进行取舍。对于图片网页，由于网页中文字较少，保留网页中间区域的图片内容块就可以完成网页净化的功能。主题网页的净化过程相对复杂一点，首先要识别出网页中的主题内容块，然后依据主题内容在其余内容块中识别出与主题相关的内容块，最后剩下的内容块就是“噪音”，可以直接忽略掉。

主题内容块的识别一般可依据如下启发式规则：主题网页中的正文通常有很多成段的文字（包括各种标题），中间一般不会有太多的超链接，而非正文信息多伴随着超链接出现。因此，在主题网页中，如果一个内容块是主题类型的，则该内容可以视作网页主题内容的一部分。按照这一规则，深度优先遍历 DOM 树，然后依次记录主题类型的内容块，就可以得到该网页的主题内容。

3. 元数据提取的应用

随着网络研究与应用的发展，单纯的网页内容已经不能满足需求，网页元数据开始得到越来越多的广泛使用。所谓元数据，就是数据仓库建设过程中所产生的能够描述数据及其环境的数据，包括数据源定义、目标定义、转换规则等关键数据，有时还包含关于数据含义的商业信息。在网络检索和搜索引擎领域，单纯依赖关键词匹配的方法明显过于单一，通过内容类别、摘要等元数据的合理使用，既能满足用户多角度查询的需求，也能使查询的准确性得到大幅提高。而主题搜索（包括后文谈到的垂直搜索）、个性化信息服务（如企业搜索）以及数字图书馆等，对于资源元数据信息的依赖性非常高。因此，准确、高效地提取必要的元数据的实际应用价值很高，也是内容分块方法的实际应用之一。

元数据和主题内容的提取可以参考和借鉴网络信息采集领域的许多研究成果，如从 HTML 网页中提取语义信息等。早期的网页语义信息提取方法：针对某一类具体网页，先通过人工提取该类网页中的内容组织模式，然后信息采集系统根据该模式从属于该类的网页中再提取相应的内容。对元数据和主题内容的提取可以采用类似的办法，但这些方法也有其局限性——需要人工提取内容组织模式。目前的网站浩如烟海，网页类型数不胜数，对于每类网页都进行人工提取内容组织模式显然是不适用的。这时候，与前面提到的网页位置分块法、视觉特征分块法等净化方法配合使用就可以事半功倍。

HTML 网页的内容组织模型一般包含网页识别、网页类型、内容类别、标题、关键词、摘要，正文、相关链接等要素，其中正文和相关链接属于网页内容数据，而其他 6 项属于网页元数据。

网页类型：一般分为三类：主题网页（topic）、目录网页（hub）、图片网页（pic）。其中，目录网页也有人称之为 Hub 网页，如导航网站 hao123 的首页就可以认为是一个典型的高质量目录网页。

内容类别：是从语义上对网页的内容进行分类，是计算机获取网页语义信息的一个直接手段。

标题、关键词、摘要：是概括描述 Web 网页内容的重要元数据。

正文：是原始网页中真正概括描述主题的部分。

二 文本信息处理技术

随着互联网内容的爆炸性增长，网络信息处理变成了信息处理技术关注的热点。考虑到互联网上的主要内容是标记文本，因此文本信息处理技术在网络信息处理方面发挥着很大的用处。目前，关于互联网信息处理的基础技术主要有中文分词技术、文本分析技术、文本过滤技术等。

1. 中文分词技术

（1）中文分词技术概述

所谓分词，就是将完整的句子划分为一个个词条的过程。众所周知，英文的句子是以词为单位的，词和词之间靠空格隔开，而中文是以字为单位，句子中所有的字连起来才能描述一个意思。例如，英文句子“I am a teacher”，对应的中文句子则为“我是一名教师”。对于英文句子，计算机可以很简单地通过空格知道“teacher”是一个单词，但是不能很容易明白“教”、“师”两个字合起来才表示一个词。把中文的汉字序列切分成一个个有意义的词的过程，就是中文分词，有些人也称为切词。“我是一名教师”，分词的结果是“我 是 一名 教师”。中文分词面对的另外一个难题就是对词库中未收录词语的识别，尤其是一些时间词、数词、人名、地名、网络新词等，比如2013年网上流行的“十动然拒”、“不明觉厉”、“普大喜奔”、“我伙呆”，等等。

中文分词是中文信息处理技术的基础，搜索引擎只是中文分词的一个应用，其他的还有机器翻译（如谷歌在线翻译）、语音合成（如科大讯飞的语音合成技术）、自动校对（如Word自动校对）等，都需要用到分词技术。分词准确性对搜索引擎来说十分重要，但如果分词速度太慢，即使准确性再高，对于搜索引擎来说实用性也不高，因为搜索引擎需要处理数以亿计的网页，如果分词需要时间过长，就会严重影响搜索引擎内容更新的速度。因此对于搜索引擎来说，分词的准确性和速度都很重要。

目前研究中文分词的大多是科研院校，清华、北大、中科院、北京语言学院、东北大学、IBM研究院、微软中国研究院等都有自己的研究队伍，而真正专业研究中文分词的商业公司并不多。据悉，Google的中文分词技术采用的是美国Basis Technolog公司提供的中文分词技术，百度、搜狗应该使用的都是自己公司开发的分词技术。从实际的搜索情况看，在中文搜索方面，百度等国内公司的效果更好一些。

（2）分词算法

现有的分词算法可分为三大类：基于字符串匹配的分词方法（机械分词方法）、基于理解的分词方法和基于统计的分词方法。

①匹配分词法

基于字符串的分词方法就是将待分拆的汉字串与机器词库中的词条进行匹配。这是种常用的分词法，百度就是用此类分词技术（见图 3–11）。

如果细分的话，字符串匹配的分词方法，又可以分为正向最大匹配、反向最大匹配和最短路径分词等 3 种。

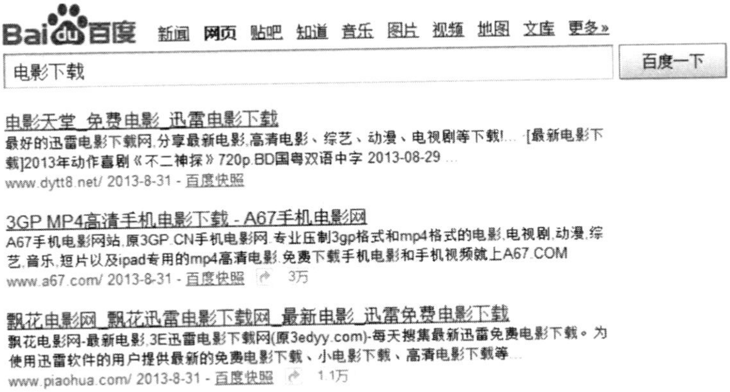

图 3—12　百度：大于 4 个字的词将被分拆（来源：易目唯）

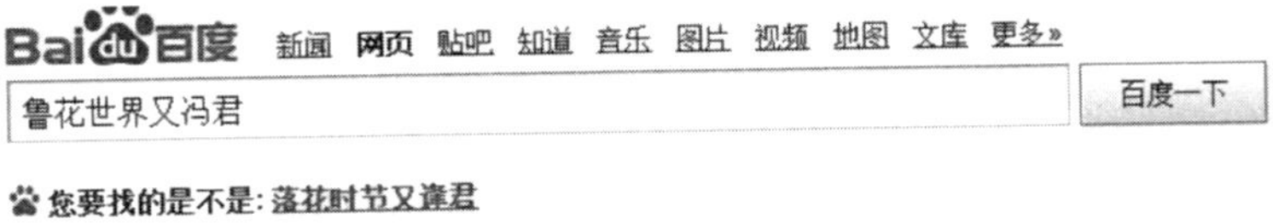

Bai百度 新闻 网页 贴吧 知道 音乐 图片 视频 地图 文库 更多»

鲁花世界又冯君　百度一下

您要找的是不是：落花时节又逢君

图 3—13　百度的专用词标注（来源：易目唯）

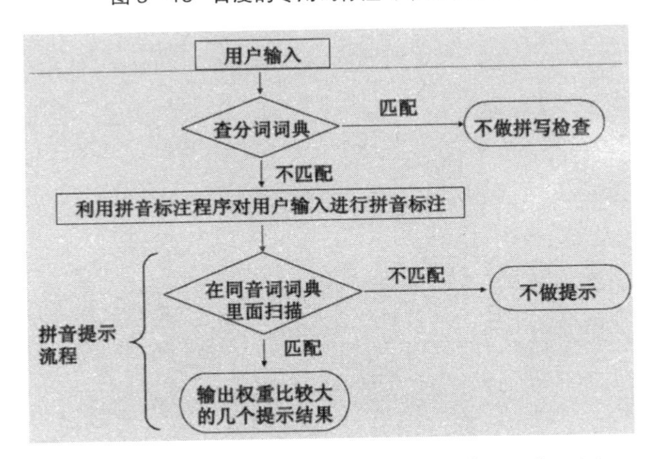

图 3—14　百度输入拼音的分词提示流程（来源：易目唯）

● 正向最大匹配法

正向最大匹配法（Maximum Matching Method）通常简称为MM法，其基本思想为：设D为词典，MAX表示D中的最大词长，string为待切分的字串。MM法是每次从string中取长度为MAX的子串与D中的词进行匹配。若成功，则该子串为词，指针后移MAX个汉字后继续匹配，否则子串逐次减一进行匹配。通俗地讲，就是把一个字符串从左至右来分词。

举个例子，"不知道你在说什么"，这句话采用正向最大匹配法就可以分为"不知道，你，在，说什么"。

● 反向最大匹配法

反向最大匹配法（Reverse Maximum Matching Method），通常简称为RMM法。RMM法的基本原理与MM法相同，不同的是分词的扫描方向是从右至左取子串进行匹配。

"不知道你在说什么"，如果采用反向最大匹配法来分，就要分成"不，知道，你，在，说，什么"，这种方法划分出来的词就比较多了。

● 最短路径分词法

最短路径分词法就是指，将要切分的字符串分成的词要是最少的。"不知道你在说什么""不知道，你在，说什么"，这就是最短路径分词法，只分出来3个词。

统计结果表明，单独使用正向最大匹配法的错误率为1/169，约6‰；单纯使用反向最大匹配法的错误率为1/245，约4‰，比正向最大匹配法降低了接近1/3。

基于词典的分词算法，对于在词典中存在的词分词的精确度很高，但是不能很好地解决歧义问题，尤其是人名、地名、网络新词等，因此经常和其他分词算法结合在一起应用。

②理解分词法

理解分词法，也称为基于人工智能的分词方法，是通过让计算机模拟人对句子的理解，达到识别词的效果。其基本思想就是在分词的同时进行句法和语义分析，利用句法和语义信息来处理可能出现的歧义现象。

理解分词系统通常包括分词子系统、句法语义子系统和总控等三部分。

在总控部分的协调和管理下，分词子系统可以根据有关词、句子等的句法和语义信息来对分词歧义进行判断，模拟了人对句子的理解过程。这种分词方法需要使用大量的语言知识和信息，目前基于理解的分词方法主要有专家系统分词法和神经网络分词法等。由于汉语语言知识的笼统、复杂性，难以将各种语言信息组织成机器可直接读取的形式，因此目前基于理解的分词系统还处在试验阶段。

③统计分词法

按照我们的常识，词可以看作字的稳定组合，因此在文档中相邻的字同时出现的次数越多，就越有可能构成一个词。因此统计分词法就是根据字与字相邻共现的频率或概率，通过统计手段来反映成词的可信度。

字与字的互现信息体现了汉字之间结合关系的紧密程度，根据统计结果，当某一组字的紧密程度高于某一个阈值时，便可以认为该字组可能构成一个词。在实际应用中一般是将其与基于词典的分词方法结合起来，既发挥了匹配分词切分速度快、效率高的特点，又利用了统计分词法结合上下文识别生词、自动消除歧义的优点。

当然，任何一种分词算法都不是完美的，各有优缺点：基于词典的匹配分词算法的优点是简单、易实现，缺点是匹配速度慢，不能很好地解决歧义以及未收录词等问题；基于统计的分词算法的优点是可以发现歧义切分，缺点是统计语言的精度和决策算法在很大程度上决定了解决歧义的方法，并且计算速度较慢，需要一个长期的学习过程才能达到一定的统计精度。由于中文知识的博大精深，难以将各种语言信息组织成机器可直接读取的形式，因此目前理解分词系统还处在试验阶段，距离大规模商用还有很远的距离。

2.文本分析技术

文本分析是把从文本中抽取出的特征词进行量化，用这些特征词来表示文本信息，这样就将它们从一个无结构的原始文本转化为结构化的计算机可以识别处理的信息，即对文本进行科学的抽象，建立相应的数学模型，用以描述和代替文本，这样计算机就可以通过对数学模型的计算和操作来实现对原始文本的识别。

（1）文本特征抽取

目前，有关文本分析的研究主要集中于文本分析模型的选择和特征词选择算法的选取上。用于表示文本的基本单位通常称为文本的特征或特征项。特征项必须满足一定的要求，诸如，能够确实标识文本内容；可将目标文本与其他文本相区分；特征项的数量不能太多；特征项分离要比较容易实现。在中文文本中一般采用字、词或短语作为表示文本的特征项。相比较而言，词比字具有更强的表达能力，而切分难度又比短语的切分难度小得多，因此，目前大多数中文文本分析系统都将词作为特征项，称作特征词。

这些特征词作为文档的中间表示形式，用来实现文档与文档、文档与用户目标之间的相似度计算。如果把所有的词都作为特征项，则特征向量的维数将过于巨大，从而导致计算量太大，要真正实现文本分析几乎是不可能的。特征抽取的主要功能是在不损伤文本核心信息的情况下尽量减少要处理的单词数，以此来降低向量空间维数，从而简化计算，提高文本处理的速度和效率。文本特征抽取对文本内容的过滤和分类、聚类处理、自动摘要以及用户兴趣模式发现、知识发现等有关方面的研究都有非常重要的影响。

特征选取的方式常见的有 4 种。

- 用映射或变换的方法把原始特征词简化为数量较少的新特征。
- 从原始特征中挑选出一些最具代表性的特征。
- 根据专家知识库挑选最有影响的特征。
- 用数学的方法进行选取，找出最具分类信息的特征，这种方法比较精确，人为因素的干扰较少，适合于文本自动分类挖掘系统的应用。

随着网络知识组织、人工智能等学科的发展，文本特征提取将向着数字化、智能化、语义化的方向深入发展，具体的文本特征向量以及各种评估函数等就不在此详述了。

（2）文档聚类

考虑到同类的文档相似度较大，而不同类的文档相似度较小，因此文档聚类作为一种机器学习方法，不仅不需要训练过程，甚至不需要事先对文档手工标注类别，因此具有一定的灵活性和较高的自动化处理能力，已经成为对文本信息进行有效地组织、摘要和导航的重要手段，在搜索引擎、舆情分析等领域具有广泛的应用。

文档聚类在多文档自动文摘、数字图书馆、RSS 等方面具有重要作用。聚类方法通常有层次聚类法、平面划分法、基于密度的聚类法、基于网格的方法、基于模型的文本聚类等，具体算法和模型可以参考相关书籍。

（3）文档分类

文档分类和文档聚类虽然字面上只有一字之差，但有着本质区别：文档分类主要基于已有的分类体系表，而文档聚类则没有分类表，只是基于文档之间的相似度进行聚合。

分类体系表一般是对某一领域进行准确、科学划分得到的知识体系，如果用户刚接触一个领域想了解其中的情况，或者用户难以准确地表达自己的信息需求时，分类体系表就特别有用。传统搜索引擎中目录式搜索引擎，比如早期的雅虎搜索，就属于分类的范畴。

另外，用户在利用搜索引擎进行某个关键词检索时，往往会得到成千上万篇的文档，这让他们在决定哪些网页链接是与自己需求相关时会比较麻烦，如果系统能够将检索结果分门别类地呈现给用户，则显然会减少用户分析检索结果的工作量，这也是自动分类的重要应用之一。

文档自动分类一般采用统计方法或机器学习来实现，常用的方法有决策树、神经网络、线性最小平方拟合、kNN（K– 最近邻参照分类算法）、遗传算法、支持向量机等。

（4）自动文摘

互联网时代，无论是文本信息、企业内部文档及数据库内容都在快速增长，互联网上的信息更几乎每年都在以 50% 的速度增长，离开搜索引擎查找信息几乎成了一件不可能完成的工作。利用搜索引擎或者检索工具后，用户虽然可以得到众多的返回结果，但其中许多结果都是与用户需求无关或关系不大的。如果要人工剔除这些文档，则必须阅读完全文，需要用户付出很多劳动，而且效果难以保证。自动文摘能够将文档的主要内容通过摘要等形式呈现给用户，帮助用户决定是否要阅读原文，以节省大量的浏览时间。简单地说，自动文摘就是利用计算机以及相关技术，自动地从原始文档中提取出能全面准确地反映该文档核心内容的文摘的过程和方法。

按照生成文摘的句子来源，自动文摘方法可以分成机械文摘和理解文摘两类。机械文摘是通过文本分析后使用原文中的句子来生成文摘，特点是简单实用，但是生成的文摘质量难以有质的提升；理解文摘是根据对文档内容的深入理解自动生成句子来表达文档的内容，功能看似更强大，也更智能化，但在实际的实现过程中，自动生成句子是一个比较复杂的技术问题，至少在相当长的时间内难以得到真正的推广应用。目前，自动文摘大多用的是机械文摘，即抽取生成法。

3.文本过滤技术

文本过滤是指从海量文本中寻找出满足用户需求的文本或者剔除用户不需要信息的过程，既可以帮助用户高效准确地寻找到自己感兴趣的信息，又可以过滤掉与需求无关的垃圾信息，更可以对网络上包括暴力、色情、邪教等主题的不良信息自动过滤，从而保障网络安全。这些不良信息的过滤主要通过过滤模板对其进行自动过滤，基本不需要用户的人工参与。主题性的信息过滤多基于统计算法利用关键词匹配技术来过滤，但这种信息过滤只能过滤出与主题相关的文本，难以区分文章的立场和态度，因此除了对文档进行主题分析外，还要对文本进行语义分析，从而对用户的信息需求进行精准对接和满足。

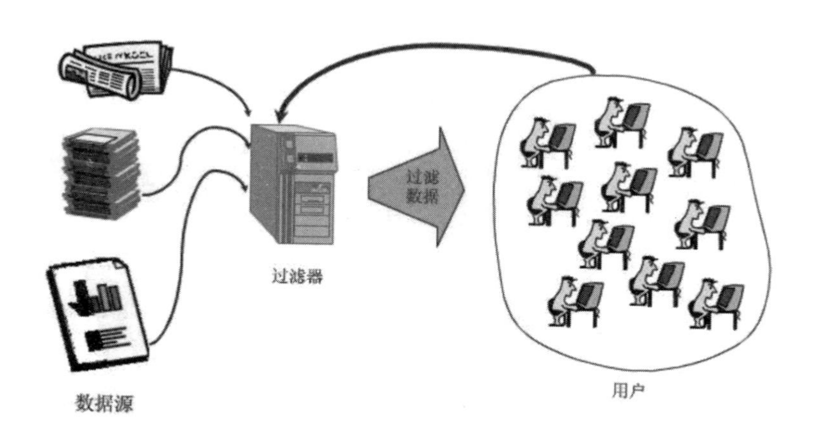

图 3—15 文本过滤示意图（来源：互联网）

（1）文本过滤的研究概况

1982 年，Denning 在 CACM（Communication of Association for Computing Machinery）中首次提出了“信息过滤”的概念，主要用过滤机制区别电子邮件中的紧急邮件和一般邮件。1989 年，DARPA 美国国防国际研究项目资助了第一届“Message Understanding Conference”，将自然语言处理技术引入到信息研究中，极大地推动了信息过滤的发展。20 世纪 90 年代开始，著名的 TREC（文本检索会议）每年都会把文本过滤作为一个重要的研究内容，文本检索和文本过滤技术开始发展；从 TREC-4 开始，增加了文本过滤的项目；从 TREC-6 开始，文本过滤的主要任务开始确定下来；1998 年的 TREC-7 又开始将过滤项目细分，通过适应性过滤、批过滤和路由寻径等三种方式进行文本过滤，对于信息过滤技术的研究更加深入。

随着信息过滤需求的增长和研究的深入发展，其他领域的许多技术被应用到文本过滤中，如信息检索中的相关反馈、文本检索中的向量空间模型技术、文本分类与文本聚类技术等，极大拓展了信息过滤的研究广度，也在不断推动信息过滤研究与技术应用走向完善和成熟。

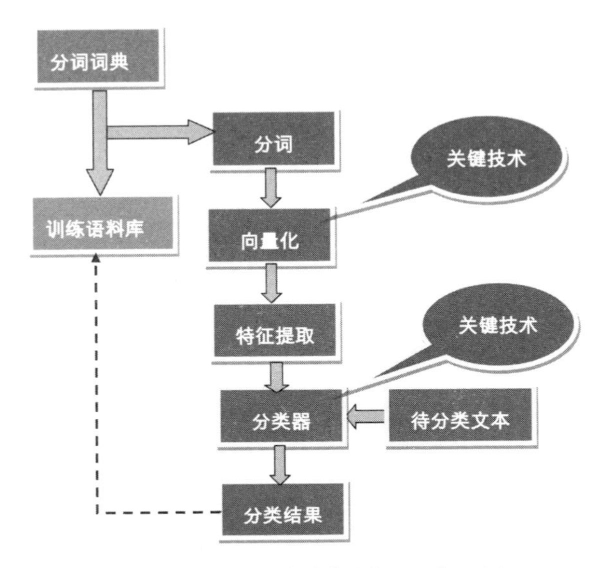

图 3—16　分词与文本过滤（来源：易目唯）

（2）文本过滤方法

现有的文本过滤技术大致可以分为黑 / 白名单、基于数据库的过滤、关键字匹配过滤和基于内容理解的过滤。

其中，黑白名单是一对相互对应的概念。如在电脑系统里，有很多软件都应用到了黑白名单规则，操作系统、防火墙、杀毒软件、邮件系统、应用软件等，凡是涉及到控制方面几乎都应用了黑白名单规则，比如 360 安全卫士。从图 3–17 中可以看到，被阻止的程序和网址（即黑名单）启用后，被列入到黑名单的程序、网址等不能通过；如果设立了信任网址和程序（白名单），则在白名单中的程序、网址、邮件等会优先通过，安全性和快捷性都大大提高。

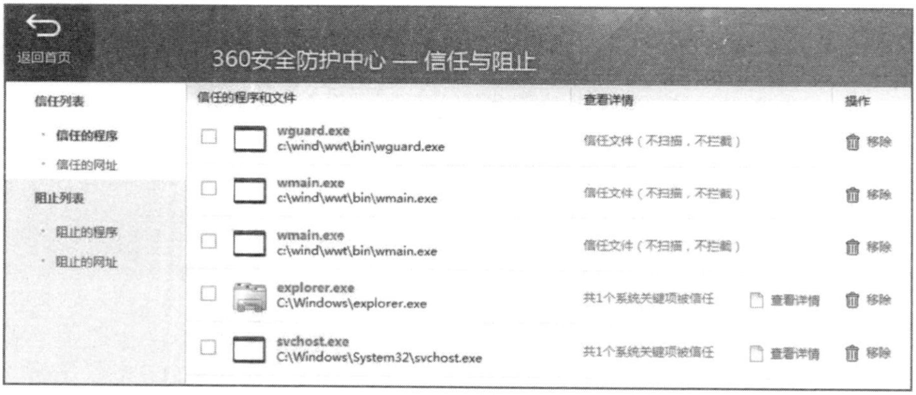

图 3—17　360 防护的黑白名单功能（来源：易目唯）

基于数据库的过滤主要应用在互联网中非法网站的过滤，它事先将需要进行访问控制的 IP 地址或者 URL 列表保存在访问控制表中，通过查表比对方式实现访问控制。但是数据库过滤也有其局限性，对于寄生在综合性网站内的不良信息、一些经常性变更 IP、URL 的网站以及通过多级代理方式的非法网站无法过滤。

关键字匹配过滤，或者关键词过滤，是对网络传输信息进行预过滤、嗅探指定的关键字，并进行智能识别，检查网络中是否有违反特定策略的行为。这种过滤机制具有很强的主动性，一旦嗅探到特定的关键词就可以对包含关键词的信息进行阻断连接、取消或延后显示、替换、人工干预等处理。关键字过滤主要布置在路由器、应用服务器、终端软件端，多用于网络访问、论坛、网志、即时通讯、电子邮件等过滤。基于关键字的文本过滤技术由于算法简单，因此过滤速度比较快，但是这种过滤方法一般不考虑上下文的关联性，漏报、错报现象比较多。另外，用于过滤的关键字通常是人们常使用的词，而且数量比较有限，因此有些非法内容的发布者可能有意避开这些关键词，用其他的词或者图片替代，使得关键词过滤技术失去用武之地。

基于内容理解的过滤，也可以称作智能过滤，是对获取的信息内容进行识别、判断、分类，确定其是否为需要过滤的目标内容，并对已确定的目标内容进行过滤等的技术。智能过滤技术涉及到多个学科和领域，包括自然语言处理、图像处理、数理统计分析、模式识别、数据库、知识论和人工智能等学科的相关理论和技术，过程复杂，难度大，目前的技术还不成熟，而且计算量大，过滤速度慢。

三　多媒体信息监管技术

随着互联网技术的发展，尤其是网络音视频技术的发展，以在线视频、视频下载、互联网电视、视频广告、流媒体、P2P、音乐下载等为传播方式的网络多媒体内容的用户与日俱增。与此同时，包含淫秽色情、暴力血腥、恶搞、变态、盗版的不良多媒体内容也在通过互联网传播。因此，迫切需要对现有的互联网多媒体内容监管系统进行升级，开展对P2P、在线音视频、基于手机视听节目网站等新传播手段的监管和分析，构建统一的互联网多媒体内容监管综合平台，提高对互联网上以HTTP、RTSP、MMS、WAP、P2P等方式传播的视音频网站节目的监管水平，实现对互联网传播的视听节目进行有效地监测。

1. 图像识别技术

图像识别技术，主要包括图像预处理、图像特征提取与向量表示、分类模型训练与识别等。其中，图像的预处理包括对图像大小的调整、图像光照的消除；图像的特征提取主要是对图像中皮肤区域的监测和分割后，对皮肤区域信息进行特征提取与向量描述，最后将得到的图像特征向量送到分类模型中进行训练和识别。

（1）图像预处理

为了减少后续算法的复杂度和提高效率，图像的预处理是必不可少的。其中背景分离是将图像区与背景分离，从而避免在没有有效信息的区域进行特征提取，加速后续处理的速度，提高图像特征提取和匹配的精度；图像增强的目的是改善图像质量，恢复其原来的结构；图像的二值化是将图像从灰度图像转换为二值图像；图像细化是把清晰但不均匀的二值图像转化成线宽仅为一个像素的点线图像。

（2）图像特征提取

图像特征提取负责把能够充分表示该图像唯一性的特征用数值的形式表达出来，尽量保留真实特征，滤除虚假特征。这与前面所述的文本特征抽取具有异曲同工之处。

（3）图像匹配

在图像识别系统中，要将目标图像要与特征库中的 N 张有近似之处的图像进行匹配，为了减少搜索时间，降低计算的复杂度，需要将图像按照不同的特征量分配到不同的图像库中。而图像匹配则是在图像预处理和特征提取的基础上，将当前输入的目标图像特征与事先保存的模板图像特征进行比对，通过它们之间的相似程度，判断这两幅图像是否一致。如属于已知图像库，则系统会按照对应的图像属性（正常、违规）进行处理。此功能处理速度快，也是进行图像识别和过滤的主要手段。

当然，除了这种最常用的技术外，图像识别还有模糊识别法、神经网络识别法等。不过，总体来说，图像识别和过滤技术的很多方法还有待完善，而且分析与计算也比较复杂，对于系统资源的占用比较高，难以大规模部署。

2.音视频监管技术

与文本、图像等相比，互联网上音视频内容更呈现出爆炸式增长，难以快速、高效、全面地获取，而且音视频网站范围难以界定、节目信息无法准确判断和抽取。同时，互联网内容变化快，违规内容可能会随时出现，监管及时性无法保证。另外，海量的音视频节目资源，单纯靠人工浏览的方式进行搜索、分拣和节目管理，工作量大效率低，且无法对相应内容进行实时准确的检索。相对于传统基于有线电视专网的数字电视以及基于电信专网的IPTV业务而言，互联网音视频业务的开放性、融合性和复杂性程度更高，因此监管的难度更大，对监管技术的需求也更高。

图3—18 网络视听媒体的不完全分类（来源：易目唯）

（1）统一监管技术平台

由于目前针对IPTV、互联网电视、数字电视等实行牌照准入制度，因此为统一的集成播控平台提供了可能（见图3-19）。根据中国国务院《推进三网融合的总体方案》和《三网融合试点方案》，IPTV率先实现了全国集成播控平台的建设——由中央电视台（具体由中国网络电视台，CNTV）会同地方电视台，按照全国统一规划、统一标准、统一组织、统一管理的原则联合建设（见图 3—19）。随着中国网络电视台和上海文广合资公司爱上电视传媒的正式成立，IPTV 的统一集成播控平台终于变成了现实。

根据国家新闻出版广电总局“43 号文”的有关规定，由中央电视台负责的 IPTV 集成播控总平台主要负责：全国性节目源的集成、分发和播出情况监看；全国 IPTV 平台系统软件的统一设计开发；全国 IPTV 信源编码、传输以及技术接口标准的统一选择和制定；全国 IPTV 节目菜单的统一设计和管理；全国 IPTV BOSS 系统和计费系统的统一管理；全国 IPTV 数字版权保护系统的统一部署和应用；全国性 IPTV 内容平台接入认证；全国 IPTV 经营数据的管理与统一；全国性增值服务项目的规划和开发。

这种统一的监管技术平台目前还仅在 IPTV 业务上采用，但是其无疑具有很强的示范效应。另外，国家新闻出版广电总局监管中心也在对全国广播电视及新媒体技术应用和内容播出实现全面监控，对部分电视广播和网站存在的片面追求经济效益，无视政府法规，大量播放、链接淫秽色情、暴力的不良内容的节目，严重污染网络社会环境，毒害群众、特别是青少年的身心健康的行为予以监控和排查。

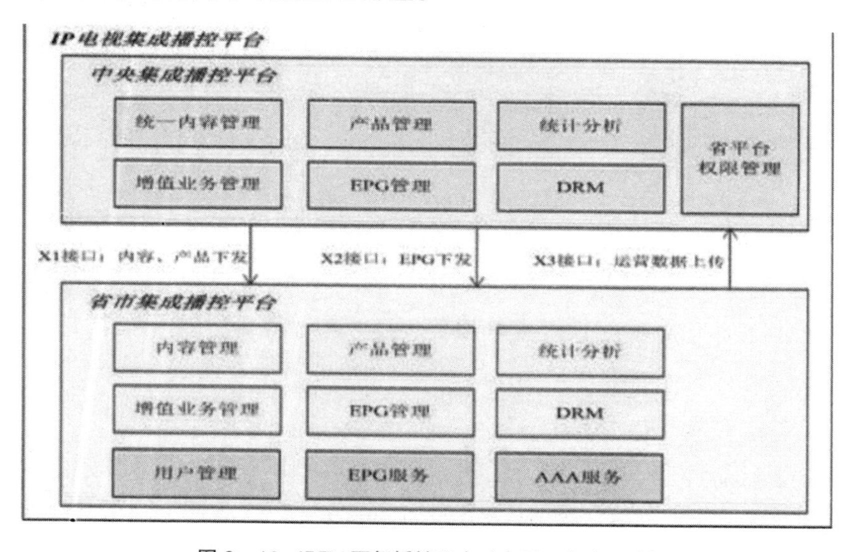

图 3—19 IPTV 两级播控平台（来源：中广互联）

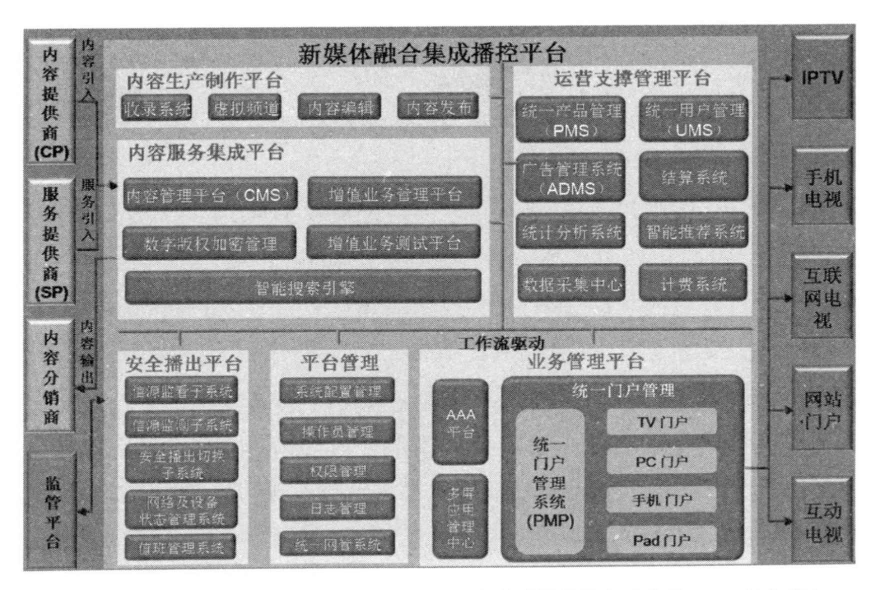

图3—20 UT斯达康“奔流”视听新媒体融合集成播控平台（来源：UT斯达康）

（2）网络音视频监管系统

网络音视频节目监测系统可以通过快速扫描互联网上视音频网站，发现和获取互联网上传播的视音频节目，并对传播视音频节目的网站进行监管，通过技术手段发现视频节目的传播源头，追踪传播内容，监控传播主体。

从本质上说，这种监管系统在技术模式上与文本监管系统有很多相似之处。首先是音视频网站采集，根据音视频网站的特征，及时发现新增的视音频网站，并存入视音频网站库。随后，对互联网音视频网站进行搜索，通过分布式并行采集、上下文抽取分析等技术快速抓取节目信息；对发现的疑似违规节目进行自动录制，并存入本地的视音频节目库，方便下次查询取证，同时对发现的视音频网站进行自动归类、统计；针对暴力血腥、淫秽色情、政治有害等敏感内容进行监控，系统对发现的敏感节目进行自动归类显示，方便用户查看。

这种网络音视频监管系统一般要用到视频检索技术、音频检索技术、视频摘要技术等。

特定视频片段的检索技术：首先对采集到的视频节目进行离线处理，切分成不同的镜头，然后对镜头进行内容分析，建立相应的索引。对于用户提交的查询片段也进行镜头分割与内容分析，通过基于近似邻近搜索和窗口投票片段比对方法查找到相应的片段。

视频摘要技术：先将一段视频划分为一个一个的镜头，然后根据各个镜头的时间长短、复杂程度、内容重要性等因素从中抽取一个或者多个关键帧作为摘要，其核心算法是SVM支持向量机和图分割模型的镜头边界监测方法。细分的话，视频摘要技术主要有视频略览（Video Summary）和视频梗概（Video Skimming ）两种模式。其中，视频略览通过静态视频摘要模式提供快速的浏览方式，即通过一系列关键帧、对象、组成相应的语义单元，概括表示镜头内容，并支持视频快速导航，其生成速度快，但忽略了音频信息；而视频梗概是动态视频内容的浓缩，保持了视频内容随时间动态变化的特征，融合了图像、声音和文字等信息。

音频检索技术：采用网络爬虫技术，对互联网音频文件通过特征提取建立内容索引库，支持用户进行特定内容的音频检索，从而实现对网络音频信息的监管。音频特征提取有两种技术思路：一种思路是从叠加音频帧中提取特征帧，其原理在于音频信号是短时平稳的，所以提取的特征较稳定；第二种思路是从音频片段中提取，因为任何语义都有时间延续性，在较长一段时间内提取音频特征可以更好反映音频所蕴涵的语义信息。

音频检索技术可应用于网络广播的制作、监控等多个环节。通过音频检索算法对所需音频段内容进行比对，能够快速便捷地从众多音频数据库中找出需要的音频信息。另外，随着网络音频的监控方式趋向智能化，音频检索算法能够实现对播出链路上的音频内容进行实时监控比对。与目前人工巡听的广播内容监控手段相比，智能化音频检索监控手段能够增强对传统广播和网络广播播出内容的监管力度，有效阻截不良、非法言论等可疑信号的播出。

其实，目前有些公司推出的影视基因技术和上述技术基本类似，也是从音视频中提取特征码，多应用于新媒体版权管理、网络音像内容监管、网络视频定向广告动态插播以及新一代搜索引擎等热点领域。据称，影视基因技术的应用客户包括美国好莱坞六大电影集团、中国国家版权局、广电总局、CCTV、新华社、中国版权保护中心以及优酷网等。

（3）数字水印技术

数字水印技术在互联网音视频的应用主要是版权保护，其是一种用于数字媒体的版权标记技术，运用数字嵌入的方法，将具有特定意义的标记隐藏在视频、音频等数字媒体中，进行有效的数字媒体版权保护。这样可以在影片原始内容之上加上数字信息，这些信息人眼看不到（水印），但在摄像机上却一清二楚。在数字影片加水印比传统胶片要省时，而且可以附加详细的信息，如放映的地点、日期和时间。这样摄像机上的图像就会记录盗版的时间和地点，如此一来，发行商就可以和电影院共同来提升该场所的安全措施。

数字视频水印技术，可以适用于包括电影公司、影片版权所有者、电影后期制作公司、发行商等在内的任何视频媒体所有者，并为其视频产品提供版权监控和盗版追查的有效技术支持。目前提供商品化数字水印软件的公司，国外的主要有 Digimarc 公司、Signum 技术公司、Aliroo 有限公司、Alpha 技术公司、MediaSec 技术公司、惠普和 Thomson 等，国内的主要有 Aniiy Lab、阿须数码和百成科技等。为适应于市场需求，不少公司正大力开发多媒体数字水印产品，随着 DCI 规范的出台，数字水印技术在数字影院系统中的应用必将崭露头角。

（4）网络数据捕获与还原技术

目前网络上的音视频传输方式主要还是以 HTTP、FTP、RTSP 等协议为主。其中，HTTP 协议占很大比重，包括绝大多数在线音视频播放网站和客户端基本上都采用了 HTTP 协议，RTSP 协议多用于流媒体的网络传输。网络协议的还原是网络音视频监管的重要基础技术，涉及到数据包捕获、数据包重组、应用层协议还原以及数据存储等关键技术，但是每种不同的传输协议都需要不同的还原技术。

四　内容过滤技术的应用与部署

中国的过滤软件市场与发达国家相比，还处于发展的初级阶段，多集中在网吧等经营场所，而网吧仅仅是互联网的一个组成部分，更大量的用户还在于学校、单位和个人，这一部分的过滤软件市场尚未很好开发。另外，内容过滤只是内容过滤软件最简单的功能，其最大的用处还是进行互联网访问控制管理、提高单位网络的使用效率。

互联网的开放性导致其内容受限程度很低，基于互联网网关的内容过滤就是在网络的不同关口位置部署访问过滤策略，根据对内容合法性的判断来禁止用户访问不良内容。例如，家长不想让孩子老玩网络游戏，老板不希望员工在上班时间浏览新闻、炒股等与工作无关的信息，政府不允许任何人传播浏览反动和色情信息等，这些都在网关内容过滤的功能范畴之内。

1.个人网络内容过滤

每个人都有使用 IE 浏览器的经验，但是到底有多少人注意和使用过 IE 的“内容分级审查”功能呢？事实上，通过“工具\Internet 选项\内容\分级审查\允许”是可以开启这项功能的（见图 3—21）。

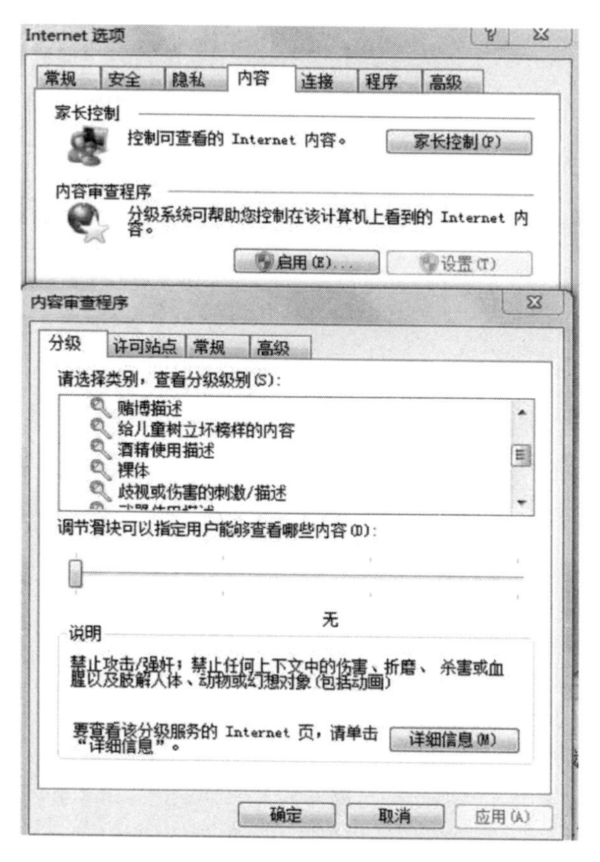

图 3—21　IE 自带的内容审查功能（来源：易目唯）

内容分级审查是根据互联网内容分级联盟（ICRA）提供的内容分级标准，允许或禁止用户访问某些不良网站，可以帮助家长控制孩子的上网行为。不过非常遗憾的是，并非所有的网站都遵守 ICRA 规范。

除了 IE 自带的内容过滤功能外，市场上还有一些需要安装在上网电脑终端的内容过滤软件。这些软件可以在一定程度上控制孩子访问色情、游戏等不良网站，比较适合家庭单机使用。

2. 企业网络内容过滤

企业网络内容过滤是在每一个互联网访问的网络边缘（企业 / 学校网络边缘、网吧网络出口），部署内容过滤工具。这些过滤工具一般是分析网络数据流中包含的 HTTP 数据包，对数据包头中的 IP 地址、URL、文件名、HTTP 进行访问控制。

在网络边缘，内容过滤有两种旁路（Passby）和穿透式（Passthrough）表现方式。旁路内容过滤通常独立于安全网关部署，可以监听网络上的所有信息，并有选择地对基于 TCP 的连接（如 HTTP/ HTTPS/ FTP/ POP3/ SMTP 等）进行阻断，但对无连接报文（如 UDP 报文）就无能为力。穿透式内容过滤根据网络访问请求，做出允许或禁止的判断，并在安全网关上执行过滤的动作。

因此，在安全网关中实现内容过滤，要充分考虑处理效率，需要采取一些适度的办法。通常事先对访问量较大、名气较大的网站和网页内容做分类工作，然后把 URL、IP 地址和内容分类对应起来，例如 www.playboy.com 属于成人网站，news.sina.com.cn 属于新闻网站，ww.baidu.com 属于搜索引擎等。当用户访问这些网站上的页面时，内容过滤产品就可以根据事先的分类进行过滤，达到按内容过滤的目的。

3. 互联网骨干网内容过滤

内容过滤除了在个人电脑和企业网络中的应用，在互联网骨干上也可以实现相同的功能。互联网骨干网的主要任务是在保证网络可连通性的同时，尽可能快速地提供数据交换通道，这就要求网络结构和配置尽可能简单。因此，属于网络高层应用的内容过滤本来不应该在互联网骨干上部署实施，但是出于国家安全的需要，对一些非法网站还是需要进行屏蔽的。

电信运营商在互联网骨干上使用的内容过滤技术主要是DNS过滤（DNS服务器拒绝解析指定URL列表）和IP地址过滤（通过ACL拒绝到指定IP地址的连接）。毫无疑问，这些过滤手段肯定会影响互联网的传输性能和访问效率，但是从维护互联网内容安全的角度出发又是不得不采取的措施，更何况这种影响在技术和现实中也是可以接受的。

另外，现在中国有些地区的宽带运营商还提供“绿色上网”服务，为申请此项服务的用户提供内容过滤的功能，以保护青少年和儿童。这些“绿色上网”服务的原理同以上的内容过滤原理是一样的，不同之处在于每个用户可定制过滤功能。还有些宽带运营商采取了收集“投诉”的方式来维护更新不良内容网址列表，通过奖励上网费用和时间等方式来鼓励宽带用户投诉不良网站。这也是一个不错的思路和值得借鉴的做法。

第四节 上网行为分析与管理技术

随着互联网的迅速发展，各种互联网应用逐步丰富，层出不穷，给我们的工作和生活带来极大便利的同时，也让我们的日常工作、学习与生活也与互联网越来越密切。但不能忽视的是，这些互联网应用也有一些负面影响。P2P下载、即时通讯、电子商务、网上炒股、网络游戏等多种应用共存，用户行为越来越复杂和多样，为包括企业网络、宽带运营商等在内的网络服务商带来了诸多问题。

- 以BT为代表的P2P应用对现有网络带宽提出了挑战，少量的P2P用户占用了大量的网络资源，不但对网络的容量形成了压力，更是对其他用户的合法应用造成了严重影响。
- 即时通讯、网上炒股、网上购物等行为造成员工的工作效率下降，工作任务无法及时完成。
- 对非法网站的访问容易感染病毒和蠕虫，对网络造成破坏，同时对一些不法网站的访问也有可能造成政治上的问题。
- 使用Email、IM等应用向外部随意发送文件，造成内部信息泄漏，对组织产生重大损失。

- 国家公安部 82 号令《互联网安全保护技术措施规定》中要求互联网服务提供者和联网使用单位对网络使用状态及互联网中的安全事件进行记录。

在这种情况下，对网络的应用进行深度的识别分析，并对这些应用加以疏导和控制，同时对用户行为进行监管和审计成为必然，这将使得网络资源得到合理的配置和优化并保证了网络的安全。

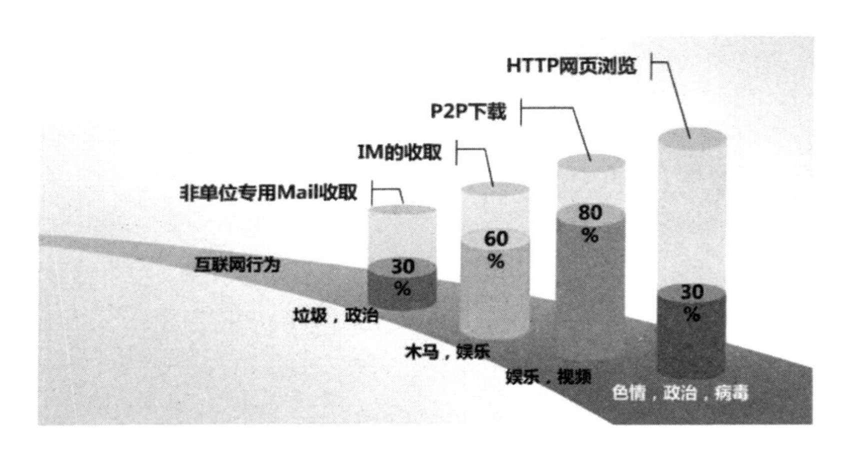

图 3—22　互联网下行内容的合规情况（来源：互联网）

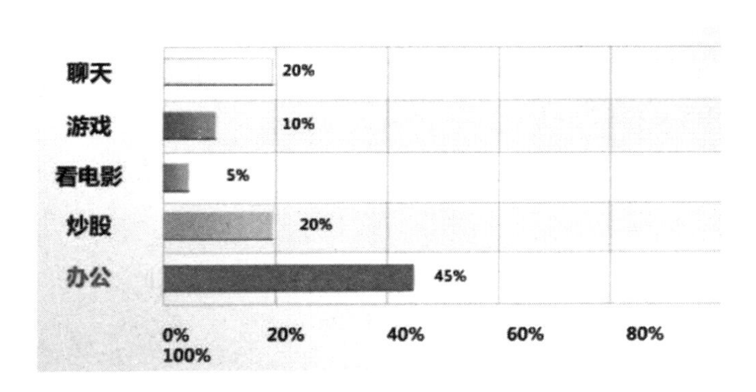

图 3—23　互联网的诱惑导致劳动效率下降（来源：互联网）

一　上网行为管理简介

上网行为管理是应用流量识别和数据采集等技术，对于用户的上网行为进行控制、审计和管理，并可以对审计结果进行查询、统计、分析和挖掘等，以帮助用户有效管理和使用网络。而上网行为管理产品及技术是专用于防止非法信息恶意传播，避免国家机密、商业信息、科研成果泄漏的产品，可实时监控、管理网络资源使用情况，提高整体工作效率。上网行为管理产品系列适用于需实施内容审计与行为监控、行为管理的网络环境，尤其是按等级进行计算机信息系统安全保护的相关单位或部门。①

1. 上网行为管理基本功能

从上述定义可以看出，上网行为管理需要具备三大要素。

- 作用对象是人的行为，而不是设备、IP 或端口。
- 作用在应用层，甚至是以应用层为管道的“第 8 层”（如 Webmail、微博等）。
- 可以对数据进行统计、分析和挖掘，而不仅仅是审计与控制。

上网行为管理必须支持以下基本功能：

- 用户身份感知 / 认证：支持本地、第三方、透明等用户身份感知机制，并能通过本地及第三方联动的方式对用户身份进行认证。
- 应用流量识别与控制：具有完整的应用层流控功能，可对应用流量进行限速或阻断处理，同时支持连接数限制、用户流量配额、基于应用的引流等特性。
- 对主流应用行为进行内容审计、过滤、阻断：包括但不限于对 HTTP、POP3、SMTP、FTP、Telnet 协议、主流 IM 应用、主流 WebIM 应用、主流 WebMail 应用的交互信息、内容、文件传输进行审计、过滤、阻断。对于网页浏览来说，应能基于 URL 分类库进行访问控制，并可基于关键字、内嵌文件类型进行过滤 / 阻断；对于 SMTP 来说，应支持外发邮件延迟审计；对于主流 IM 应用来说，应能对用户账号进行审计。
- 分析报表系统：提供丰富、完善的报表生成系统，为管理员及决策团队提供有价值的参考依据。

---

① 韩勖：《上网行为管理产品、市场与应用现状调研报告》，《格物资讯》，2013年。

2. 上网行为管理扩展功能

目前，上网行为管理正在发生新的革命，一些新的扩展功能得到了用户的极度重视，虽然它们目前还没有成为业界公认的事实标准，但未来有望成为产品定义中的基本功能。考虑到技术应用与产品部署的周期性，用户应该在选型中将其列为评估项目。

- 对主流 Web 2.0 应用进行内容审计、过滤、阻断：能对主流论坛、微博、博客应用中的发帖内容、文件传输进行审计，并可基于关键字进行过滤、阻断。
- 移动终端感知及管理：能识别移动终端类型及其访问网络时的位置，并关联到用户。
- 对主流移动应用进行内容审计、过滤、阻断：能识别主流移动应用，并对应用行为及网页浏览进行审计、过滤、阻断。
- 对主流加密应用（SSL）的审计、过滤、阻断：能够卸载 HTTPs、SMTPs、POP3s 等使用 SSL 套接层的加密流量，并对其执行行为管理策略。
- 准入控制：能独立 / 与客户端联动，对终端执行网络准入控制策略。
- 行为分析：能对审计数据进行挖掘分析，对离职、工作效率、泄密等对用户管理层面存在参考价值的行为做出趋势预测。

从上述介绍可以看出，目前主流上网行为管理产品的四大基本功能已趋于稳定，细节仍在不断完善；大量扩展功能正在需求的驱使下不断涌现，随着时间的推移，它们必将被更多用户所认可，成为上网行为管理必须具有的功能。

二　上网行为管理对象分析

上网行为管理产品主要管理的对象包括上网人员管理、上网应用管理、上网内容管理和上网安全管理等几个方面。

1. 上网人员管理

上网控制也好，上网审计也好，它们最终都与用户的具体身份相关，因此人员才是上网行为管理最终的作用对象。而人是依靠设备接入网络的，随着移动互联网时代的到来，对接入设备（尤其是移动终端）的管理几乎成了共同需求。

出于保密等方面的考虑，一些企业针对接入设备制订了严格的访问控制策略，禁止未备案的设备私自接入网络，比如禁止手机、平板电脑等移动终端在办公室访问互联网。当然，也可以将一个人的多台设备进行关联，执行同样的管理与审计策略，对不同系统、不同类型的终端提供更友好的认证支持等。

同时，移动终端的普及也使得位置成为上网行为管理的重要元素。比如，校园网内可以根据无线终端在校园内不同的接入位置，执行不同的流量控制与审计策略；购物中心可以利用上网行为管理实现了对不同楼层接入用户弹出带有针对性广告的认证页的功能，等等。

2. 上网应用管理

从技术角度看，上网行为管理、流控与下一代防火墙都以应用识别为根本，但在应用流量的管理优化方面，上网行为管理体现出的能力比较一般，主要包括应用阻断、累计应用时长限额、累计流量限额、带宽控制等。

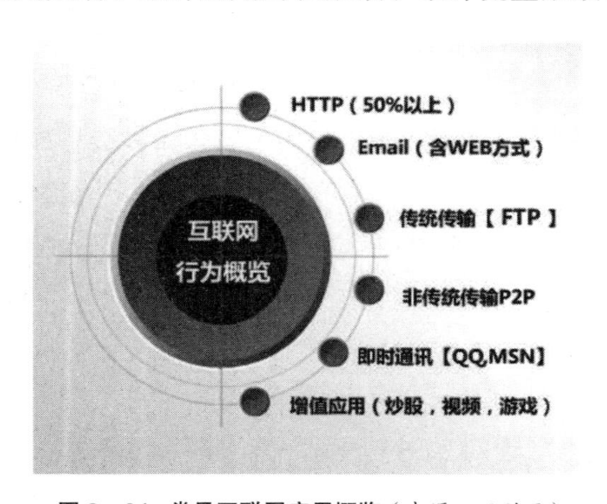

图 3—24 常见互联网应用概览（来源：互联网）

比如，针对 P2P 下载的问题，企业或者运营商可以通过上网行为管理提供下载配额功能，为每个用户限定单位时间内合理的下载配额，既保证 P2P 下载业务数据时的速度，又有效遏制了网络滥用行为的发生。除了应用流量层面，还可以利用上网行为管理对网络访问行为实现更细粒度的控制，如通过身份认证、多线程下载控制和HTTP下载频率控制功能实现下载的精细化管理，有效遏制恶意下载行为。同时，基于应用的白名单访问控制也是上网应用行为管理的重要内容，企业可以利用上网行为管理对员工访问互联网实现了针对应用的白名单控制，只为每个员工开启他们业务需要的应用类型，再辅以全方位的审计，从根本上保证了工作效率，也在一定程度上减少了安全隐患。

3. 上网内容管理

对应用流量的收集与审计是上网行为管理的独门绝技，也是用户最主要使用的功能，包括上网浏览管理、上网外发管理等。具体而言，包括但不仅限于下面这些管理功能。

- 利用关键字的识别、记录、阻断技术，确保上网搜索内容的合法性，避免不当关键词的搜索带来的负面影响。
- 利用网页分类库技术，对海量网址进行提前分类识别、记录、阻断确保上网访问的网址的合法性。
- 利用正文关键字识别、记录、阻断技术，确保浏览正文的合法性。
- 利用文件名称/大小/类型/下载频率的识别、记录、阻断技术确保网页下载文件的合法性。
- 利用对收发人/标题/正文/附件/附件内容的深度识别、记录、阻断确保外发邮件的合法性。
- 利用对BBS等网站的发帖内容的标题、正文关键字进行识别、记录、阻断确保外发言论的合法性。
- 利用对MSN、飞信、QQ、skype、雅虎通等主流IM软件的外发内容关键字识别、记录、阻断确保外发言论的合法性。

……

对外发信息的审计与阻断是上网行为管理需求最大的功能。随着大量新应用的出现，单纯对论坛、博客等成熟应用进行审计的做法已不够全面，对更新、时效性更强的互联网/移动互联网应用的外发内容实现审计与阻断已经迫在眉睫，如针对包括微博等移动应用在内的一切具有信息外发功能的应用进行流量审计，并设置关键字阻断与告警策略，就可以减少某些舆情事件传播过程中可能出现的不正常情况。除了互联网出口，外发内容审计与阻断功能在IDC、数据中心等也有着用武之地，通过采用上网行为管理产品，利用外发信息关键字审计/告警及网页快照功能，就可以构建高性价比的检测系统。

大数据时代，上网行为管理日积月累的流量记录，不仅仅是事后溯源的依据，随着数据挖掘技术的推进，这些长期积累的数据可能产生的价值值得期待，尽管绝大多数用户对数据挖掘还缺乏深入的理解。

4. 上网安全管理

与其他功能相比，上网行为管理产品在安全方面的能力有与其他安全产品融合的趋势，日志管理、风险警告等功能有可能进一步整合。

- 管理者采用SSL加密隧道方式访问设备的本地日志库、外部日志中心，防止黑客窃听。
- 内置管理员、审核员、审计员账号。管理员无日志查看权限，但可设置审计员账号；审核员无日志查看权限，但可审核审计员权限的合法性后才开通审计员权限；审计员无法设置自己的日志查看范围，但可在审核员通过权限审核后查看规定的日志内容。
- 所有上网行为可根据过滤条件进行选择性记录，不违规不记录，最小程度记录隐私。

对于许多中小企业用户，低端上网行为管理产品与其他安全产品存在融合的必要。由于中小企业网络规模不大，出口带宽也有限，需要的是功能高度整合、易于管理且价格相对低廉的产品。因此，行业客户及大型客户在选择上网行为管理产品的时候，往往会比较倾向于硬件产品；而中小企业、网吧等单位在选择产品时，倾向于投入成本相对低廉的软件产品。

无论是硬件产品还是软件产品，采用上网行为管理产品与技术后，可以有效封堵P2P软件，实现P2P流控和带宽分配；更重要的是能够对网页浏览、上传下载文件、P2P行为、炒股、网游、IM聊天、Email收发等都能够提供全面的行为管控，限制用户与业务无关的网络行为；同时能够详细记录用户的网络行为，如访问的网址、发布的帖子、收发的Email、QQ等聊天内容等，并海量存储日志和图形化日志查询、审计，满足了公安部 82 号令要求，避免了网络事件时无据可查的风险。

第五节 网络信息挖掘技术

数据挖掘技术就是充分利用现有的信息资源，并能从海量数据中寻找出隐藏知识的技术。互联网的快速发展，尤其是社交网络的出现对于海量数据挖掘的研究起到了极大的推动作用，一些基于海量数据分析和挖掘的网络舆情系统也开始得到实际应用。

一 从数据挖掘到网络信息挖掘

数据挖掘是 20 世纪 80 年代投资人工智能项目失败后，人工智能转入实际应用时提出的，基于数据库的知识发现（KDD）一词最早出现在 1989 年举行的第十一届 AAAI 学术会议上。随后在 1991、1993 和 1994 年都举办了 KDD 专题讨论，集中讨论了数据统计、海量数据分析算法、知识表示、知识运用等问题，最初数据挖掘是作为 KDD 利用算法处理数据的一个步骤，其后逐步演变成 KDD 的同义词。目前，数据挖掘已经在众多领域得到应用，如过程控制、信息管理、商业、医疗、金融等领域，也是数据库及人工智能研究领域里的热点。

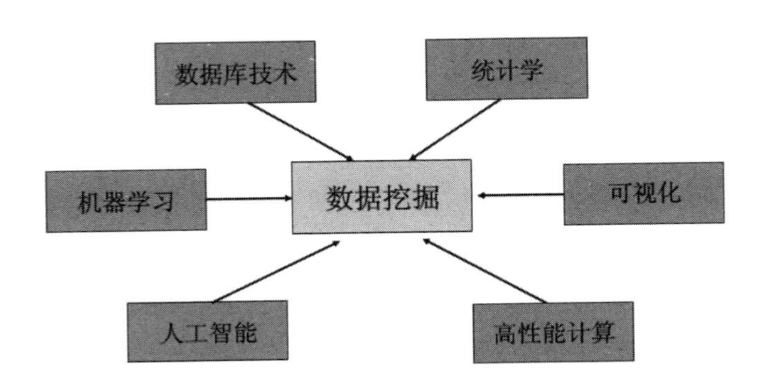

图 3—25 数据挖掘的相关学科与技术（来源：易目唯）

相对应的，网络信息挖掘，又称 Web 信息挖掘，是数据挖掘技术在网络信息处理中的具体应用。网络信息挖掘是从大量训练样本的基础上得到数据对象间的内在特征，并以此为依据进行有目的的信息提取。网络信息挖掘技术沿用了 Robot、全文检索等网络信息检索中的优秀成果，同时以知识库技术为基础，综合运用人工智能、模式识别、神经网络领域的各种技术。应用网络信息挖掘技术的智能搜索引擎系统能够获取用户个性化的信息需求，根据目标特征信息在网络上或者信息库中进行有目的的信息搜寻。

1. 网络内容挖掘

Web 信息挖掘可以广义地定义为从互联网中发现和分析有用的信息。网络信息挖掘技术是在已知数据样本的基础上，通过归纳学习、机器学习、统计分析等方法得到数据对象间的内在特性，据此采用信息过滤技术在网络中提取用户感兴趣的信息，获得更高层次的知识和规律。

网络信息挖掘大致可分为发现、预处理、概括化和分析等四个步骤。其中，资源发现是对所需的网络文档进行检索；信息选择和预处理，即从检索到的网络资源中自动挑选和预先处理得到专门的信息；概括化或称之为抽象化，即从单个的 Web 站点以及多个站点之间发现普遍的模式，通过“从量变到质变”挖掘出其中的“共性”；分析，即对挖掘出的模式进行确认或解释。根据挖掘的对象不同，网络信息挖掘可以分为网络内容挖掘、网络结构挖掘和网络用法挖掘。

网络内容挖掘是从网络文档、数据和其他网络内容中发现有用信息的过程。在互联网上，一些文档信息是显性的，而另外有一些信息则是“隐藏”的数据，如由用户的评论而动态生成的结果，或存在于数据库管理系统中的数据，对它们缺乏有效的检索方式。而通过网络内容挖掘，可以找出隐含在 Web 页面中的内容，进行更深层次的加工与处理。按照结构化程度的不同，可分为非结构化数据（自由网络文本）、半结构化数据（HTML 文档）和结构化数据（表格内容或数据库衍生的 HTML 网页）。互联网中的大部分内容是非结构化的文本数据，如网络新闻等。针对不同结构的网络内容，一般从两个角度对网络内容挖掘进行研究——信息获取和数据库。

表3—1　　网络挖掘的分类表

	网络挖掘			
	网络内容挖掘		网络结构挖掘	网络用法挖掘
	信息获取角度	数据库角度		
数据角度	非结构化、半结构化	半结构化、网站作为数据库	链接结构	用户交互
主要数据	文本文档、超文本文档	超文本文档	链接结构	服务器日志 浏览器日志
表达方式	词库、多维词汇、短语概念或本体、关系型	向上标记图 关系型	图	关系表图
挖掘方法	TFIDF和变量机器学习、统计方法	属性算法 ILP、关联规则	属性算法	机器学习、统计方法 关联规则
应用范围	文本分类、聚类 抽取规则发现 文本模式发现 用户建模	频繁子结构发现 网站Schema发现	文本分类 文本聚类	网站建设、自适应和管理 网络营销 用户建模

注：整理：易目唯

2. 网络结构挖掘

网络结构挖掘是挖掘Web页面潜在的链接结构模式，通过分析一个网页链接和被链接数量以及对象来建立Web自身的链接结构模式。这种模式可以用于网页归类，并可从中获得有关不同网页间相似度及关联度的信息。网络结构挖掘有助于用户找到相关主题的权威站点，并且可以概观指向众多权威站点的相关主题的站点。

在互联网中，超链接的使用是随机的，并非所有的超链接都包含十分重要的信息。有的只是为了给用户的浏览提供方便，这种仅为了浏览方便的超链接称为浏览超链接；而与之相对，那些含有语义信息的超链接叫作语义超链接。因此，我们在进行网络结构挖掘时要删去浏览超链接，找出语义超链接，因为只有挖掘出语义超链接才能帮助我们理解网页文档之间的意义。

一般情况下，网络上相关主题的站点和页面之间多存在大量的链接，但主题相同的所有站点或页面不一定会围绕一个中心聚集，因此就存在一个主题多个聚集中心的现象。聚集中心的站点或页面之间的链接关系最为密切，内容也最为相似，随着内容相似度的降低，相互的链接关系也会逐渐减少、变弱。另外，内容上的关联关系也会随着链接级数的增加而降低，会从一个主题逐渐演化为另外一个主题。因此，我们进行网络结构挖掘的主要目的是因为它能够为我们在进行网站评估、网站分析时提供量化的佐证。

网络结构挖掘最典型的应用案例就是搜索引擎 Google。Google 是通过网络爬虫在网上“爬行”，URL 服务器则负责向这些爬虫提供 URL 的列表，爬虫找到的网页都被送到存储服务器中，存储服务器于是就把这些网页压缩后存入一个知识库中。在存储服务器中，每个网页都有一个关联 ID，当一个新的 URL 从一个网页中解析出来时，就会被分配一个关联 ID。索引库负责从知识库中读取记录，将文档解压并进行解析，同时分析网页中所有链接并将重要信息存在相应的文档中。由于这个文档包含了足够信息，因此可以用来判断一个链接被链入或链出的结点信息。URL 分解器阅读节点文档，把相对的 URL 转换成绝对的 URLs，还产生链接数据库，用于计算所有文档的页面等级。

从上面关于 Google 搜索原理的分析中可以看到，由于采用了网络结构挖掘技术，其可以利用 URL 分解器获得链接信息，并且运用一定的算法得出页面等级的信息。

3. 网络用法挖掘

网络用法挖掘是通过对用户浏览网站的使用数据收集、分析和处理，建立起用户行为和兴趣模型，通过这些模型可以帮助网站所有者理解用户行为，改进站点结构以及为用户提供良好的个性化服务。网络用法挖掘面对的是在用户和网络交互的过程中抽取出来的二手数据，包括网络服务器访问记录、代理服务器日志记录、浏览器日志记录、用户简介、注册信息、用户对话或交易信息、用户提问等。

网络个性化服务面临的关键问题是需要对大量非注册用户行为模型进行深层理解，这对于传统的协同过滤方法是很难处理的情况，而网络用法挖掘则可以较好地解决这类问题；同时，借助网络用法挖掘可以从传统的基于使用数据的静态模型转换到基于用户操作行为的动态模型，帮助系统改善用户使用体验。因此，网络用法挖掘是实现良好个性化服务的有效途径。

二　网络信息挖掘中的关键技术

网络信息挖掘通常包括资源发现、信息选择与预处理、数据归纳总结以及知识分析和确认等环节。其中，资源发现就是从在线或者离线的网络文本资源中收集数据的过程；预处理主要是对原始数据进行转换的过程，包括网页净化、去除停用词等；数据归纳总结主要是利用机器学习或者数据挖掘技术归纳总结互联网网站的一般规律，升华为知识后，即可通过人工参与等手段对于挖掘到的知识进行分析和确认。因此，网络信息挖掘涉及到样本特征提取、中文分词处理、动态信息获取等基础技术，同时对于海量数据存储与管理、云计算等具有相当大的需求。

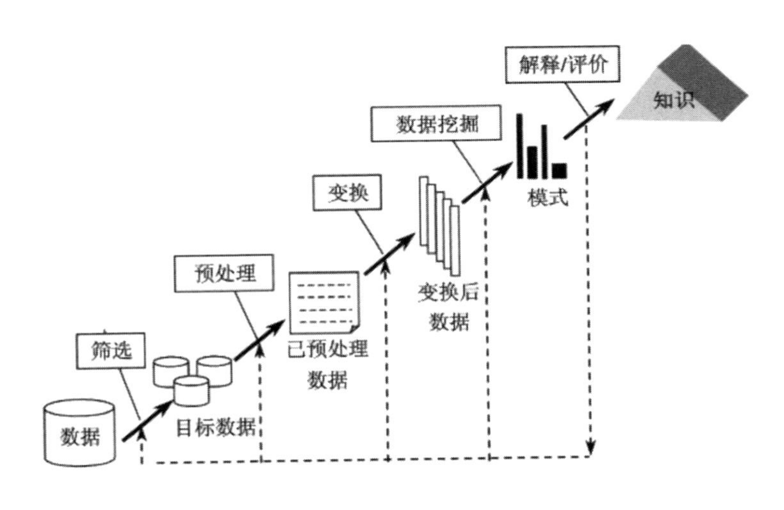

图 3—26　网络信息挖掘的一般过程示意（来源：互联网）

1.目标样本的特征提取

网络信息挖掘系统采用向量空间模型，用特征词及其权值代表目标信息。在进行信息匹配时，使用这些特征项评价未知文本与目标样本的相关度。特征词及其权值的选取称为目标样本的特征提取，提取算法的优劣将直接影响到系统的运行效果。词条在不同内容的文档中所呈现出的频率分布是不同的，因此可以根据词条的频率特性进行特征提取和权重评价。

如前文所述，网页的 HTML 文档中有明显的标识符，如 <heading>、<table> 等，结构信息更加明显。因此网络信息挖掘系统在计算特征词权值时，充分考虑 HTML 文档的特点，对于标题和特征信息较多的文本特征词赋予较高的权重。很多情况下，为了降低资源损耗，提高运行效率，系统会对特征向量进行降维处理，仅保留权值较高的词条作特征项。

2. 中文分词处理

互联网上绝大多数需要处理的信息主要是文本信息。为了准确提取文档的主题信息，更好地建立特征模型，就要建立主词库、同义词库等词典库，并以此作为提取主题。之前在文本处理技术里面我们进行了相对详细的论述，在此不再赘述。

3. 获取网络中的动态信息

我们知道，网络爬虫一般只能获取网站上的静态页面，而有价值的信息往往存放在网络数据库中，人们无法通过搜索引擎获取这些数据，只能登录专业信息网站，利用网站提供的查询接口提交查询请求，获取并浏览系统生成的动态页面。网络信息挖掘系统则通过网站提供的查询接口对网络数据库中的信息进行遍历，并根据专业知识库对遍历的结果进行自动的分析整理，最后导入本地的信息库。

4. 海量数据存储

海量存储系统的关键技术包括并行存储体系架构、高性能对象存储技术、并行 I/O 访问技术、海量存储系统高可用技术、嵌入式 64 位存储操作系统、数据保护与安全体系、绿色存储等。海量数据存储系统为云计算、物联网等新一代高新技术产业提供核心的存储基础设施，为中国一系列重大工程，如平安工程等起到了核心支撑和保障作用，已经应用到石油、气象、金融、电信等国家重要行业与部门。

5.云计算

目前云计算的相关应用主要有云物联、云安全、云存储。当云计算系统运算和处理的核心是大量数据的存储和管理时，云计算系统中就需要配置大量的存储设备，那么云计算系统就转变成为一个云存储系统，所以云存储是一个以数据存储和管理为核心的云计算系统。关于云计算，我们将在第四章继续予以介绍。

6.并行数据挖掘技术

当数据挖掘的对象是一个庞大的数据集或是许多广泛分布的数据源时，效率就成为数据挖掘的瓶颈，而并行处理技术无疑是提高数据挖掘效率的重要技术之一。并行数据挖掘涉及到了一系列体系结构和算法方面的技术，如硬件平台的选择、并行处理的策略、负载平衡的策略、数据划分的方式等，从而将串行算法的“深而窄”转变为空间上的“浅而宽”，用空间复杂性替换时间复杂性。

7.面向数据挖掘的隐私保护技术

互联网信息挖掘在产生知识和财富的同时，也伴随着隐私泄露的问题。如何在防止用户隐私泄露的前提下进行网络信息挖掘，是互联网时代，尤其是Web2.0时代迫切的需求。基于隐私保护的数据挖掘是指采用数据扰乱、数据重构、密码学等技术手段，能够在保证足够精度和准确度的前提下，使数据挖掘者在不触及实际隐私数据的同时，仍能进行有效的挖掘工作。①

基于隐私保护的数据挖掘技术可以区分为不同的种类，如从数据的分布情况可分为原始数据集中式和分布式两大类；根据原始数据的隐藏情况，可以分为对原始数据进行扰动、替换和匿名隐藏等隐私保护技术；从数据挖掘技术层面，又可以分为针对分类挖掘、聚类挖掘、关联规则挖掘等隐私保护技术，等等。

8.数据挖掘集成技术

数据挖掘体系框架由三部分组成：数据准备体系、建模与挖掘体系、结果解释与评价体系。其中最为核心的部分是建模与挖掘体系，它主要是根据挖掘主题和目标，通过挖掘算法和相关技术（如统计学、人工智能、数据库、相关软件技术等），对数据进行分析，挖掘出数据之间内在的联系和潜在的规律。大体上，数据挖掘应用集成可分为数据挖掘算法的集成、数据挖掘与数据库的集成、数据挖掘与数据仓库的集成、数据挖掘与相关软

---

① 王健：《基于隐私保护的数据挖掘若干关键技术研究》，东华大学博士学位论文，2011年。

件技术的集成、数据挖掘与人工智能技术的集成等。[①]

9. 概念漂移

在社会生产和生活实践中，有一类问题是数据所包含的概念可能随时间而变化。电子商务活动中，顾客的购买兴趣随时间而变化；网络安全中，网络的访问模式随用户不同而变化；微博、微信等社交媒体中，用户的实际行为随其注册位置而变化，这种概念的变化一般被称为概念漂移。概念漂移要求学习系统能尽早地检测到概念漂移，并对自身进行适应概念漂移的调整，以对不断到来的数据尽可能地正确判断。目前，概念漂移数据流分类的研究正日益成为学术界关注的焦点，对概念漂移数据流的研究已经开始与转移学习、进化计算、特征选择、聚类、时间复杂度分析、社会计算等结合起来。[②]

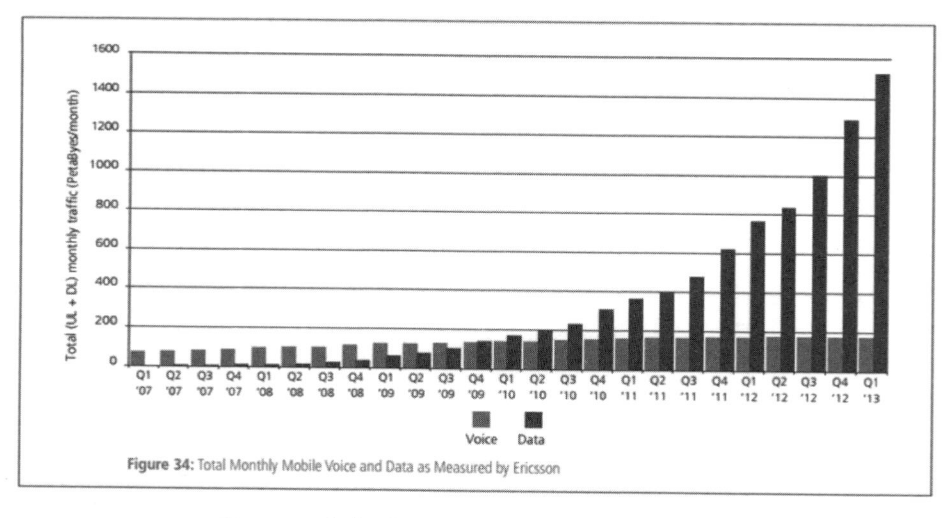

Figure 34: Total Monthly Mobile Voice and Data as Measured by Ericsson

图 3—27　全球不断增长的语音与数据量（来源：IDC）

我们不否认，数据挖掘在金融、医疗保健、零售业、制造业、司法、工程和科学、保险业等诸多行业已经开始了初步应用，但互联网行业无疑

---

① 赛迪网，http://miit.ccidnet.com/art/32559/20121105/4427997_1.html。

② 文益民，强保华，范志刚：《概念漂流数据流分类研究综述》，《智能系统学报》2012年第12期。

为数据挖掘提供了最广阔的用武之地。互联网发展的同时，也引发了数据处理需求的高速增长。IDC 的研究结果显示，全世界的信息量每两年以超过翻番的速度增长，2011 年产生和复制了 1.8ZB 的海量数据，其增长速度超过摩尔定律。视频、图片、音频等等非结构化媒体数据的应用越来越频繁，社交网络的不断增长和壮大，甚至于结构化数据个体容量和个体数量也在迅速飙升。这种海量、碎片化、非结构化、全天候的数据背后隐藏着许多的知识和信息，因此，以网络信息挖掘为工具、以网络舆情为视角来探究社会群体性事件的发生、预防对增强社会群体性事件的预警和应急能力都具有极大的现实意义。

第六节 网络舆情分析与预警技术

舆情是指在一定的社会空间内，围绕中介性社会事件的发生、发展和变化，民众对社会管理者产生和持有的社会政治态度。它是较多群众关于社会中各种现象、问题所表达的信念、态度、意见和情绪等等表现的总和。目前关于网络舆情的定义尚未形成共识，存在滥用、混用概念的现象，对深入地进行舆情研究造成了不良影响。[①] 学术界认为，网络舆情是由于各种事件的刺激而产生的通过互联网传播的人们对于该事件的所有认知、态度、情感和行为倾向的集合；而产业界关于网络舆情的定义更为通俗易懂：网络舆情是以网络为载体，以事件为核心，广大网民情感、态度、意见、观点的表达、传播与互动，以及后续影响力的集合。其实，二者之间的区分并不大，都是研究舆情在互联网这一载体上的传播规律。随着互联网的飞速发展，网络成为反映社会舆情的主要载体之一，其主要来源有新闻评论、BBS、聊天室、博客、微博、微信、即时聊天软件等。

---

① 姜胜洪：《试论网上舆情的传播途径、特点及其现状》，《社科纵横》2008年第1期。

表3—2 传统舆论与网络舆论的比较

特征	传统舆论	网络舆论
传播数量	几十、几百、几千、几万	海量数据
传播方式	口口相传	互联网、手机等新媒介
传播速度	较慢	较快
舆论宣传概率	概率相对较小	概率较大
影响范围	局部地区小范围传播	全国乃至全世界散播
影响强度	较小	较大
舆论领袖	存在，易发现	存在，匿名，不易发现
民众参与	中立，观望者多	参与积极性高
信息收集	问卷调查、电话、访谈	网络监测、数据挖掘
信息处理	数理统计	数理统计、网络舆情分析方法

注：整理：易目唯

一 网络舆情的特点和技术需求

综合分析，与传统舆情相比，网络舆情具有以下特点。

- 直接性：通过 BBS、新闻评论、微博、博客等渠道，网民可以直接发表意见，有利于民意表达；
- 突发性：网络舆论的形成往往非常迅速，一个热点事件再加上一种情绪化的意见，往往就可以成为网络舆论爆发的导火索；
- 偏差性：目前网络已经成为一些网民发泄情绪的空间，因此在网络上很容易出现一些庸俗、灰色的言论，在网络舆论研究中要注意到这种偏差。

对于网络舆情的这些特性，网络管理者要做到了然于心，对于各种网络舆情，网络管理者要能做出及时反馈，防患于未然。目前的网络信息环境下，人们面临的最大问题不是信息匮乏，而是信息过载和“噪音”，因此目前网络舆情关注的重心已从以信息的搜索采集为主转变为以信息的分析为主，观点的抽取和观点的倾向性分析成为研判舆情态势的重要来源和依据。

网络舆情系统从功能模块上可以划分为多个子系统，包括信息数据自动采集系统、文本自动聚类和自动分类系统、话题与跟踪、文本情感和倾向性分析、趋势分析、自动文本摘要、舆情态势判断、统计报告、舆情报警、重大舆情应对的指挥与整合等多个方面。

其中，网络舆情分析系统的核心功能是舆情分析引擎，主要包括如下功能。

- 热点话题、敏感话题识别：比如根据新闻出处、评论数量、发言时间密集程度等参数，识别出给定时间段内某网站或者论坛的热门话题；同时，利用关键字监控和语义分析，识别敏感话题。
- 倾向性分析：对于每个话题，对每个发信人发表的文章的观点、倾向性进行分析与统计。
- 主题跟踪：分析新发表文章、贴子、微博的话题是否与已有主题相同，以决定是否进行跟踪。
- 自动摘要：对各类主题、各类倾向能够形成自动摘要。
- 趋势分析：分析某个特定主题在不同的时间段内人们所关注的程度的变化。
- 突发事件分析：对突发事件进行跨时间、跨空间综合分析，获知事件发生的全貌并预测事件发展的趋势。这一点在舆情预警等应用中颇为重要。
- 报警系统：及时发现突发事件、涉及内容安全的敏感话题，并报警。
- 统计报告：根据舆情分析引擎处理后的结果库生成报告，用户可通过浏览器浏览，并可指定条件对热点话题、倾向性进行查询，并提供必要的决策支持。

从上述分析可以看出，网络舆情分析功能涉及到的技术包括文本分类、文本聚类、观点倾向性识别、主题检测与跟踪、自动摘要等文本信息内容识别技术。其中基于关键词统计分析方法的技术相对比较成熟，但在其有效性方面还有很大的提高空间。

在网络舆情系统中，除了舆情分析功能外，自动信息采集功能也必不可少。现有的舆情采集技术主要是通过网络页面之间的链接关系，从网上自动获取页面信息，并且随着链接不断向整个网络扩展。舆情监控系统应能根据用户信息需求，设定主题目标，使用人工和自动信息采集结合的方法完成信息收集任务。

另外，舆情分析之前要进行必要的数据清理和净化，对收集到的信息进行预处理。对于新闻评论，重点要保存新闻的标题、出处、发布时间、内容摘要、点击次数、评论内容、评论数量等核心数据，对于其他无关信息可以直接滤除。对于论坛 BBS，需要记录的包括帖子的标题、发言人、发布时间、内容、回帖内容、回帖数量等，最后形成格式化信息。

二　网络舆情话题发现与追踪技术

网络舆情的范围很广，但能引起关注的舆情话题多是一些社会热点问题。因此，我们把这些引起集中性关注的事件称为话题。话题的发现依靠聚类的方法，将大量的报道聚合成若干簇，簇内的报道之间相似度高，簇间的报道相似度低，每个簇即是一个事件的报道的集合，以此来整合网络上大量的重复信息和同一话题内的不同信息。①

正是由于网民讨论的话题繁多，涵盖社会的方方面面，因此如何从海量信息中找到热点话题、敏感话题，并对其趋势变化进行追踪成为舆情研究的热点。早期的研究思路是基于文本聚类，即将文本的关键词作为文本特征进行相关文档的采集，虽然能将某大类话题下的文本进行聚合，但很难保证话题的可读性与准确性。后来，就由简单的文本聚类改进为话题发现与追踪——将文本聚类问题转换为话题特征聚类问题，并依据事件对语言文本信息流进行重新组织与利用。

国外对于话题发现的相关研究主要是起步于 20 世纪 90 年代中期的话题发现与跟踪（Topic Detection and Tracking，TDT），主要集中在关联检测、话题检测、话题跟踪、跨语言 TDT 等领域。相比于国外以统计概率模型为主体的研究趋势，国内的相关研究更侧重基于 TDT 本身的特色进行探索。

国外话题发现与跟踪的研究主要集中在以下领域。

1. 关联检测（Link Detection Task，LDT）

LDT 的主要任务是检测随机选择的两篇报道是否论述同一话题，它虽然没有直接对应的实际应用，但对其他 TDT 研究的重要性却是无法忽视的。比如，新事件检测（New Event Detection，NED）任务中，NED 系统可以通过 LDT 鉴定候选报道与每个先验报道之间的相关性，从而判断候选报道是

---

① 殷风景，肖卫东等：《一种面向网络话题发现的增量文本聚类算法》，《计算机应用研究》2011年第1期。

否论述了一个新话题，或者相关于先验报道隶属的旧话题。

从传统基于概率统计的话题发现与跟踪研究来看，不同的报道与话题或者报道与报道之间共有的特征越多，那么它们相关的可能性越大。因此，大部分针对 LDT 的研究都将问题的重心集中于文本描述以及特征选择上，向量空间模型（Vector Space Model，VSM）和语言模型（Language Model，LM）是常用的数据模型。

2. 话题检测(Topic Detection，TD)

话题检测也可称为话题发现，一般包含在线话题检测、新事件检测、事件回顾检测和层次话题检测等。

（1）在线话题检测

在线话题检测（On-line Topic Detection，OTD）的主要任务是检测新话题并收集后续相关报道。通常，OTD 系统的重点在于在线监视后续的报道数据流。如果截获与之前聚类得到的话题不相关的报道，则代表检测到一个新话题，否则将可以将该报道融合在相关聚类中。

（2）新事件检测

新事件检测（NED）是辅助话题检测的重要组成部分。NED 与首次报道检测任务（FSD）很相似，唯一的区别在于 FSD 更侧重于某一话题本身，而忽视了话题出现时间的跳跃性，使得检测到的新话题经常是某些已知话题在不同时期出现的相关事件，后者必须输出话题最早的相关报道。NED 的主流方法是通过建立一个在线识别系统检验报道流中新出现的事件。其中，陆续进入在线识别系统的报道需要与每个已知的事件模型计算相关度，并根据先验阈值裁定报道是否为新事件的首次报道。如果条件成立，则根据该报道建立新的事件模型，否则将其嵌入已知事件模型。

（3）事件回顾检测

事件回顾检测（RED）是回顾过去所有发生过的新闻报道，并从中检测出未被识别到的相关新闻事件。因此，RED 实际上是辅助话题检测系统回顾整个新闻语料，从中检测出相关于某一话题却并未被识别到的一类新闻事件。

（4）层次话题检测

在舆情话题监测时，我们最希望出现的情况是，所有报道与相关话题的近似程度都在一个层次上，而且每篇报道只相关于一个话题，当然这是不可能的。实际上，报道的主题与话题的相关程度往往分布于不同层次。比如“美国等发达经济体相继量化宽松”和“互联网金融蓬勃兴起”两篇报道，虽然它们都相关于同一话题“2012年十大金融事件”，但是主题侧重点的差异造成它们与话题的对应程度处于不同层次。层次话题检测（HTD）就是为了解决报道主题和话题位于不同层次的现象而提出的。

3. 跨语言TDT

TDT研究面对的信息是包含多种语言的新闻报道，因此肯定会涉及跨语言领域的相关研究，机器翻译等功能成为必需。

话题发现作为信息处理领域新颖的研究分支在中国已经成为重要的研究热点，但需要注意的是，TDT处理的信息是面向真实新闻事件的报道，而事件的产生和后续发展包含了报道之间的时序关系，其要求TDT系统不能单一基于内容建立相应的话题模型，而是融合时序特性参与检测报道间的关联性和跟踪话题的演化趋势。在此基础上，国内的相关研究也面向建立结构化和层次化的话题模型进行了初步尝试。

4. 关于时序关系

由于话题模型内各相关报道之间多具备时序关系，因此国内将时序融入TDT领域，主要策略是将其作为相关性评估的附加元素，通过线性加权的方式调整相关度指标。关于话题的时序研究，先后出现了统一时间表述方式、面向话题演化边界识别、覆盖矩阵等具体模型和机制，但是各有优缺点，这也说明中国在TDT领域应用时序关系的研究仍有较大的可提升空间。

5. 关于话题层次化和结构化

话题模型层次化和结构化是目前TDT领域重要的研究方向。其中，层次化面向将同一话题下的相关报道组织为宏观到具体的层次体系，结构化则侧重挖掘和表征同一话题的不同侧面。

总体而言，国内的研究侧重挖掘TDT领域的特性，在方法上注重统计策略和自然语言处理技术相结合，在研究趋势上逐步面向融入数据挖掘、事件抽取和篇章理解等相关技术。未来TDT有以下主要研究方向，一是概率统计和自然语言的融合与相互辅助，对话题理解和报道内容分析将发挥更重要的作用；另一方面，诸如基于概率统计的报道流时序分析等具备新闻语料特色的课题将成为该领域新的研究热点。同时，如何将话题发现研究投入到网络舆情监控的实际应用中，解决现有舆情监控应用中出现的不足，也越来越引起研究者的关注。

三　网络舆情倾向性分析技术

倾向性分析技术是通过倾向性分析可以明确网络传播者所蕴涵的感情、态度、观点、立场、意图等主观反映。比如，新浪网的“社会新闻心情排行”将用户阅读新闻评论时的心情划分为6个层次——感动、震惊、新奇、愤怒、搞笑、难过。因此，网络舆情文本的倾向性分析技术实际上就是通过判断网络环境下倾向性特征词的特点和类型，进行语气极性判别和标注，从而构建一个面向互联网的倾向性语气词典，建设一定规模的标准数据集，为中文倾向性分析的深入研究提供支持。

图3—28　新浪社会新闻心情排行（来源：互联网）

1. 倾向性分析技术的应用

情感倾向性代表着人们对于一个事件或者问题的观点、看法和评价，也包括人类行为相对于社会标准的评价，产品相对于国家和行业强制标准、用户偏好、审美观的评价等。文本的情感倾向是指文本所反映情感的方向（褒或贬）及其情感强度。文本情感倾向性分析是通过挖掘和分析文本中的立场、观点、情绪、好恶等主观信息，对整篇文本所体现出的态度（或称情感倾向性），即文本中的主观信息进行判断。文本情感通常分为两类（正面、反面）或三类（正面、反面和中立）。其中正面类别（positive）是指主题中持有积极的（支持的、健康的）态度和立场，负面类别（negative）是指文本中持有消极的（反对的、不健康的）态度和立场，中立类别（neutral）是指文本中持中立态度和立场。从当前的研究来看，以考虑正面和负面两类的研究居多。①

文本倾向性分析与传统的文本分类不同。传统的文本分类基于文本主题（如影视、体育、经济等）进行分类，对文本内容的分析与理解都处于比较浅的层次，而且缺乏对于情感因素的分类。文本倾向性分析关注的是非主题分析，即文本内容所体现的情感、态度，而非文本本身的内容。互联网上文本形式的复杂性以及内容的随意性使文本情感倾向性分析具有相当高的技术难度，涉及到人工智能、机器学习、信息抽取、数据挖掘、自然语言处理、计算语言学、统计学等多个研究领域，不仅需要应用上述领域的前沿技术，同时又对这些研究领域提出了新的挑战，从应用层面推动其发展。目前，网络文本倾向性分析已经广泛应用于社会舆情分析、产品在线跟踪与质量评价、影视评价、新闻报道评述、股票评论、图书推荐、企业情报系统、客户关系管理（CRM）等多个方面。

- 社会舆情分析：互联网作为民意表达的重要通道和空间，是观察社会舆情的重要窗口。利用网络文本倾向性分析技术，可以更加及时地了解网络民意，使民间智慧与官方智慧更加良好地互动。
- 博客/微博评价及过滤：及时的交互性是博客/微博的特色。利用倾

① 吴琼，谭松波，程学旗：《中文情感倾向性分析的相关研究进展》，《信息技术快报》2010年8月4日。

向性分析技术可以挖掘浏览者对博主的褒贬观点，从而得到博主的声誉度评价；同时，也可以通过倾向性分析技术对以广告等垃圾信息为主的博客/微博进行过滤。

- 产品评价与推荐：利用倾向性分析技术对产品评论观点进行组织和分类，有利于人们了解产品，培育潜在消费群体，同时也可以根据用户评价做好产品的更新换代工作。
- 影视评价：倾向性分析技术可以实现影视评论的自动分类，有利于用户快速浏览正反两方面的评论意见，减少观看影视时的盲目性，比如豆瓣、时光网等网站的影视评价已经成为很多观影者的参考。

文本倾向性分析研究最早可以追溯到20世纪90年代，并且在2000年之后获得了突飞猛进的飞速发展，目前已成为国内外研究的热点话题。

2.倾向性分析的分类

情感倾向性分析根据其所处理的情感数据粒度不同分为属性级的倾向性分析、词语级的倾向性分析、文档级的倾向性分析以及对于多文档的倾向性摘要等。

（1）属性级的倾向性分析

属性级的倾向性分析主要研究评论语气词识别、评论对象的识别以及其与评论语气词的关联。

（2）词语级的倾向性分析

词语语义倾向计算是文本倾向性分析研究中的一个重要基础及子研究领域，其目标是提供文本倾向性的量化表达。即用（-1，1）之间的实数代表词语的语义倾向，其正、负分别代表语气的褒、贬，绝对值代表词语的极性强度，这为文本倾向性分析的多个研究方向提供了重要基础。目前，词语语义倾向性分析除了利用预先标注的语义倾向基准词外，还需要利用词语间的相似度。

（3）文档级的倾向性分析

文档级的倾向性分析可以看作是一种特殊的分类，即根据文章中对某一主题的观点（支持或反对、高兴或悲伤等）对文本进行分类，因此可将机器学习算法用于这种倾向性分析。

（4）多文档的倾向性摘要

目前网上包含主观信息的文本中，以在线的产品评论为例，针对某些名牌产品的文本数量增长极快。虽然多数产品评论篇幅较长（不排除有公关稿），洋洋洒洒，但包含产品属性的句子却极少。对于潜在消费者来说，难以在如此海量的信息中找到真正有价值的评论，即使每篇都觉得头头是道，结果仍然不知道如何选择。而对于产品生产厂家和销售商来说，在如此众多的评论信息中跟踪消费者对于自家产品的评价也是一件相当困难的事情。

因此，基于多文档的产品评论挖掘系统通常也要利用文本摘要技术，通过归纳评论的语气极性、程度和相关事件对在线产品评论进行摘要，也可以称之为观点挖掘。利用该技术，潜在用户可以方便地了解目前消费者对于产品的评价，产品生产厂商和销售商也可以较轻松地跟踪消费者对于产品的评价，比较同类各品牌产品的优劣。

3. 倾向性技术分类

目前常用的网络文本情感倾向性分析技术主要有统计机器学习方法、基于相似度的方法和基于图模型的方法。

（1）统计机器学习方法

当前，基于统计机器学习理论的文本情感倾向性分析是文本挖掘领域的一个研究热点，主要包括中心向量分类法、k- 近邻分类法、贝叶斯分类法等多种算法。

- 中心向量分类法：这种方法是将所有文档都用特征向量表示，再把属于同一类别的文档计算出一个平均向量（即中心向量）作为基准。有了这个基准后，在对一个样本向量进行分类时，只需计算它与各中心向量的相似度，取相似度最大值的中心向量所在类别作为样本的类别即可。
- K- 近邻（K-Nearest-Neighbor，KNN）分类法：作为一种简单有效的归纳推理方法，KNN 分类就是选择一个测试文档 d，然后开始生长，并不断扩大区域，直到包含 k 个训练样本点为止，并且把测试文档 d 的类别归属到最近的 k 个训练样本点中出现频率最大的类别。

- 贝叶斯分类器：这种方法的核心采用了贝叶斯公式进行分类。其主要步骤包括：先将已标注倾向性的文本作为训练样本，选取句子中的单词及词性标签等作为分类特征，而且语气词的数量也被当作判定文本倾向性的一个依据，最后把这些特征作为分类器的输入，利用贝叶斯公式对待标注文本进行分类。
- 条件随机场：这是随机场的一种，常用于标注或分析序列资料，如自然语言文字或是生物序列。原则上，条件随机场的图模型布局是可以任意给定的，一般常用的布局是链结式的架构，因为这种架构在训练、推论以及解码上，都存在有效率的算法可供演算。
- 最大熵分类器：该算法的思想是只针对所有已知的因素建立模型，而把所有未知的因素排除在外，所以不受任何未知因素的影响。该算法首先将已标注倾向性的文本作为训练样本，从中抽取出单词、词性标签等作为特征，语气词出现的数量被当作判定文本主观性的一个依据。然后利用这些特征和最大熵模型为待标注文本判定倾向性。从思路看，其与贝叶斯分类器有相似之处，但利用该技术可以将主观性文本和客观性文本分开。

（2）基于相似度的方法

基于相似度的方法的基本思想与K–近邻方法类似，即利用k个已标记的样本点，通过样本之间的相似度对新的样本进行标记。基于相似度的方法采用语句间公共单词、短语的数量以及语义词典中的词语相似度来计算语句的语义相似度。

（3）基于图模型的方法

传统的向量空间模型没有考虑不同词条的空间关系和相互之间的联系，损失了大量的语义信息。图模型实际上是对向量空间模型的一种改进，将词语或文本看作图中的顶点，利用词语间或文本间的关系为图增加连边，形成一个图模型，然后根据此模型及其相应算法进行倾向性分析。

4. 倾向性分析技术的未来趋势

从上面关于网络文本倾向性分析技术的现状看，其和文本检索、文本分类、文本聚类、数据挖掘、机器学习等具有密不可分的联系。比如，和文本检索相结合的产物，是观点检索；和信息提取相结合，即为主观性信息提取；和问题回答相结合，就是多视角的问题回答；和自动文摘特别是多文档自动文摘相结合，就是基于观点的文摘。这些都充分说明了网络文本倾向性分析需要技术的开放性。

其次，倾向性分析应该与社交新媒体以及互动技术紧密结合。博客、微博、论坛作为草根媒体，可以反映大众的真实情感和态度；企业界也关注从UGC、CGM（Consumer Generated Media）上获取产品评论信息，分析用户对于产品是持肯定还是否定的态度，并进行综合分析——这也是最困难的任务。

另外，目前中文的情感倾向性分析的主要工作还集中在词语级别的情感倾向性分析上。对情感倾向进行更细致的研究，特别是句子级的倾向性分析和海量信息的整体倾向的预测和挖掘，将是未来的主要研究趋势。与此同时，制订情感倾向性语料库标注规范，充分覆盖情感倾向性论述的要素。按照严格的程序进行人工标注和一致性检验，得到较大规模的细粒度标注语料库，并在此基础上对情感倾向分析方法进行客观公正的评测，必将是对中文情感倾向研究的重大贡献。

四　网络舆情预警系统

网络舆情预警是指从网络危机事件的征兆出现到危机开始造成可感知损失的这段时间内，化解和应对危机所采取的必要的、有效的行动。网络舆情监控与预警系统目前已经有诸多成型产品，我们将会在第五章结合具体产品进行分析，在此只对舆论引导策略等进行简要介绍。

一般而言，网络舆情的预警流程主要包括以下环节。

- 制定危机预警方案：针对各类已经存在或者可能存在的危机事件，都要制定比较详尽的判别标准和应对方案，以做到有所准备，一旦危机出现便有章可循、对症下药。
- 密切关注事态发展：可以通过各类监控系统，在对事态的第一时间有获知权。具体工作可以通过各种舆情监控系统之类的系统或软件，在第一时间采集、汇总各种互联网上的信息。

- 及时传递和沟通信息：各种“网络热点舆情”的处理，需要不同部门协同作战、共同协商，在研判出危机走向后，对之前的预案可进行修正和调整，以符合实际所需是危机应对的重要措施。在这种处理过程中，最重要的是要与舆论危机涉及的政府相关部门保持紧密沟通，切忌单打独斗、“抢功”等思想。

1. 简单的舆论引导研判方式

在网络舆情监控预警系统中，舆论引导其实是非常关键的环节。随着互联网的迅速发展，网络社会中充满着各种各样的事件以及人们对事件各种各样的态度和意见。其中，大多数事件很快被新的事件取代，淹没在海量信息中，“网络新闻一日游”、“微博天天新鲜事”已经成为了一种写照。需要注意的是，这种情况下能够沉淀下来的往往是重大的、敏感的、与国家稳定和人民利益相关的一些突发事件。这些事件的议题会随着时间不断地转移，例如“郭美美事件”逐步上升到了对某些国家行政机关诚信的拷问，并引发了红十字会危机，至今仍有余波。这类事件需要社会管理者及时关注和引导，以免造成由网络舆论事件上升到群体性事件，即从意见集聚走向行动破坏。

舆情监控系统在进行舆论研判时，主要考虑发帖均值、增长速率、平均峰度等指标。其中，发帖均值法就是统计所有样本事件各时刻的发帖量，构造出横坐标为时刻，纵坐标为发帖数目的统计曲线，比如百度指数、微博热度等其实就类似于发帖均值的策略。这种研判法的优点在于简单，便于操作，仅记录下每一时刻的发帖数目即可；不足之处在于这是一种绝对值的计算方法，当某一样本事件的发帖量很多时，与其他事件平均后，会造成平均线的虚高现象。

与发帖均值法的思路不同，平均增速研判法更侧重于网络舆情的发展变化状况研究。网络舆论事件的发展与一般事件的发生发展过程有很多相似之处，比如从常态到非常态，即活跃期和消亡期，可定量获取所有网络舆论样本事件在每个阶段的数量和规模（如相关微博数或者论坛发帖量等），计算其强度大小的平均值，即平均增长速率。该引导研判法的优点在于可发挥网络舆情系统的预警预报功能，即通过平均增长速率判断下一时刻该事件的演化程度；不足之处在于，当某个舆情事件爆发初期关注度就很高，但随后的增长速率低于平均增长速度时，容易造成漏判。因此，建议与发帖均值研判法联合，即运用绝对值与相对值综合判断。

当然，也可以用偏度和峰度来衡量波峰偏离舆论系统平衡态的程度，其要运用样本方差、频度曲线等手段。这样对网络舆论事件的统计更加深入，对整体形态判断更加全面，但其最大的缺点是一般需要在整个事件发生后才能进行，对于预判等工作价值不高。因此，这几种研判方法在实际运用过程中要相互补充使用。当网络舆论事件处于萌芽状态时，相关微博和帖子的增长速率往往预示着舆论演化的走势；当发帖数到较大数量时，增长率会趋于平缓，但发帖的绝对数量值相对于平均发帖数会表现出明显的异常；当舆论事件进一步发展时，通过对事件前期发展过程的偏度和峰度的计算，有助于更好地把握其发展状态和规律。

2. 把握“舆论领袖”与“积极人物”

推动网络舆论事件不断发展的背后是事件的参与人及所持观点，特别是“舆论领袖”及一些潜在的“积极人物”的态度会对舆论的演变产生至关重要的影响。因为，在舆论演变过程中，大部分网民和公众会情感依赖于这些“权威人物”，自觉或不自觉地遵循着“羊群效应”。这种“随大流”很容易产生“群体极化”现象，即朝着一个极端方向发展。因此，网络舆论引导策略的建立离不开探测和挖掘出舆论领袖及潜在的关键人物（即“羊群效应”中的“头羊”），并要判断他们所持观点的倾向。

舆论领袖，亦叫“意见领袖”，是指能够非正式地影响别人的态度或者一定程度上改变别人行为的个人。舆论领袖不同于行政任命的领导人，一般与受众群体中的普通成员同属一个群体，但比普通成员更多地接触各种信息来源，尤其是可以接触群体之外的部分信息，这样“舆论领袖”在某一领域内就容易扮演作为群体其他成员的信息来源和领导者的角色。

潜在关键人物，也叫“积极人物”，是指那些与“舆论领袖”之间有一定的联系但又有自己的部分支持者的个人，通常在舆论演变过程中表现得比较活跃。打一个不太恰当的比喻，恐怖主义组织里的领导人物隐匿很深，发布指令后，会由潜在的关键人物具体负责与各方面沟通联络、分配任务等。发展到一定程度后，他们有可能成为新的领导人物。

3. 社会网络分析方法

社会网络分析法是一种基于社会学理论的研究分析方法。社会学理论认为社会不是由个人而是由网络构成的，网络中包含结点及结点之间的关系，社会网络分析法通过对于网络中关系的分析探讨网络的结构及属性特征。抽象而言，社会网络分析方法是将网络视为一种实际存在的实体从而使之得以成为一种多学科关注的研究对象。社会网络分析方法起源于 20 世纪 30 年代，成熟于 20 世纪 70 年代，是一门对社会关系进行量化分析的技术和手段，是数学社会学的一个分支。

之所以在网络舆情分析中引入社会网络分析手段，是因为互联网的群聚现象在不断涌现，“网民扎堆”的心理使得网民的组织活化程度不断提高，造成网络虚拟群体不断涌现。比如 QQ 群，除了各种依托于同学、同事、同乡等现实社会关系的群之外，诸如影视、音乐、动漫、游戏、汽车、旅游、体育、追星族、星座等兴趣和爱好的 QQ 群不断出现，基本上都是源于虚拟的网络交往。由于网民经常不止加入一个 QQ 群，因此网络信息内容可以瞬间从一个群复制流传到其他群组，具有病毒式的传染效果。社交媒体时代，以人人网等为代表的 SNS 网站、百度贴吧等特殊形式的 BBS、微博、微信等新兴社交媒体纷纷成为网民的聚集平台，尤其是微博更成为网络舆情的“热平台”。许多社会问题在微博上发起、转发、评论，形成一个个热点话题，也引起了社会管理者的高度关注。

毫无疑问，网络虚拟群体已经成为推动互联网舆情发展不可忽视的力量，互联网环境下“群体极化”效应日益突出。所谓“群体极化”是指在群体中进行决策时，人们往往会比个人决策时更倾向于冒险或保守，向某一个极端偏斜，从而背离最佳决策，这是由 James Stoner 于 1961 年发现群体讨论时的现象而提出的概念。互联网的虚拟环境、海量博文的气氛渲染、观点相近人群的频繁沟通，很容易产生“群体极化”，并可能发展为人身攻击，乃至威胁社会正常秩序，这也是 2013 年 8 月份中国开始开展打击“网络大谣”活动的重要原因。

图 3—29

目前用于社会网络分析的商用软件产品比较多，如 ArcView Network Analyst、Blanche 和 UCINET 等，其中 UCINET 使用较为广泛，具有很强的矩阵分析功能，而且数据读取的兼容性较好。

结合社会网络分析方法，在进行网络舆情监测与预警时要做好以下几个方面的工作。

- 重点追踪舆论领袖：主要指追踪和判断舆论领袖的言论倾向，若符合社会主流思想，则支持；若发布反主流言论，则控制。
- 关注潜在关键人物：这类人群活跃性较强，既有入度（发帖）又有出度（回帖），特别关注其入度数，若其言论倾向与舆论领袖一致且反主流，则重点关注。
- 及时发布真实信息：建立舆论引导“黄金 4 小时”的权威发布机制，社会管理者要在第一时间“发声”，第一时间处理问题，做突发事件的“第一定义者”。

五　互联网舆情系统发展趋势

用“山中方一日，人间已千年”来形容互联网应用的创新速度无疑非常贴切。目前，新兴的互联网应用服务层出不穷，种类繁多，使得互联网信息传播的形态发生了巨大变化，具有封闭性、即时性、移动性的微博、微信等应用的出现将对舆情系统获取信息能力产生制约。尽管网络舆情系统的技术也在飞速进步，但“道高一尺，魔高一丈”的互联网新应用使舆情系统的进步显得不够迅速。

另外，互联网的流动性、移动互联网的封闭性，使网络热词、社交语境发生了巨大变化，也给舆情系统实现核心功能语义逻辑的自然语言处理、向量模型的完善性带来了冲击，影响了舆情研判的准确性、实效性。除此之外，在互联网舆情分析上还有许多问题需要解决，如处理海量和高维数据的能力、数据噪音甄别、数据完整性、词义和语境的复杂性、情感倾向性，等等。

随着互联网及其应用的移动化、多终端、互动性、个性化趋势的凸显，作为互联网信息集成、智能整合分析的舆情系统理应与之匹配，未来的舆情系统将呈现云端化、APP 化、个性化、融合化、智能化等特征。

通过本章论述，我们可以发现，从网络舆情信息的采集与提取，到话题的发现与追踪、到态度倾向性分析，再到多文档自动摘要的生成，这些技术手段为我国网络舆情应对研究提供了有效的舆情信息获取和分析方法。但是，它们都是从纯技术角度出发的，而缺乏“舆情”这一社会管理层面在技术层面上的体现，接下来的一章我们将结合中国网络社会管理的现实分析下中国互联网内容监管方面的难点和问题。

第四章 互联网内容监管难点剖析

在第三章我们探讨了互联网内容安全与监管过程中常用的技术手段与监管措施，但是单纯依靠这些技术手段就可以管理好中国的互联网吗？答案显而易见是不可能的！

首先，非常重要的一点就是互联网技术日新月异，新型互联网应用层出不穷，云计算、物联网、OTT、三网融合、移动互联网……这些新兴业态下的内容监管如何落实和推进？其次，虽然“没有人知道你是一条狗”早已成为互联网名言，但互联网上每一个ID背后都是一个活生生的人，而人的思想是难以单纯依靠技术的框架管住的。另外，网络内容监管的重点是监管互联网上的违规以及不良信息、色情淫秽信息等，但哪些信息属于危及网络安全、社会安全和国家安全的违法信息，哪些信息属于政治敏感信息，而哪些信息又涉及到个人或者组织的隐私信息？这些问题的界定标准和边界并不清晰。同时，人为的界定又如何转换为计算机可以理解并执行的标准？还有，用户、网站、政府、协会，在网络内容监管这一生态系统中，各自应该承担什么样的责任和义务？不同的政府部门如何确定自己的管理领域和权限，既避免监管过度又避免监管不到位。总之，目前的互联网内容监管仍然存在着诸多难点和难题，我们在本章将予以剖析和解读。

第一节 云计算环境下的网络安全与监管

云计算作为近年来ICT领域最火热的概念之一，吸引了业界各方的极大关注，各大互联网服务商、IT厂商和电信运营商等都纷纷提出了自己的云计算、云服务与云安全解决方案，但大都基于自身现有的产品和服务，让人眼花缭乱之下又难窥全貌。

一 认识云计算

1. 云计算的定义与特点

云计算（cloud computing）是基于互联网的相关服务的增加、使用和交付模式，通常涉及通过互联网来提供动态易扩展且经常是虚拟化的资源。云是网络、互联网的一种比喻说法。狭义的云计算指IT基础设施的交付和使用模式，指通过网络以按需、易扩展的方式获得所需资源；广义的云计算指服务的交付和使用模式，指通过网络以按需、易扩展的方式获得所需服务。这种服务可以是IT和软件、互联网相关，也可是其他服务。它意味着计算能力也可作为一种商品通过互联网进行流通。

从技术层面看，云计算并不是一项单纯的技术，而是代表着一系列计算方式的发展趋势的综合概念。它实际上是将计算分布在大量的分布式计算机上，而非本地计算机或远程服务器中，企业数据中心的运行将与互联网更相似。这种计算能力的“互联网化”使得企业能够将资源集中到所需的应用上，根据需求访问计算机和存储系统，并沿着“虚拟化、分布化、智能化”的方向不断发展。

从运营层面看，云计算提供了按需租用计算能力的服务，对于外部使用者而言，就像云一样透明，不用考虑其背后的实现细节和成本，可以专注于自身的业务。这意味着计算能力可以作为一种商品进行流通，就像煤气、水电一样，取用方便，费用低廉。最大的不同在于，它是通过互联网进行传输的。

因此，云计算不仅是技术的发展，更是一种业务模式的创新。根据美国国家标准和技术研究院的定义，云计算服务应该具备以下几个特征。

- 随需自助服务
- 随时随地用任何网络设备访问
- 多人共享资源池

- 快速重新部署灵活度
- 可被监控与量测的服务

一般认为还有如下特征：

- 基于虚拟化技术快速部署资源或获得服务
- 减少用户终端的处理负担
- 降低了用户对于 IT 专业知识的依赖

此外，云计算具有以下几个主要特征。

资源配置动态化：根据消费者的实际需求，动态划分或释放不同的物理和虚拟资源。当需求增加时，可通过增加可用资源进行匹配，实现资源的快速弹性提供；如果用户不再使用这部分资源，可释放这些资源。比如，阿里巴巴提供的云托管就是类似的服务。

需求服务自助化：云计算为客户提供自助化的资源服务，用户无须同服务提供商交互就可自动得到相应的计算资源。同时云系统为客户提供一定的应用服务目录，客户可通过自助方式选择满足自身需求的服务项目和内容。

以网络为中心：云计算的组件和整体构架由网络连接在一起并存在于网络中，同时通过网络向用户提供服务。客户可借助不同的终端设备，通过标准的应用实现对网络的访问，从而使得云计算的服务无处不在。

资源的“池化”和透明化：对云服务提供商而言，各种底层资源的异构性（如果存在）被屏蔽，边界被打破，所有的资源均可以统一管理和调度，成为“资源池”；对用户而言，这些资源是透明的、无限大的，用户无须了解内部结构，只关心自己的需求是否得到满足即可。

2. 云计算核心技术与服务模式

云计算系统的核心技术是并行计算。并行计算（Parallel Computing）是指同时使用多种计算资源解决计算问题的过程，是提高系统计算能力和计算效率的有效手段。它的基本思想是用多个处理器来协同求解同一问题，即将问题分解成若干个部分，各部分均由一个独立的处理机来同时进行计算。并行计算系统既可以是计算能力超强的超级计算机，也可以是通过某种方式互连的若干台的独立计算机构成的集群。通过并行计算集群完成数据的处理，再将处理的结果返回给用户。在云计算服务中，海量数据分布存储、海量数据管理、虚拟化技术、云计算平台管理、信息安全管理技术等最为关键。

云计算可以划分为多个层次的服务，包括基础设施即服务（IaaS，Infrastructure as a Service）、平台即服务（PaaS，Platform as a Service）和软件即服务（SaaS，Software as a Service），分别在基础设施层、软件开放运行平台层和应用软件层实现。

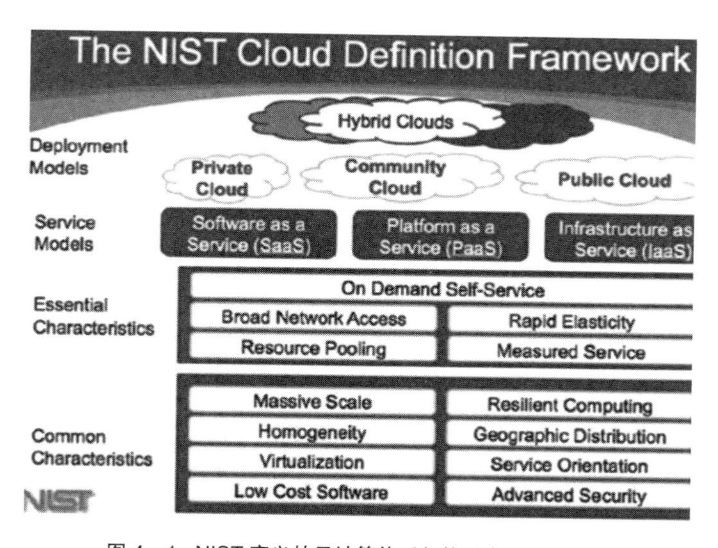

图 4—1 NIST 定义的云计算体系架构（来源：NIST）

IaaS，基础设施即服务。消费者通过互联网可以从完善的计算机基础设施获得服务——IaaS 通过网络向用户提供计算机（物理机和虚拟机）、存储空间、网络连接、负载均衡和防火墙等基本计算资源，用户在此基础上可以部署和运行各种软件，包括操作系统和应用程序。

SaaS，软件即服务。这是一种通过互联网提供软件的服务模式。用户无须购买软件，而是向提供商租用基于 Web 的软件来管理企业经营活动。云服务提供商在云端安装和运行应用软件，用户通过云客户端（通常是 Web 浏览器）使用软件。云用户不能管理应用软件运行的基础设施和平台，只能做有限的应用程序设置。比如，谷歌的 Google 文档就可以视作一种 SaaS

服务，通过网络就可以创建和分享在线文档、演示文稿和电子表格，在功能上与本地的微软 Office 的 Word、Powerpoint、Excel 软件基本雷同。

PaaS，平台即服务。PaaS 实际上是指将软件研发的平台作为一种服务，以 SaaS 的模式提交给用户。因此，PaaS 也是 SaaS 模式的一种应用，但是 PaaS 的出现可以加快 SaaS 的发展，尤其是加快 SaaS 应用的开发速度。这种研发平台通常包括操作系统、编程语言的运行环境、数据库和 Web 服务器，用户在此平台上部署和运行自己的应用。用户不能管理和控制底层的基础设施，只能控制自己部署的应用。

ACaaS（Access control as a Service），门禁即服务，是基于云技术的门禁控制。目前，有两种门禁即服务产品，即真正的云服务和机架服务器托管。真正的云服务是具备多租户、可扩展及冗余特点的服务，需要构建专用的数据中心，解决方案复杂，因此成本高昂。目前市场大部分的门禁级服务只是机架服务器托管，并非真正的云服务。

3. 云计算安全关键技术

在了解了云计算的核心技术与服务模式后，我们对于云计算安全的关键技术也要有个简要了解，具体内容就不在此予以展开论述了。

（1）可信访问控制

在云计算模式下，如何通过非传统访问控制类手段实施数据对象的访问控制是很多学者研究的重点。其中研究比较多的是基于密码学方法实现访问控制，包括基于层次密钥生成与分配策略实施访问控制的方法、基于属性的加密算法、基于代理重加密方法等。必须看到的是，上述基于密码的控制方法都存在权限撤销问题，在带有时间或约束的授权、权限受限委托等方面仍有许多问题有待解决。

（2）密文检索与处理

密文检索有两种典型方法：基于安全索引的方法（为密文关键词建立安全索引，检索索引查询关键词是否存在）和基于密文扫描的方法（对密文中每个单词进行比对，确认关键词是否存在，并统计其出现的次数）。

（3）数据存在与可使用性证明

在云计算服务环境下，用户不可能将数据下载后再验证其正确性，而是在取回很少数据的情况下，通过某种知识证明协议或概率分析手段，以高置信概率判断远端数据是否完整。

（4）数据隐私保护

云中数据隐私保护涉及数据生命周期的每一个阶段。在数据生成与计算阶段，Roy 等人结合集中信息流控制和差分隐私保护技术，提出了 Airava 隐私保护系统，而且支持对计算结果的自动除密；在数据存储和使用阶段，来自英国HP实验室的Mowbray 等人提出了一种基于客户端的隐私管理工具，帮助用户控制自己的敏感信息在云端的存储和使用。另外，还有人研究了现有的隐私处理技术在云计算安全中的解决方案、匿名数据搜索引擎等。

（5）虚拟安全技术

虚拟技术是实现云计算的关键核心技术，使用虚拟技术的云计算平台上的云架构提供商必须向其客户提供安全性和隔离保证。Santhanam 等人提出了基于虚拟机技术实现的 grid 环境下的隔离执行机；Raj 等人提出了通过缓存层次可感知的核心分配，以及给予缓存划分的页染色的两种资源管理方法实现性能与安全隔离；Wei 等人关注了虚拟机映像文件的安全问题，每一个映像文件对应一个客户应用，它们必须具有高完整性，且需要可以安全共享的机制。[①]

（6）云资源访问控制

在云计算环境下，每个云应用都属于不同的安全域，每个安全域都管理着本地的资源和用户。当用户跨域访问资源时，需在域边界设置认证服务，对访问共享资源的用户进行统一的身份认证管理。同时，考虑到各安全域都有自己的访问控制策略，因此对共享资源必须制定一个公共的、各方都认同的访问控制策略。

（7）可信云计算

将可信计算技术融入云计算环境，以可信赖方式提供云服务已成为云安全研究领域的一大热点。由 Santos 等人设计提出的可信云计算平台（trusted cloud computing platform，TCCP），包括一系列信任结点、信任协

---

① 冯登国，张敏，张妍，徐震：《云计算安全研究报告》，《信息安全国家重点实验室》（2012）。

调者、非信任云管理者和外部信任实体等，通过提供密闭的箱式运营环境（类似于黑盒）来保证客户虚拟机的安全，同时还允许用户对安全性进行测试与验证。Sadeghi 等人则通过用可信的软件和硬件以及证明自身行为可信的机制，来解决外包数据的机密性和完整性问题，并设计了一种可信软件令牌，将其与一个安全功能验证模块相互绑定，对外包的敏感（加密）数据执行各种功能操作。

4.云计算常见应用

（1）云存储应用

云存储，是将网络中大量各种不同类型的存储设备通过应用软件集合起来协同工作，共同对外提供数据存储和业务访问功能的一个系统，是在云计算概念上发展出来的一个新概念。当云计算系统运算和处理的核心是大量数据的存储和管理时，云计算系统中就需要配置大量的存储设备，那么云计算系统就转变成为一个云存储系统，所以云存储也可以看作是一个以数据存储和管理为核心的云计算系统。

图 4—2 云存储应用示意图（来源：IVEO）

（2）云呼叫应用

云呼叫应用是基于云计算技术而搭建的呼叫中心系统，企业无须购买任何软硬件系统，只需具备人员、场地等基本条件，就可以快速拥有属于自己的呼叫中心，软硬件平台、通信资源、日常维护与服务由服务器提供商提供。2007 年讯鸟软件推出“启通宝”SaaS 型呼叫中心（见图 4–3），随后又细分出公云呼叫中心、私云呼叫中心、混合云呼叫中心等概念。

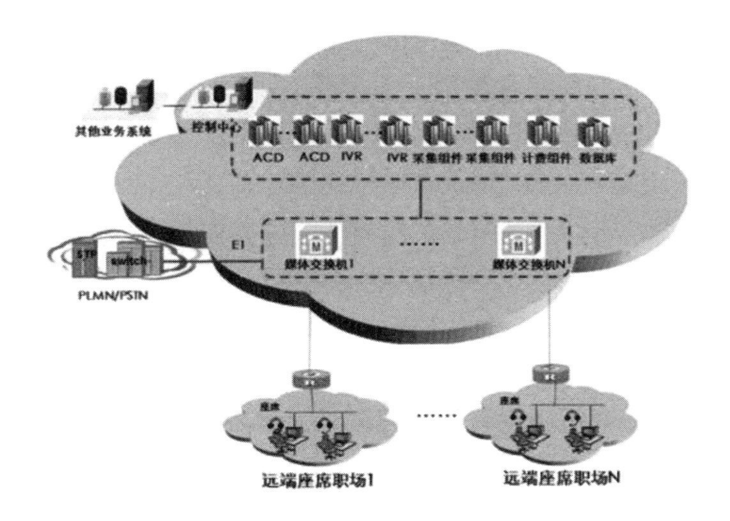

图 4—3 云呼叫应用示意图（来源：讯鸟软件）

（3）私有云应用

私有云（Private Cloud）是将云基础设施与软硬件资源创建在防火墙内，以供机构或企业内各部门共享数据中心内的资源。创建私有云，除了硬件资源外，一般还有云设备（IaaS）软件。目前的商业软件有 VMware 的 vSphere 和 Platform Computing 的 ISF，开放源代码的云设备软件主要有 Eucalyptus 和 OpenStack。至 2013 年可以提供私有云的平台有 Eucalyptus、3A Cloud、联想网盘和 OATOS 企业网盘等。

（4）云游戏应用

云游戏是以云计算为基础的游戏方式，在云游戏的运行模式下，所有游戏都在服务器端运行，并将渲染完毕后的游戏画面压缩后通过网络传送给用户。在客户端，用户的游戏设备不需要任何高端处理器和显卡，只需要基本的视频解压能力就可以了。目前，云游戏还没有真正成为家用机和掌机界的联网模式，因为至今 Xbox360 仍然在使用 LIVE，PS 是 PS

NETWORK，wii 是 Wi-Fi 连接。如果未来云游戏成为现实，那么传统的主机厂商将变成网络运营商，它们不需要不断投入巨额的新主机研发费用，而只需要拿这笔钱中的很小一部分去升级自己的服务器就行了，达到的效果却是相差无几的。用户更可以省下购买主机的开支，但是得到的却是顶尖的游戏画面。这确实是一个令人激动的愿景，尽管实现这一切还需要相当长的时间。目前，永新视博的视博云、云联科技等都在进行云游戏的研发和试运营。

图 4—4　云游戏应用的展示（来源：互联网）

（5）云教育应用

与传统的电视教育、网络教育一样，视频云计算完全可以应用在教育行业，而且云教育可以集教学、管理、学习、娱乐、分享、互动交流于一体，让教育管理部门、学校、教师、学生、家长等不同身份的人群在同一个平台上，根据权限去完成不同的工作。作为云计算与教育的有机结合，云教育有利于改变传统的教育信息化模式，以一对多的形式有效发挥“云教育”的多重优势，解决教育资源分布不均、更新速度慢、教育资源共享程度低等问题。据报道，目前，亚洲教育网、全通教育等已经开始了这方面的尝试。

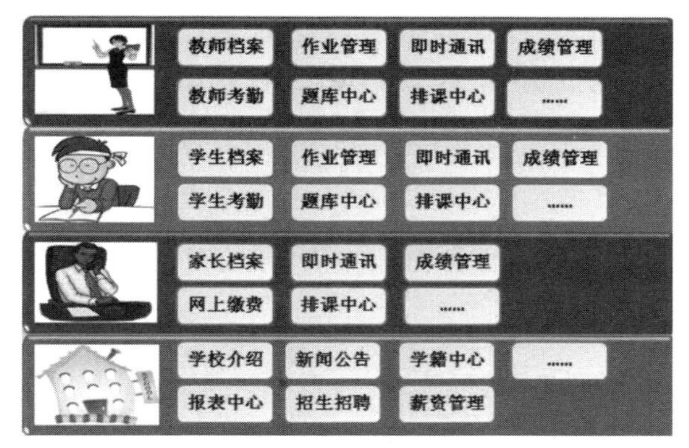

图 4—5 云教育平台的架构图（来源：互联网）

（6）云会议应用

云会议是云计算技术流行后出现的一种网络会议形式，具有成本低、操作简单等优势。使用者只需要进入互联网界面，通过简单易用的操作，便可快速高效地与全球各地团队及客户同步分享语音、数据文件及视频，而会议中数据的传输、处理等复杂技术由云会议服务商帮助使用者完成。

目前国内云会议主要集中在以 SAAS（软件即服务）模式为主体的服务内容，包括电话、网络、视频等服务形式，基于云计算的视频会议就叫云会议。现在国内外知名的云会议服务商包括思科、中兴、华为、全时、好视通（图 4–6）等。

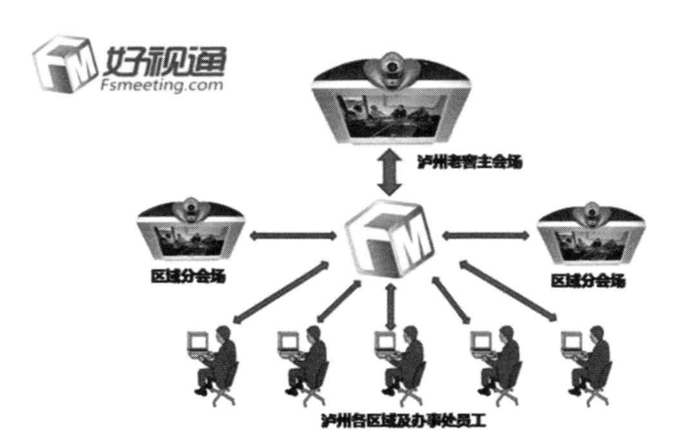

图 4—6 好视通云会议应用示意图（来源：好视通）

（7）云社交应用

云社交（Cloud Social）是将物联网、云计算和移动互联网交互应用的虚拟社交应用模式，以建立著名的“资源分享关系图谱”为目的，进而开展网络社交。云社交可以把大量的社会资源统一整合和评测，构成一个资源池向用户按需提供服务。参与分享的用户越多，能够创造的利用价值就越大。

（8）云安全

云安全是一个从“云计算”演变而来的新名词，并不是指云计算本身的安全。云安全实际上通过网状的大量客户端对网络中软件行为的异常进行监测，获取互联网中木马、恶意程序的最新信息，推送到服务器端进行自动分析和处理，再把病毒和木马的解决方案分发到每一个客户端。由此可以看出，云安全的原理就是使用者越多，每个使用者就越安全，因为如此庞大的用户群足以覆盖互联网的每个角落，只要某个网站被挂马或某个新木马病毒出现，就会立刻被截获。目前 360 安全卫士等就推出了云查杀等功能，也算是云安全服务之一。

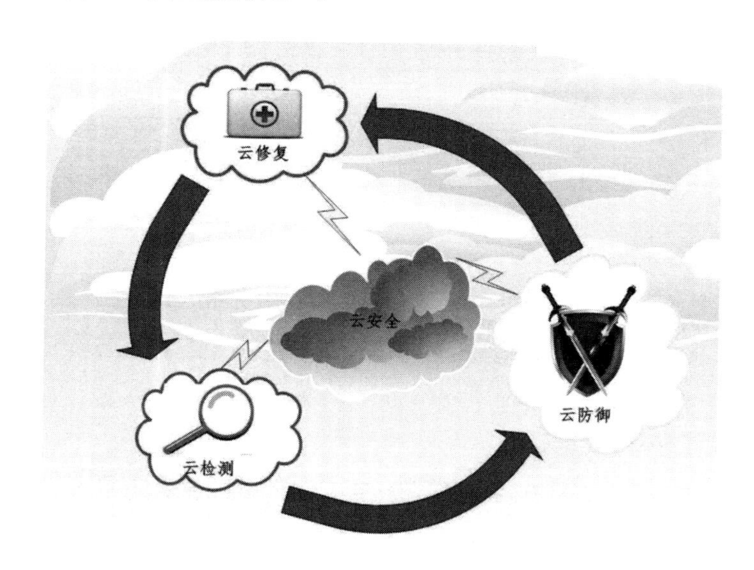

图 4—7 云安全应用示意图（来源：互联网）

未来，云计算的应用绝非仅仅上面列举的这些，必将形成一个以云基础设施为核心、涵盖云基础软件与平台服务与云应用服务等多个层次的巨型全球化 IT 服务化网络。云操作系统、云数据管理、云搜索、云开发平台等通用型服务，电子邮件、云地图、云电子商务、云文档等云应用服务……各个层次的服务之间既彼此独立又相互依存，形成一个动态稳定的结构。因此，未来谁掌握了云计算的核心技术的主动权以及核心云服务的控制权，谁就会在未来的 ICT 全球竞争格局中处于优势地位。

二　云计算的安全问题与监管挑战

传统的信息安全需求可以通过授权的合法性、信息的完整性、不可抵赖性、身份真实性等等手段进行解决，但云计算的操作模式是将用户数据和相关的计算任务交给了遍布全球的服务器网络和数据库系统，用户数据的存储、处理和保护等操作也都是在“云端”完成的。因此，用户数据就不可避免地处于一种可能被破坏和窃取的不安全状态，而且会导致更多更详细的个人隐私信息暴露在网络上。因此，从云计算诞生起，其安全性问题就一直没有离开人们的视线，业界普遍把安全性问题列为用户对云计算的最大质疑之一，甚至有人认为安全性问题有可能成为云计算发展不可逾越的障碍。

1. 普通用户常见的安全质疑

（1）云计算服务提供商的公信力

把我的核心资源存储在第三方，可靠吗?

云计算模式下，用户需要把自己的业务数据、IT 业务流程等核心资源保存在第三方，并且由于虚拟化，用户并不清楚这些资源被实际存储在何处。这种情况下，需要云服务提供商具备相当的公信力，用户才可能采取这种模式。前任 Google 全球副总裁、现创新工场创始人李开复曾经用一个钱庄的比方来形容云计算：“最早人们只是把钱放在枕头底下，后来有了钱庄，很安全，不过兑现起来比较麻烦。现在发展到银行可以到任何一个网点取钱，甚至通过 ATM……”

残酷的现实是，钱庄有着商誉的强力保证，但云计算面临着各种接连不断的灾难。比如，2012 年 8 月，苹果公司的 iCloud 服务被黑客攻击，因

图 4—8

云平台未备份用户数据，黑客暴力破解了用户密码，导致部分用户资料被删除，由于用户数据的丢失，致使用户 Gmail 和 Twitter 账号也因此被盗。2012 年 6 月，亚马逊北维吉尼亚的数据中心遭遇停电，由此导致亚马逊网络服务 AWS 中断约 6 个小时，影响波及亚马逊弹性计算 EC2、亚马逊关系数据库服务以及亚马逊弹性魔豆 AWS Elastic Beanstalk。宕机事故带来的不仅仅是用户数据的丢失，更重要的是造成了用户信心的流失。这些事故的最终后果由用户承受，却见不到云服务提供商类似钱庄那样有信誉或制度的保障。如此下去，行业公信力无法建立，用户又怎能把核心资源交付给云服务商呢？

（2）云计算数据中心的防护能力

数据存储在云计算中心，是否更容易被非法访问？比如，云服务提供商是否可以优先访问我的数据？我的数据存储在什么地方？我的数据被谁访问或复制？我能否控制这种访问或复制？

优先访问权是指云计算服务商拥有优先访问数据的权利。这样就面临一个问题，很多数据是购买云服务的用户或者企业自身的，自然有其机密性，但是采用云计算模式后，拥有优先访问权的却变成了云计算服务商。这一问题最早是由 Gartner 提出的，以目前情况来看，尚无可行的解决方案，云计算服务商也没有提供法律、制度或者技术上的应对措施。

其次，云计算中，数据的存储对于用户来说是透明的：用户并不清楚自己的数据被存储在具体哪个位置，也许它在 CIA 或者 FBI 的总部机房内，该怎么办？另外，用户需要拥有对自己数据的全面控制能力。用户需要知道，谁访问或者复制了自己的数据，是否经过了自己的授权，自己是否可以随时停止这种访问，还没有哪个云计算机服务商给出完整的解决方案。

（3）云安全

如何借助网络的威力对抗网络化的安全威胁?

云安全的概念与云计算安全性问题既有联系又有一定区别。通常意义上的云安全指的是采用云计算的方式为用户提供安全服务，是云计算的一种具体应用，但云安全与云计算的安全问题又难以完全割裂：反病毒、防木马都是二者的重要任务。病毒、木马、僵尸网络等安全威胁，在互联网时代的破坏力得到了加持，威胁进一步变大，典型的如 Conficker 蠕虫病毒，自 2008 年 11 月 20 日被发现以来全球已有超过 1500 万台电脑受到感染。为此，业界提出借助网络威力对抗网络化威胁的思路：通过云计算技术，对网络中的客户端软件异常行为进行监测，获取恶意程序信息，上传至服务器进行自动分析和处理，然后把病毒和木马的解决方案分发到客户端。目前，国内外安全厂商，比如瑞星、金山、江民、奇虎 360、赛门铁克、趋势科技等纷纷推出自己的云安全解决方案，云安全也成为云计算领域中为数不多的成熟应用之一。

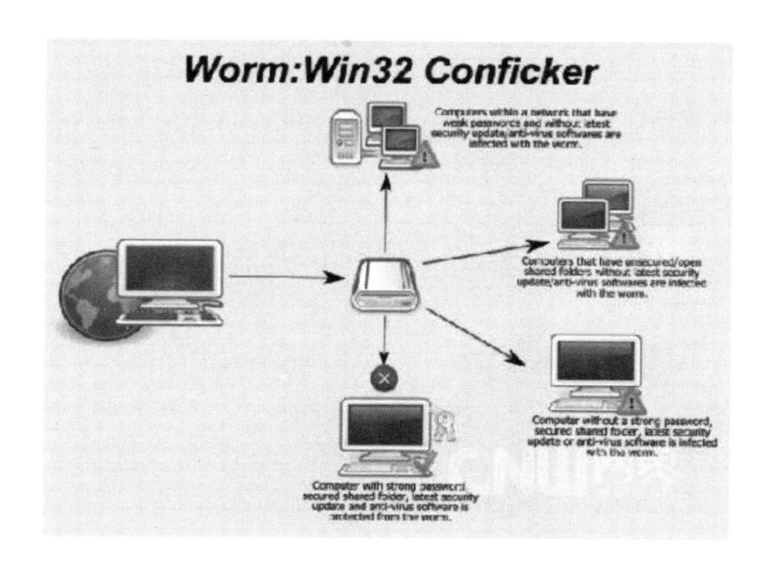

图 4—9 “Conficker 蠕虫”感染示意图（来源：互联网）

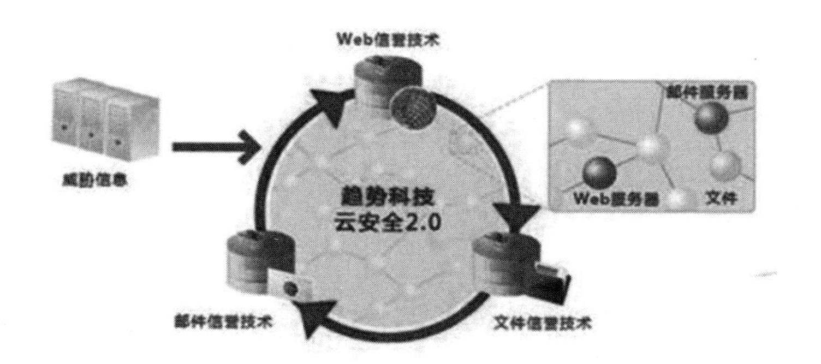

图 4—10 趋势云安全方案示意图（来源：趋势科技）

2. 专家眼中的云计算安全风险

美国市场研究与咨询公司 Gartner 早在 2008 年就发布过的一份《云计算安全风险评估》称，虽然云计算产业具有巨大市场增长前景，但对于使用这项服务的企业用户来说，应该意识到云计算服务存在着诸多的潜在安全风险。虽然过去了五六年之久，但是这些担心和风险在今天仍然具有借鉴和参考价值。

（1）优先访问权风险

一般来说，企业数据都有其机密性。这些企业把数据交给云计算服务商后，具有数据优先访问权的并不是相应企业，而是云计算服务商。如此一来，就不能排除企业数据被泄露出去的可能性。Gartner 为此向企业用户提出建议，在选择使用云计算服务之前，应要求服务商提供其 IT 管理员及其他员工的相关信息，从而把数据泄露的风险降至最低。

（2）管理权限风险

虽然企业用户把数据交给云计算服务商托管，但数据安全及整合等事宜最终仍将由企业自身负责。传统服务提供商一般会由外部机构来进行审计或进行安全认证，但如果云计算服务商拒绝这样做，则意味着企业用户无法对被托管数据加以有效利用。

（3）数据处所风险

当企业用户使用云计算服务时，他们并不清楚自己数据被放置在哪台服务器上，甚至根本不了解这台服务器放置在哪个国家。出于数据安全考虑，企业用户在选择使用云计算服务之前，应事先向云计算服务商了解这些服务商是否从属于服务器放置地所在国的司法管辖，以及在这些国家展开调查时云计算服务商是否有权拒绝提交所托管数据。

（4）数据隔离风险

在云计算服务平台中，大量企业用户的数据处于共享环境下，即使采用数据加密方式，也不能保证做到万无一失。Gartner 认为，解决该问题的最佳方案是：将自己数据与其他企业用户的数据隔离开来。Gartner 报告称："数据加密在很多情况下并不有效，而且数据加密后，又将降低数据使用的效率。"

（5）数据恢复风险

即使企业用户了解自己数据被放置到哪台服务器上，也得要求服务商作出承诺，必须对所托管数据进行备份，以防止出现重大事故时企业用户的数据无法得到恢复。Gartner 建议，企业用户不但需了解服务商是否具有数据恢复的能力，而且还必须知道服务商在多长时间内能完成数据恢复。

（6）调查支持风险

通常情况下，如果企业用户试图展开违法活动调查，云计算服务商肯定不会配合，这当然合情合理。但如果企业用户只是想通过合法方式收集一些数据，云计算服务商也未必愿意提供，原因是云计算平台涉及到多家用户的数据，在一些数据查询过程中，可能会牵涉到云计算服务商的数据中心。如此一来，如果企业用户本身也是服务企业，当自己需要向其他用户提供数据收集服务时，则无法求助于云计算服务商。

（7）长期发展风险

如果企业用户选定了某家云计算服务商，最理想的状态是这家服务商能够一直平稳发展，不会出现破产或被大型公司收购现象。理由很简单：如果云计算服务商破产或被他人收购，企业用户既有服务将被中断或变得不稳定。Gartner 建议，在选择云计算服务商之前，应把长期发展风险因素考虑在内。

3. 国家层面的云计算风险

对于一个国家而言，如果所有的数据都集中在云计算平台上，国家信息将面临着“去国家化”的风险，一旦被整合、分析并加以不良利用，势必会对该国的国家安全构成严重威胁。

（1）云计算下的互联网控制权争夺

许多发展中国家，包括中国在内，在科研领域一直寄希望于信息网络时代，通过借助信息化的手段缩小与发达国家之间科研水平的差距，甚至在一些领域实现超越。但是随着云计算时代的来临，如果难以在云计算方面取得长足发展，这种科研水平的差距就很有可能被进一步拉大，丧失“超英赶美”的有利时机。

众所周知，全球互联网的核心是根服务器，也是整个域名系统的基础。目前，全球共有 13 台根域名服务器，其中 10 台根服务器（包括 1 台主根服务器）设置在美国，另外各有 1 台设置于英国、瑞典和日本。这些根服务器的管理者都是由美国政府授权的 ICANN。该机构负责全球的互联网根服务器、域名体系与 IP 地址的管理，这就相当于美国控制了域名解析的根服务器，控制了相应的所有域名和 IP 地址，这对于其他国家来说显然存在着致命的危险——一旦一个国家的顶级域名被从根服务器上封住或者删除，这个国家在互联网世界中就消失了。云计算的提出为美国的“网络霸权”提供了新的机会：一旦全球信息的流动、存储与处理都要通过美国 IT 巨头们，如 Google 、亚马逊、微软等，在互联网中构建的“云”来进行，那么美国就牢牢掌握了对全球信息的绝对控制权。云计算是美国提高信息实力的主要途径，也是美国在 21 世纪想继续保持竞争优势的重要方式。这一点，在 2013 年夏季“棱镜门”事件之后显得愈发明显。

（2）网络战争的威胁

未来，网络战争将成为互联网时代的基本战争形态之一。云计算在本质上就是互联网系统的中枢神经系统，一旦爆发信息战，它的发展与安全问题就不再仅仅是商业行为，更涉及互联网神经中枢系统争夺的较量。随着中国经济等实力的发展，中国与欧美之间的竞合关系日趋明显。这时候，中国与周边一些国家和地区，比如南海周边等国家之间的小摩擦不断增加，虽然它们的整体实力弱于中国，但网络战争具有风险小、收效大的特点，因此它们有可能在一些“后台”的支持下率先发动网络战争，这时候云计算的安全问题将会更加凸显。

（3）法律风险

云计算从诞生之日起就伴随着法律争议，很多国家已经开始讨论在法律上对其加以规范，适用原有的数据保护法、隐私法或者有针对性地制定相关法律。

首先是跨境提供服务的问题。云计算的数据通过互联网进行存储和交付，数据在流动过程中可能跨越了不同的国界，穿越了不同的时区。产生法律风险的关键是包括用户在内的任何人都很难确切地知道数据在哪里共享和传送，而数据流经过的每个国家都拥有自己的法律以及网络安全管理要求，云计算服务提供商显然无法做到与所涉及的所有国家的法律相符合，因此对各国管辖权之下的法律义务带来了挑战。

其次是云计算可能会带来数据保护和隐私权问题。云计算服务与各国数据保护法、隐私法的关系是目前备受关注的话题。在美国，涉及到爱国者法、萨班斯法以及保护各类敏感信息的相关法律，对于云计算服务的提供商、用户都有相应的要求，如适用萨班斯法案的企业在使用云计算服务时必须确保供应商符合萨班斯法案的要求，比如可以以保护美国国家安全的名义不经你的允许而检查你的数据。

还有，云计算的合同规范存在困难。通常，服务提供商与客户之间通过合同来规范各自的权利义务，但是在云计算建立起服务标准和服务程序之前，云服务的使用者希望通过合同得到保护是非常困难的事情。提供云计算服务的公司在与客户的合同中不可能对安全问题做出合同上的承诺，因为它们自己无法控制，甚至不能告诉客户这些数据位于什么位置。如果要求云计算的服务商在合同中做出承诺并且承担相应的义务，这很可能会破坏云计算的价格模式，使其优势不在。

云计算产生的法律问题是全球性的，未来除了各国在各自管辖权范围内的法律规制外，也许在国际层面的立法将更为有助于云计算的发展和安全。

三　云计算安全与监管问题应对

1. 树立正确的云计算发展观

云计算是网络基础设施普及发展到一定阶段的产物，因此要客观评估中国当前网络基础设施的发展状况，正确看待云计算的积极作用和负面影响。另外，践行云计算要避免盲目跟风，尤其不能直接“拿来主义”，购买了国外的产品不加研究就使用。

目前，在云计算领域，核心技术基本上为国外企业掌控，云操作系统、大型商用服务器等大多数来自欧美国家，因此要加强自主云计算产业的建设，必须做到系统安全可控、关键软硬件产品国产化，完善包括设备供应商、云平台开发商、云应用开发商、云服务提供商、云应用提供商、云资源提供商、网络运营商、终端供应商、最终用户等在内的产业链建设，提高中国信息安全的保障能力。同时，应加快云计算标准建设，通过统一的标准规范和驱动产业的发展。

2. 建立可控的云计算安全监管体系

在发展云计算产业的同时，要大力发展云计算安全监控技术体系，牢牢掌握技术主动权，在继承互联网监管体系优势的同时，充分契合云计算的技术与系统特点。

（1）云安全框架

解决云计算安全和监管问题的当务之急是，针对各种威胁建立综合性的云计算安全框架，并积极开展其中各个云安全的关键技术研究。

对于云用户而言，首要的安全目标是数据安全与隐私保护服务，防止云服务商恶意泄露或出卖用户隐私信息，或者对用户数据进行搜集和分析，挖掘出用户隐私数据。需要注意的是，数据安全与隐私保护必须要贯穿用户数据的整个生命周期，包括创建、存储、使用、共享、归档、销毁等各个阶段，这将会涉及到所有参与服务的各云服务提供商。

云用户的另一个重要需求是安全管理，即允许用户获取所需安全配置信息以及运行状态信息，并在某种程度上允许用户部署专用安全管理软件。当然，这一管理权限获得的前提是不泄漏其他用户隐私且不涉及云服务商商业机密。

（2）云计算安全服务体系

云计算安全服务体系由一系列云安全服务构成，是实现云用户安全目标的重要技术手段。根据其所属层次的不同，云安全服务可以进一步分为可信云基础设施服务、云安全基础服务以及云安全应用服务3类。①

其中，云基础设施服务包括数据存储、计算等IT资源服务，是整个云计算体系安全的基石。因此，云基础设施的安全性包含两个层面的含义：其一是抵挡来自外部黑客的安全攻击的能力，其二是证明自己无法破坏用户数据与应用的能力。

其次，云安全基础服务属于云基础软件服务层，为各类云应用提供共性信息安全服务，是支撑云应用满足用户安全目标的重要手段。其中比较典型的几类云安全服务包括：

云用户身份管理服务：主要涉及身份的供应、注销以及身份认证过程。

云访问控制服务：这主要依赖于如何妥善地将传统的访问控制模型和各种授权策略语言标准扩展后移植入云环境。此外，组合授权问题也是云访问控制服务安全框架需要考虑的重要问题。

云审计服务：由于用户缺乏安全管理与举证能力，要明确安全事故责任就要求服务商提供必要的支持。因此，由第三方实施的审计就显得尤为重要，也是保证云服务商满足各种合规性要求的重要方式。

云密码服务：除最典型的加解密算法服务外，密码运算中密钥管理与分发、证书管理及分发等都可以基础类云安全服务的形式存在。云密码服务不仅为用户简化了密码模块的设计与实施，也使得密码技术的使用更集中、规范，也更易于管理。

最后，云安全应用服务开始与用户的需求紧密结合，如DDOS攻击防护云服务、云网页过滤与杀毒应用、内容安全云服务、云垃圾邮件过滤及防治等。利用云计算的超大规模计算能力与海量存储能力，可构建超大规

---

① 赵越：《云计算安全技术研究》，《吉林建筑工程学院学报》2012年第2期。

模安全事件信息处理平台，提升对于全网安全态势的把握能力。此外，还可以通过海量终端的分布式处理能力进行安全事件采集，提高安全事件搜集与及时进行处理的能力。

（3）云计算安全支撑服务体系

云计算安全支撑服务体系的核心至少应覆盖以下几方面内容。

云服务安全目标的定义、测量及其测评规范：帮助云用户清晰地表达其安全需求，并量化其所属资产各安全属性指标。这些安全指标要具有可测量性，可通过指定测评机构或者第三方实验室测试评估。

云安全服务功能及其符合性测试规范：要定义基础性云安全服务（如云身份管理、云访问控制、云审计以及云密码服务等）的主要功能与性能指标，便于使用者在选择云安全服务时进行对比分析。

云服务安全等级划分及测评规范：要通过云服务的安全等级划分与评定帮助用户全面了解服务的可信程度，更加准确地选择自己所需的服务，尤其是底层的云基础设施服务以及云基础软件服务，其安全等级评定的意义尤为突出。

（4）云计算内容监控

云计算的高动态性增加了网络内容监管的难度。首先，云托管等服务使得建立或者关闭一个网站服务比以往更加容易，成本代价更低；其次，网站云端化后难以确定服务器的物理位置，对有害内容的定位和溯源将变得更加困难。因此，各种不良网站很容易通过打游击的方式在全球范围内的网络上迁移，使得追踪管理的难度加大，对于内容监管更加困难。

其次，云服务环境下，传统的内容过滤手段容易失效。由于境外云计算服务节点通常提供共享访问的SSL加密通道，这样除证书发行商名字、IP、端口外难以检测到其他内容，很容易形成监管盲区。另外，云计算时代最大的特点就是数据流量大，现有监管设备的处理能力无法满足要求，导致在线内容审查实现起来难度很大。

第三，云计算数据存储平台跨越国界已经是一种常态，很多时候会超出当地政府的监管范围，或者同属于多地区或多国的管辖范围，而这些不同国家和地区的监管法律和法规之间很可能存在一定的差异，乃至冲突。

当出现内容安全问题时，难免出现扯皮的问题，尤其是在涉及到政治等层面时，更难以给出公允的裁决。

因此，针对由于云计算可能带来的内容监管方面的困难，要从下面这几个角度着手寻找解决之道。

健全法律规定：针对云服务潜在的安全漏洞，我们要从法律法规层面界定清楚云计算服务商的责任与义务，明确保护用户数据与隐私的重要性，厘清各有关部门的监管职责等。针对数据跨境流动问题，要强制规定重要数据不得在境外存储和处理等。

强化技术手段：加强密码技术研究，“以子之矛攻子之盾”，争取通过云资源本身实现合法读取密文；跟踪溯源技术的国际最新进展，加大研究投入力度，争取掌握相关技术。

加强合作与交流：云计算的安全问题不仅中国会遇到，各国都会难以避免，因此要与相关国家和地区加强合作，共同打击云服务传播不良信息的非法活动。当然，在国际合作的过程中，我们也可以积极学习借鉴国外的先进技术与管理手段。

第二节　三网融合环境下的信息安全与内容监管

随着国务院关于“三网融合”政策在2010年年初的正式出台，各种关于“三网融合”的话题开始成为产业热门话题。其中，不仅涉及技术体系及业务构建方面的难点，关于相关行业的利益之争也成为热烈讨论的话题之一。另外，在关注三网融合技术及业务发展问题的同时，也不能忽略在整个融合的进程中所面临的信息安全以及文化安全的考验。只有处理好相关的安全问题，才能使技术及业务不断融合，并最大程度地保障各方面的利益，从而进一步寻求利益的分配平衡。

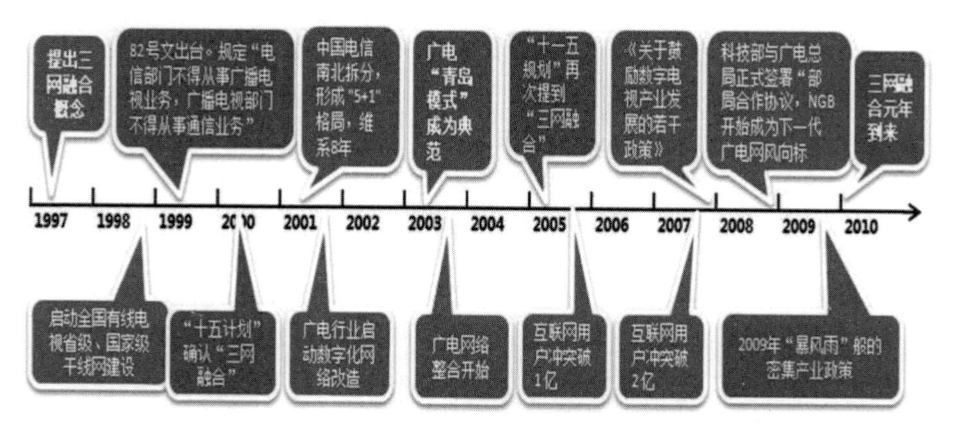

图 4—11　三网融合概念的历史沿革（来源：中国数字电视）

一　三网融合的内涵与实现方式

1. 三网融合的内涵

三网融合产生的大背景是互联网技术的发展和升级迫使电信和广播电视改变其传统的运营方式和模式。那么，我们经常谈论的"三网"究竟是哪三网呢？我们首先需要对此有个明确的认识。传统意义上的"三网"指电话网、数据网和电视网；国办发【2008】1 号文所阐述的"三网"是指宽带通信网、数字电视网和下一代互联网。实质上，"三网融合"即在同一网络中实现数据、语音和视频业务的统一或融合，是指电信网、广播电视网、互联网在向宽带通信网、数字电视网、下一代互联网演进过程中，通过技术改造，技术功能趋于一致，业务范围趋于相同，网络互联互通、资源共享，能为用户提供语音、数据和广播电视等多种服务。国务院会议在"三网融合"的阶段性目标中也明确提出：2010—2012 年，重点开展广电和电信业务的双向进入试点；2013—2015 年，全面实现"三网融合"，发展、普及应用融合业务。在现阶段，三网融合并不意味着电信网、互联网和广播电视网的物理合一，而主要是指业务应用的融合，表现为技术上趋向一致，网络层上可以实现互联互通，业务层上互相渗透和交叉，应用层上使用统一的 TCP/IP 通信协议，行业管制和政策方面也逐渐倾向统一。

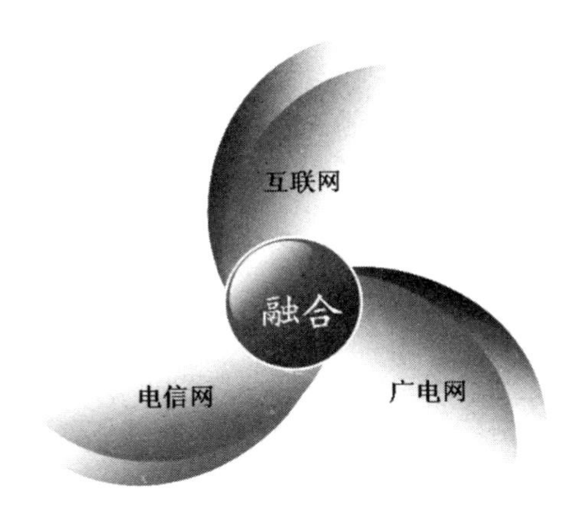

图 4—12　三网融合

一般而言，三网融合主要包括三个层次的融合，即技术与网络融合、业务与应用融合以及安全与监管融合。其中，网络融合主要针对中国有线网络与电信宽带网的现实问题，通过推进下一代宽带通信网、NGB 和下一代互联网等国家网络基础设施的建设，推动有线网络和电信网逐步同质化，最终实现互联互通。业务融合则是推动广电的视频业务与电信的语音、数据业务逐步融合，最终走向对称开放。监管融合主要是考虑到中国分业监管的现状，在未来实现网络安全监管与内容安全监管的统一与融合。

2. 三网融合之技术融合

从技术上来看，尽管几种网络仍然具有自己的特点，但它们的技术特征正在逐渐趋向一致，真正三网融合后的“网络”将是一个覆盖全国、功能强大、业务齐全的信息服务网络，可为全国采用任何终端的用户提供综合的语音、图像、音视频等多种服务。

在接入层，随着互联网的飞速发展，TCP/IP 协议已经成为事实上的业界标准，可以为多种业务提供统一的平台，使得各种以 TCP/IP 为基础的业务都能在不同的传输网上实现互通，为三网融合奠定了最坚实的技术基础。IPTV、DVB+OTT 等业务的发展，也从一个侧面证明了技术融合正在成为各方共赢的基础。当然，网络管理与控制、对 TCP/IP 协议在安全性方面的改进等也是三网融合过程中需要解决的问题。

在用户端，随着智能终端技术的发展，具备网络功能的电视机、功能强大的智能手机和平板电脑在越来越多的家庭里成为标配，“多屏互动”、“一源多屏”的实现已经没有任何技术上的障碍。

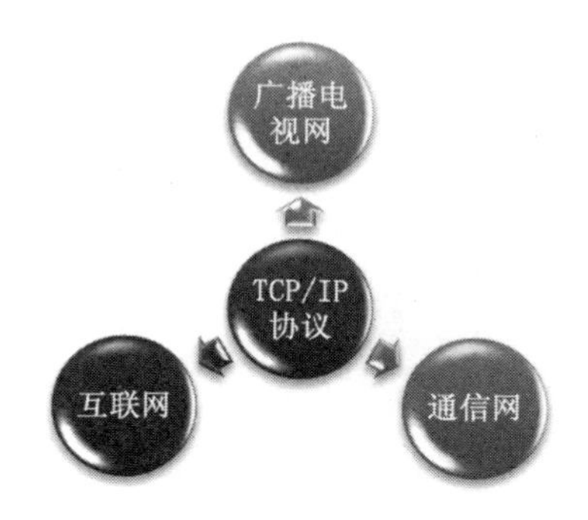

图 4—13 IP 协议——三网融合的技术基础（来源：易目唯）

从发展的眼光来看，三网融合的最终结果是催生下一代网络，但它并不是现有“三网”的简单叠加和延伸，而应是各自优势的有机融合，三网融合实质上就是一个类似于生物界优胜劣汰的演化过程。

3. 三网融合之业务融合

无论是电信网还是有线网都是业务的承载载体，因此其发展都离不开业务的推动。传统上，不同的业务要求不同的网络结构来支持，而不同的网络结构也往往适于传送相应的业务。长期以来，视频一直是有线网的主要业务，而电话则是通信网的基础业务，二者井水不犯河水。但随着计算机和互联网的普及，数据业务，特别是 IP 业务正呈现爆炸式增长趋势，这就要求三网融合不仅要在技术上进行融合，同时业务上也要进行融合。在世界范围内，电信运营商的数据业务量都已陆续超过了传统的电话业务量，尤其是随着 3G 和 4G 技术的推进，电信网的语音业务（包括移动语音业务）将彻底让位给数据业务。据工信部的最新的统计数据，2013 年，通信行业对话音业务的依赖持续减弱，非话音业务收入占比首次过半，达 53.2%；移动数据及互联网业务收入对行业收入增长的贡献从上年的 51% 猛增至 75.7%。2013 年，固定本地电话通话时长为 3023.1 亿分钟，同比下降 15.2%；而同期移动互联网流量达到 132138.1 万 GB，同比增长 71.3%，月户均移动互联网接入流量达到139.4M，同比增长42%。

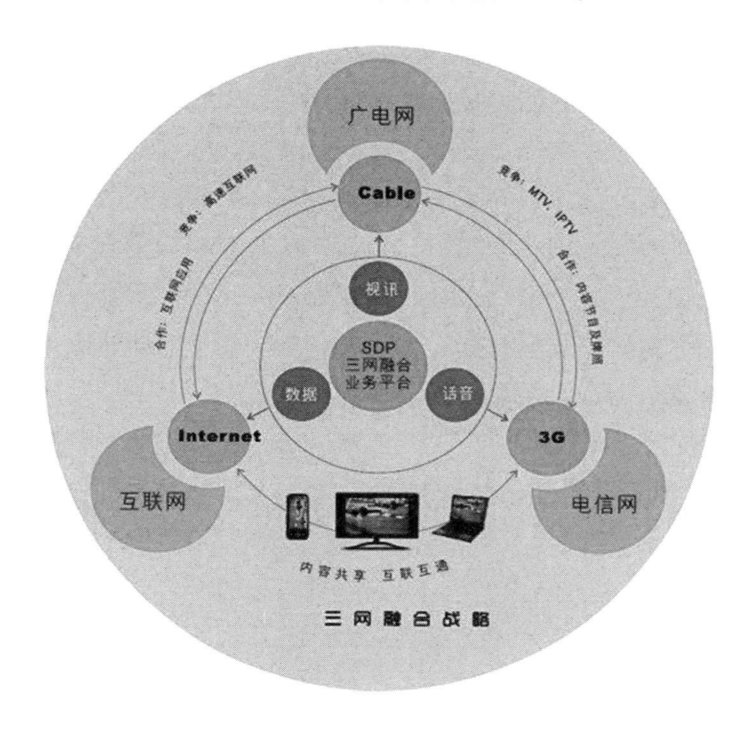

图4—14 某企业三网融合战略示意图（来源：同洲电子）

我们可以看到，互联网的发展，尤其是移动互联网迅速崛起之后，各种业务市场开始从局部竞争走向全面竞争。原有的依附各承载网络的话音、数据和视频业务，通过网络的整合衍生出丰富的增值业务类型，如IPTV、VoIP、互联网电视、网络视频和手机电视等，极大地拓宽了运营商业务提供的范围。比如，互联网与通信网的联姻催生了手机上网、网络电话等新型应用；互联网与有线网的融合让互联网电视、网络视频、互动电视、视频游戏等开始崭露头角；通信网与有线网的携手让IPTV、手机电视、手机视频等获得了成长的土壤。

4. 三网融合之监管融合

根据国家关于三网融合的总体思路与实施细则，推进三网融合的基本原则是“统筹规划、资源共享”，将通信网和有线网的建设和升级改造纳入国家统一规划，实现互联互通、资源共享，避免重复建设；“分业监管、共同发展”，广电与电信主管部门按照各自职责分工，分别履行行业监管职责，鼓励广电与电信企业合作、优势互补，实现共同发展；“加强管理、保障安全”，要改进和完善信息内容监管方式，提高监管能力，保障网络信息安全和文化安全。基本原则中涉及的运营主体、运营市场、运营业务均有交叉，而监管主体虽然强调了合作，但管理仍然是“分业”的。因此，当涉及电信和广电各自利益的时候难免会出现意见分歧，这也给三网融合后的网络信息安全和文化安全带来了挑战。

二　三网融合带来的安全与监管挑战

随着三网融合工作的不断推进，网络的开放性、融合性和复杂性不断提高，以往互联网、广电网和电信网各自面对的安全问题不仅依然会存在，而且还有可能借助融合网络这个统一平台在更大范围内泛滥。同时，三网融合后，各种原来分离的专有业务平台也正在逐步融合在以 IP 为承载的综合业务平台上，在此之上衍生出很多新的业务形态，从而也带来了新的网络安全问题。

1. 网络安全面临新挑战[①]

融合网络作为国家信息基础设施，必须确保网络基础设施安全。特别是数字广播电视网作为党和国家的喉舌，确保其不受非法网络用户攻击、保持信息传播畅通显得尤为重要，所以三网融合必须加强网络设施安全能力的建设。

首先，要重视 IP 协议自有缺陷带来的安全隐患。IP 协议无法提供端到端的服务质量控制和安全机制，在将合法用户接入网络的端口和门户的同时，网络黑客等恶意攻击者也乘虚而入。攻击者可以通过使用 IP 地址欺骗、拒绝服务攻击、后门入口等工具和技术入侵网络，达到破坏服务、盗用服务和窃取机密信息等目的。这些缺陷在融合后的网络中继承了下来，必将带来相应的安全问题。即使是 IPv6 协议，也存在着一定的隐患。IPv6 协议

① 李玉峰等：《面向三网融合的统一安全管控技术》，《中兴通讯技术》，2011年8月。

中的部分重要协议，如 ND 协议（网络邻居发现协议）在当前环境下应用也存在漏洞。当网络中存在恶意节点时，就可能遭受利用 ND 认证缺陷的欺骗性 DoS 攻击，且受 IPv6 地址空间扩大的影响，攻击者还有可能利用 ND 从链路外发起资源消耗型 DoS 攻击。

其次，三网融合之后，有线电视网将不断地开放，这种开放性使得外部的攻击者有了可乘之机。互联网上肆虐的黑客、病毒、木马等有可能转移到广播电视网中，产生巨大危害。蠕虫病毒、大流量分布式拒绝服务攻击、垃圾流量、针对支撑和业务系统的攻击等都将给有线电视网络的安全提出严峻挑战。同时，由于传统网络的封闭性，一些安全漏洞被掩盖起来，而在开放环境下，这些缺陷极有可能显现并放大。与此同时，在孤立的网络环境下，病毒或黑客的攻击范围相对有限，在三网融合后的挑战性将明显增大。

第三，在终端安全方面，三网融合将实现三屏合一，终端的快速发展不可避免地带来相应的安全问题，尤其是终端接入方式多样化后，安全形势将更加错综复杂。比如，随着智能终端计算能力的不断增强，智能终端有可能通过网络基础设施对有线电视运营商和中心服务器传播病毒或强行攻击，造成安全威胁。

另一方面，在三网融合的背景下，机顶盒、智能手机、PC、PAD 等终端设备丰富多样，通过假冒某一台授权终端的 MAC 标识或 IP 地址，各种非授权终端均能顺利接入网络，这也将严重影响有线电视网络的安全性。如今，各种智能终端能自动收集用户个人信息，如账号、密码、位置等，并上传到节目中心。有线电视用户如果上传涉及个人隐私的敏感信息，被犯罪分子窃取、修改或盗用，将会带来负面的安全影响。另外，付费电视、电视商城等业务的开展必须要求用户有自己的账号和密码，未来对于如何在终端上对各种形式的密码进行有效管理和长期保存将是有线电视行业面临的一大难题。

2. 内容安全问题不容忽视

三网融合环境下，内容安全问题将会更严重地关系到社会的安全。因此，《国务院关于印发〈推进三网融合总体方案的通知〉》（国发【201015 号文】）中对“保障网络信息安全和文化安全”明确指出：加强三网融合环境中网络信息安全和文化安全问题的研究，建立健全安全保障工作协调机制，完善安全保障体系，提高安全监督能力，有效维护网络信息安全和文化安全。在三网融合的实施过程中，有关部门也一再强调：“要把确保网络安全、文化安全贯穿于三网融合的全过程，要做到同步同进、并重并举。按照属地化管理，谁主管谁负责，建立健全相关安全监管机构和技术监管系统，落实网络信息安全和文化安全管理职责。广电主管部门要将IPTV、手机电视业务纳入安全播出和行业管理范围，切实加强监管。”虽然近年来中国网络文化安全方面的政策法规及技术监管取得了一定的发展完善，但由于网络文化安全这一崭新课题的复杂性，要有效保障中国网络文化安全还有很大差距。

比如，传统的有线电视网虽然是一个相对封闭的系统，但三网融合之后原有的媒体业务也要纳入统一开放的业务体系中，媒体业务原有的内容篡改、插播等问题不但仍然会存在，而且开放体系还会引入新的安全问题。更何况，三网融合后，互联网作为优秀文化传播和舆论宣传阵地的作用会更加突出，因此必须改进和完善信息内容监管方式，加强网络内容安全能力建设。在三网融合环境下，必须研究、创新、提高音视频内容在线审查手段，研究网络热点事件的形成传播机制，提高网络不良信息的发现和溯源能力，确保正确的舆论导向和网络空间的健康文化导向。

还有一个不容回避的监管难题就是“分业监管”，这对三网融合的安全监管带来了很大挑战，因此对于三网融合的传播内容，特别是在互联网内容管理方面，力争实现网络内容的归口管理。毕竟无论是广播、影视、出版物还是其他文化产品，放到互联网上后其本质是一样的，都是数字化的内容信息。因此对互联网内容的归口管理势在必行，无论是国家互联网信息办公室还是合并后的国家新闻出版广电总局，都有能力承担起这一管理职责。

3. 行为安全要加强

随着三网融合的不断推进和网络应用的不断普及，融合网络必将成为全社会广泛参与的工作、学习、生活、商务、政务的一体化网络，确保网络行为可信、可管、可审计显得尤为重要，所以三网融合必须加强网络行为安全能力的建设。网络行为安全能力建设，具体而言就是研究提高针对网络恶意攻击、木马病毒植入与传播、控制僵尸网络从事非法活动以及视频直播类节目的插播篡改等网络安全事件的追踪溯源能力，实现融合网络行为的可审计与可追踪，确保融合网络的可信、可管、可控。

4. 业务安全运营

融合后的网络业务不仅是电信网、有线电视网、互联网原有业务的简单叠加，“宽带中国”战略将带动网络带宽的跨越式提升，三网融合的深入将促进广电与电信业务双向准入，因此急需加强网络业务安全能力建设。一方面必须对各种网络用户、不同类型终端运行的业务种类、运营方式进行业务准入控制和监测管控，从而确保融合网络业务的安全有序可持续发展；另一方面融合网络作为一个承载数据、语音、视频的综合性信息平台，特别是针对受众面巨大的视频直播类节目信息，必须保证其网络传输的完整性，确保业务传输安全。融合网络中不仅业务种类更加丰富，应用终端类型也更加多样，面对错综复杂的融合网络业务和资源，如果缺乏针对融合网络的精细化运营基础，融合网络运营商将无法进行针对性的业务开发和营销。

三　三网融合的安全与监管难题应对

随着三网融合实质性的推进，三网融合业务和应用已经开始逐步深入到普通百姓的日常生活之中，因此三网融合的信息安全问题日益凸显，须从法律法规、行政监管、技术手段等方面多管齐下，全面保障三网融合的顺利推进和安全可控。

1. 推进成立统一的网络安全和信息安全管理机构

长期以来，中国的电信网、互联网、广播电视网等三个网络分属于三大产业，各有自身的行业管理机构，行业的政策大多都不具备公开透明性。其中有些公开透明度高的，比如通过行业法规或其他文件颁布的，也有的缺乏公开透明度，以内部的文件或口头的报告形式传达给下属贯彻执行。

1998 年以前，中国电信业的监管机构是原邮电部。电信企业都为国有企业，实行政企合一的管理体制，邮电部既是经营者又是行业管理机构。1998年3月，以原邮电部和电子部为基础组建了信息产业部，原广电部信息和网络管理的职能并入信息产业部。2008年3月，国务院机构改革方案发布，组建工业和信息化部，原信息产业部作为电信业的管理职能整合划入工信部。综观整个电信业管理机制，基本已形成了以工信部为主导的管理体制。在现有的监管体制下，电信市场准入的权限基本上仍由国务院负责，中国电信市场上的历次重大市场进入和重组决策，例如成立中国联通公司、两度拆分中国电信以及最终组建三家电信运营企业的竞争格局，都是在国务院的领导下通过行政手段完成的。因此，中国目前尚无明确负责电信市场准入的机构，市场准入管理的权限仍然属于国务院。

与电信网不同，中国有线电视网采用的管理机制是“条场分割、以块为主、分级管理”。广电总局及各地广电机构作为监管机构，负责全国各地有线电视行业的管理以及发展规划、建设和运营。相关政府部门同时行使对有线电视运营企业的管理职能。其中，在有线电视的宣传方针等重大问题上由中央宣传部领导和指导，在有线电视频道资源分配、线路设备标准上受工信部监管，在收费标准和项目标准上受物价主管部门的管理等。

互联网行业的监管工作主要由工信部承担，ICP和ISP的经营实行许可备案制，要求企业提交必需的材料，并根据经营区域由中央或地方的监管机构审批。在目前的监管体制下，ICP受到的约束要大于ISP，特别是多部门分开审查的做法，在一定程度上影响内容产业自主化的发挥。互联网内容管理部门有国家新闻出版广电总局、工信部、国家互联网信息办公室、公安部、文化部、国家安全局等。

三网融合多头管理的一个弊病就是政出多门，缺少统一的指挥，各个部门各自为政。由于各部门自身的局限性，在制定政策法规的同时都站在本部门的利益之上，因此部门之间协调性不佳，造成资源浪费和效率缺失。因此，三网融合需要逐步建立与之适应的“融合监管”模式。从国际上已有的经验看，美国和英国都采取统一的监管机构进行监管，极大地促进了网络融合产业的发展。面对三网融合后融合网络面临的纷繁复杂的安全问题，必须改变目前多头管理的局面，最好能成立专门的内容安全管理机构。

这一机构要加大对融合网络和信息安全工作的指导规划力度，加强基础性管理工作，推动行业自律；要制定国家级的广电网络和信息安全预案，协调相关部门、重点行业的网络和信息安全工作；要牵头制定相应的标准和规范，做好基础性工作。虽然由于种种历史和现实的原因，统一监管机构尚未真正落实，但是推进成立统一的网络安全和信息安全管理机构仍然值得努力与尝试。

2. 健全相关的网络信息安全的法律法规体系

在2000年以前，中国的电信监管部门主要以透明度差且名目繁多的"红头文件"形式颁布部门规章制度，以行政手段对企业和市场进行管理。2000年9月，出台了《中华人民共和国电信条例》和《电信服务标准》，对中国的电信行业首次以法规的手段进行规范。之后又在《电信条例》的基础上，以部长令的形式颁布了多个相关管理规定和管理办法，对市场定价、准入和市场规范等做出相应的规定，例如《外商投资电信企业管理规定》。但是到目前为止，《电信法》依然没有出台，现有《电信条例》是原信息产业部早在2000年起草的部门立法，其根植于传统电信业务的认识上，并不能反映对现阶段电信制度的最新认知，具有明显的部门、行业保护特色，在监管的力度和权威上存在严重不足。

同时，有线广播电视的管理也经历了类似的发展过程。1990年11月，原广电部发布第2号令《有线电视管理暂行办法》；1992年2月，发布了12号令《有线电视管理规定》；1997年8月，国务院又颁布了《广播电视管理条例》；其后，国务院办公厅又陆续下发了《关于加强广播电视传输网络建设管理的通知》和《关于加强广播电视有线网络建设管理意见的通知》等文件，为中国有线广播电视产业化的发展奠定了政策基础。这些相关法规和文件从不同角度确定了中国有线广播电视的运营、管理和发展模式。

互联网监管方面的法规也不少，比如，监管ICP的法律法规有原信产部《电信业务经营许可证管理办法》、国务院发布的《互联网信息服务管理办法》、原国家广电总局的《互联网等信息网络传播视听节目管理办法》、卫生部的《互联网医疗保健信息服务管理办法》、文化部《互联网文化管理暂行规定》等，最新的则是《全国人民代表大会常务委员会关于加强网络信息保护的决定》。监管 ISP 的法律法规相对要少一些，有《中华人民共和国电信条例》、《互联网骨干网间互联管理暂行规定》、《互联网骨干网互联结算办法》等。

总体上看，中国在网络和信息安全立法方面做了很多工作，但普遍法阶不高，主要是部门规章，因此，在三网融合环境下要进一步健全中国网络信息安全法律制度保障体系，一是需对相应的法律法规进行修订或补充，二是应出台《电信法》等专门的网络和信息安全基本大法，构建结构严谨、层次分明的网络和信息安全法律体系，通过立法明确政府、运营商、用户等在保障网络和信息安全中的权利和义务，为网络和信息安全工作提供强有力的支撑。同时，法律法规的健全也可以对严惩破坏网络和信息安全的行提供法理支持。

3. 实行分级的保护机制

在三网融合背景下，通过分级的方式对网络信息安全漏洞进行评估，建立网络安全评价指标体系，从而科学合理地配置各类资源，使硬件设施、制度流程、人员结构等满足网络可管可控的各项要求。比如，可以根据不同业务在系统中的重要程度、面临的风险威胁、安全需求、安全成本等因素，将网络划为不同的安全保护等级并采取相应的安全保护技术和管理措施。

4. 大力研发信息安全技术，做好安全与监管保障

从技术角度看，传统的三网内在的安全特性各异，电信网、广播电视网特点是网络智能，终端简单，容易实现有效的管控机制，而互联网网络、终端智能的特性使得安全管控困难重重。三网融合背景下，网络不断开放，业务持续交叉和融合，安全需求在各个层次上已远远超越传统独立网络的范畴，照搬三网传统的安全保障架构和技术体系已不可能。而且任何一种网络的安全管控缺失，必将导致全网的安全威胁，即网络安全的“短板效应”。目前，电信网、互联网、有线网均具有一些独立的安全手段，但是对于三网融合后的网络安全防护手段研究甚少，国内外也无成熟、可靠的经验可以借鉴，需要从系统架构、标准体系、关键技术、设备研制、示范应用等多个方面进行研究，涉及到网络业务识别与管控技术、媒体业务防篡改与防插播技术、攻击流量的实时检测与清洗技术、融合网络热点发现技术等。

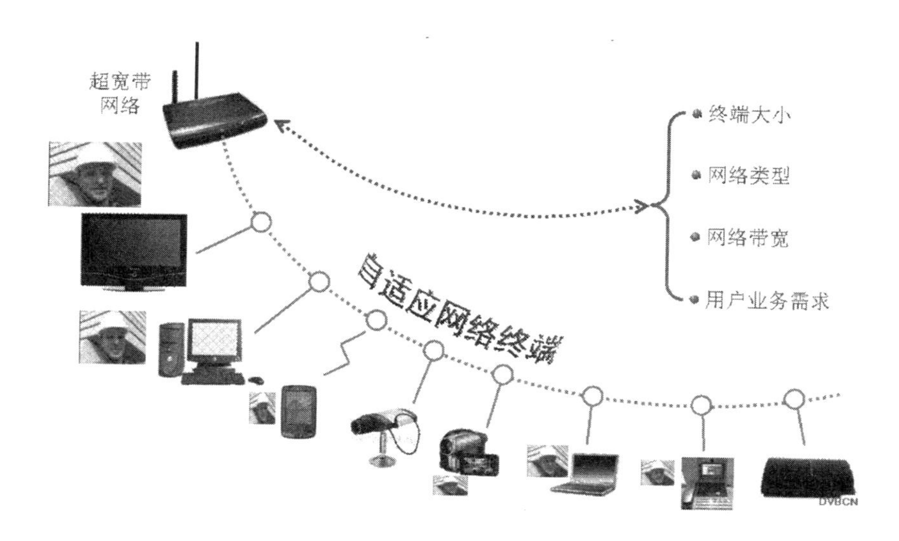

图 4—15　三网融合下的网络终端（来源：DVBCN）

（1）网络业务识别与管控技术

从业务安全上看，三网融合后，在可管可控网络环境中要实行精细化的业务准入控制，不仅需要控制哪些业务准入，还需要控制准入业务的可开展范围。例如，对于视频点播等可以只允许在某些固定服务器上进行。其次，对传统互联网可以实行常规的选择性管控。传统互联网由于业务类型复杂、数据量巨大等原因，完全实行精细的安全管控技术难度大、成本过高，因此可实行选择性管控，如只对进入"黑名单"的地址、URL 和网络业务进行精细管控。目前，业务管控技术的研究还主要集中在对传统互联网中的业务进行识别和控制上，比如对 P2P 业务的识别技术已经相对成熟，其业务识别技术包括动态流行为检测方法和深度包检测方法（DPI）等。

（2）媒体业务防篡改、防插播技术

目前，利用水印和数字签名技术进行媒体业务的防篡改检测得到了广泛研究，比如数字电影的分发系统等。但是，数字签名需要进行密钥管理与分发，而且无论是水印还是数字签名都需要在传输端部署相应的设备用来嵌入视频水印或数字签名，进行数据的完整性分析，增大了视频的传输延时和客户端数据处理的复杂度。需要注意的是，这两种方法对于防篡改具有一定的作用，但是并不能有效防止其他运营机构在转播的同时进行内容插播。

（3）攻击流量的实时检测与清洗技术

攻击流量的实时检测与清洗是通过收集和分析网络流量信息，发现网络是否有违反安全策略的行为和被攻击的迹象。从技术层面上来讲，攻击流量的实时检测和清洗主要包括误用检测和异常检测。

误用检测依据具体特征库进行特征匹配（又可称为“特征检测”），所以检测准确率很高，非常类似于现在的病毒检测，目前的产品多采用这种方法。异常流量检测一般是根据“异常行为”与“正常模式”比较做出判决。两者各有优缺点：误用检测的准确率较高，但只能检测出那些包含在特征库里的已知的入侵行为，而不能检测出那些新出现的攻击或者已有攻击的变种；异常检测是可能检测到以前从未出现过的攻击，通用性强，缺点是误报率高。

（4）融合网络热点发现技术

从第三章我们可以知道，在基于传统互联网络的舆情热点发现领域，国内外进行了大量的理论研究，但是针对三网融合环境下的舆情热点发现的研究工作还处于萌芽状态。在三网融合环境下，新闻信息将呈现多样化和跨媒体特征，具有传播速度快，传播方式立体化、复杂化，跨平台传播、网络互动性强、新闻信息更新快等特点，这些变化无疑会给舆情热点发现技术带来新的难点。

（5）异构攻击源安全事件追踪溯源技术

在三网融合环境下，网络攻击源呈现出明显的异构形态，即攻击源可能来自计算机、移动终端、互联网电视、伪造基站乃至云端等。攻击源的异构化给安全事件的检测与追踪溯源提出了新的挑战。

在传统互联网的安全事件追踪溯源方面的典型方法，包括美国 UUNet 公司的 Stone 提出的输入调试法，卡内基梅隆大学的 Burch 提出的控制洪泛法，加利福尼亚大学的 Song 提出的改进的 PPM 法等。在三网融合环境下，安全事件追踪溯源的主要技术手段包括通过利用 WAP、Web 网关以及内容应用服务器配合，利用移动用户标志（例如加密后的电话号码）实现对移动用户行为溯源；利用移动通信网提供的精确定位功能，可以直接定位终端位置等。

总之，基于三网融合网络安全和内容监管方面的许多技术才刚刚起步，尚未有成型的技术标准和体系规范，包括三网融合业务特征识别技术、业务用户区分技术、骨干线路恶意代码与攻击流量的实时检测与清洗技术、网络热点发现技术、音视频等媒体流的内容识别与播控技术、安全事件追踪溯源技术等诸多技术还需要进一步的研究与实践。因此，各家运营商在推进网络融合、开展各项增值业务的同时，出于保障国家信息安全、文化安全和社会稳定的考虑，必须在其网络中建设一套可靠的网络安全防护体系，确保网络安全和内容可控，保障用户、服务提供商和网络运营商三方的利益。

第三节 移动互联网环境下的网络安全与内容监管

移动互联网是一种通过手机等智能移动终端，采用移动无线通信等方式获取语音、数据、多媒体等业务和服务的新兴业态，包含终端、软件和应用三个层面。移动互联网作为ICT领域的重大突破，对人类社会各领域活动的潜在颠覆性影响已获得了越来越多的认可，一条以移动多媒体终端为核心的产业链正在重构相关产业格局，也给网络安全和内容监管带来了全新的挑战。

一 移动互联网的监管难题

1. 迅速发展的移动互联网和产业链

目前，网络社会正在进入新的发展形态，传统互联网的内涵由于移动互联网的发展而不断延伸。手机上网用户的快速增长，手机、PAD等智能终端的日趋普及，移动互联网的内容、应用和服务逐步丰富，带动了中国移动互联网的活跃度迅速提升。CNNIC报告显示，2013年，3G的快速普及和WiFi无线网络的广泛覆盖为手机上网奠定了用户基础和网络基础，在促使更多用户便捷上网的同时，也提升了各项上网体验，尤其是对各类大流量数据应用的使用。各类与生活联系紧密的手机应用则提升了网民的使用动力，尤其基于真实生活需要的手机地图、购物、支付等应用不仅满足了手机网民多元化生活需要，同时增强了其对移动互联网的兴趣，提升了手机网民的使用黏性。

随着智能手机和平板电脑等移动多媒体终端的普及，用户的移动互联趋势越来越明显，使用移动互联网的潜在用户规模日益庞大。据中国互联网信息中心的数据显示，2013 年下半年中国手机网民数量达到 5 亿，在全部网民中的比例也提高到了 80%。

与此同时，移动互联网的发展推进了不同产业的跨界竞争，促进了产业融合。目前，移动互联网产业链涵盖内容提供商、服务提供商、终端厂商、平台运营商和网络运营商等（见图 4—16）。随着移动互联网的磨合和发展，产业链更为细化和开放，呈现多元化与跨界竞争的特点。

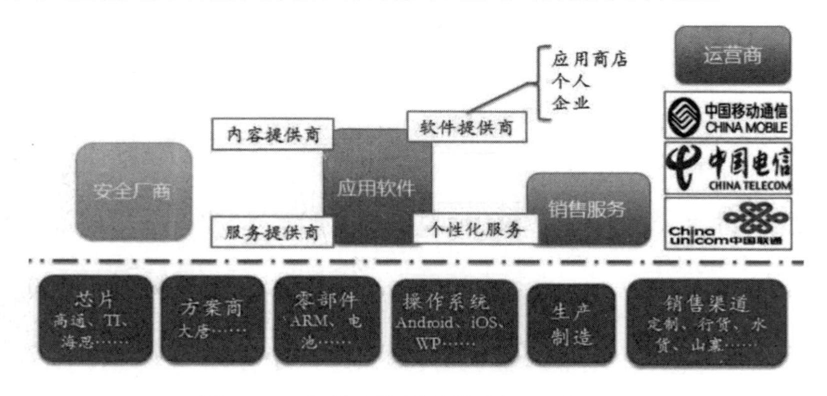

图 4—16 移动互联网产业链（来源：易目唯）

内容提供商和电信运营商、终端厂商、平台运营商进行合作，在从封闭型产业链逐渐走向开放的过程中不再受到禁锢，通过向用户界面的渗透，大大扩大了内容的覆盖用户，加强了用户认知度，从而逐步争夺产业链的主导权。

服务提供商大力结盟，以开放的思想推进互联网应用，寻求开放的资源整合。如 Google 推出开放式手机联盟 Open Handset Alliance 及手机操作平台 Android，亚马逊推出电子阅读器 Kindle 以及 Android 系统应用商店等，通过和上下游的合作关系使自身在产业链中的话语权不断增加。

终端制造商寻求通过“终端 + 应用”的模式，快速从终端转型至应用服务，通过创新产品，扩大用户规模，逐步加强自身终端的市场竞争力，典型代表就是苹果发布的 iPad 和 iPhone。开放的系统和应用加速了终端厂商的变革，未来智能终端将成为承载移动互联网应用的基础。

平台运营商汇集了大量不同类型的应用程序，网络运营商、终端制造商、内容提供商以及第三方机构都在涉水建立中间平台，以稳固在移动互联网产业链中的生命力，如苹果应用商店 App Store、谷歌 Android 商店、百度手机助手、360 手机助手等。伴随着移动互联网的高速发展，平台运营商数量会越来越多，大量的平台运营商有助于内容提供商及应用提供商获取更多的议价权，带动产业链上游发展。

2. 移动互联网对监管的全新挑战

2013 年，中国手机用户数量超过 10 亿，手机网民超过 5 亿，伴随着微博、微信等移动互联网的业务创新，移动互联网已经成为优秀中华文化创造与传播的重要平台，但也使不良文化的生产与传播有了可乘之机。移动互联网应用服务高歌猛进的同时，各种移动应用的安全问题也逐渐暴露出来，既对国内移动用户个人隐私和经济财产安全产生了直接威胁，又对产业健康可持续发展带来了负面影响。

表4—1　　移动互联网与传统互联网安全问题对比

	传统互联网	移动互联网
安全漏洞	电脑与网络设备的操作系统、应用程序多存在漏洞	移动互联网网络设备与智能手机面临同样的困境，如IKEE.B就是利用iPhone越狱后sshd弱口令传播的蠕虫
恶意代码	大量的蠕虫、病毒、木马、僵尸网络程序泛滥	针对各种智能手机的病毒已经突破5万种，并呈现激增趋势
DDOS攻击	互联网僵尸网络发动的DDOS攻击防不胜防	移动互联网也有相应的手机僵尸肉鸡，如BotSMS.A就是控制手机肉鸡发垃圾短信
钓鱼欺诈	钓鱼网站+网络木马窃取网银和网游账号等牟利	通过短信/彩信欺骗用户安装软件实现恶意订购，如21CNread.A
垃圾信息	垃圾邮件常年泛滥	垃圾短信方兴未艾，中毒手机成为批量发送垃圾短信、彩信的新平台
信息窃取	木马多窃取个人隐私、敏感数据以及国家秘密	手机病毒可让手机变成窃听器，可将通话记录、短信内容和记事本内容偷走
恶意扣费	电脑终端较难直接扣费	手机天然带计费，传播会扣费，上网扣费，恶意订购扣费……

注：整理：易目唯

随着移动互联网的进一步发展，它不仅对于我们每个人的生活和娱乐休闲带来了重要变化，随时随地刷朋友圈、刷微博已经成为一种生活常态，用手机观看视频也成为了一种重要的碎片时间打发途径。更重要的是，移动互联网已经渗透到社会经济活动的各个领域，微信支付、手机支付等移动互联网金融已经被越来越多的人所接受，面向政府和各个行业的移动信息化服务也风起云涌。但是，移动应用审核的缺失以及终端开放导致的潜在“后门”引发了种种问题，病毒、吸费软件、恶意商业广告传播等问题成为困扰移动互联网健康发展的重要问题。据网秦“云安全”监测平台统计，2013 年上半年查杀到手机恶意软件 51084 款，同比 2012 年上半年增长 189%；2013 年上半年感染手机 2102 万部，同比 2012 年上半年增长 63.8%。

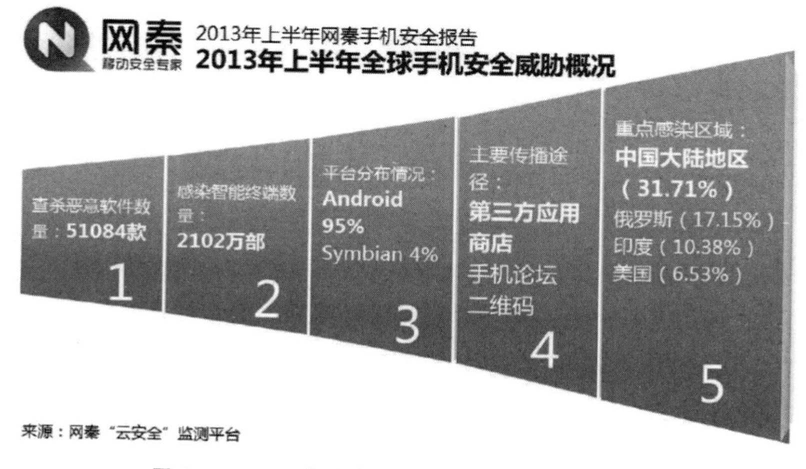

图 4—17　2013 年上半年手机威胁概况（来源：网秦）

在移动互联网的服务过程中，用户的信息消费会产生大量的信息，如位置信息、通信信息与消费偏好、用户信息、计费信息、支付信息等。这些信息通常会保存在运营商的 BOSS 系统中，但移动互联网的发展有时候会要求调用部分用户信息，从而方便地开发出针对性更强、个性化程度更高的移动互联网应用。如果缺乏有效的移动互联网监管机制，将很可能出现大量用户信息滥用、用户隐私泄露的现实问题，目前这一问题已时有发生。极端情况下，不排除不法分子利用用户信息进行违法犯罪活动这种恶性情况。

特别是近年来，移动应用的高速发展和应用类型的日趋丰富，出现了一些新型管理问题。一是作为移动应用服务汇聚地的移动应用商店，其业务属性如何界定在国内外都处于探索阶段。二是当前移动应用主要依靠应用商店及企业自身的自我审核，但随着应用数量的快速增长，传统单一审核模式难以适应海量应用发展需要，也难以满足对恶意应用研判和处置的时效要求。三是境外企业跨境提供应用服务，一旦出现服务质量或侵犯用户权益的行为，如何处理好跨境诉讼也是一个关键问题。

另外，更值得关注的是移动互联网带来的监管难题。从监管角度看，相比传统互联网，移动互联网增加了无线空口接入，并将大量移动电信设备，如WAP网关、IMS设备等引入IP承载网，给互联网带来了新的安全威胁，尤其是网络攻击、失窃密等问题可能更突出。例如，通过破解空口接入协议非法访问网络，对空口传递信息进行监听和盗取等。同时，与传统互联网不同，移动互联网因IPv4地址有限而引入了NAT（网络地址转换）技术，NAT技术有效解决了地址资源紧缺问题，但其破坏了互联网“端到端透明性”的体系架构。同时，由于目前部分移动上网日志留存信息的缺失，使得侦查部门只能追溯到某一对应多个私网用户的公网IP地址，而无法精确溯源、落地查人，给不法分子提供了可乘之机。加之手机实名制尚未在中国普遍推广，使得目前移动互联网成为不法分子实施网络犯罪的主要途径之一。[①]

二　智能终端的开放与安全问题

2010年以来，沙特、阿联酋、印度等国纷纷因安全及通信监管问题与智能终端厂商发生纠纷，其争议主要围绕服务器跨境监管和信息加密传输问题。一方面，由于某些智能终端厂商的应用服务器设在国外，其提供的“数据同步上传”等功能可将用户手机中的邮件、通讯录、日程表等信息通过网络实时传至国外服务器上，由此带来用户信息泄露或被滥用的安全隐患。另一方面，部分移动智能终端采用非公开加密算法对数据进行加密后

---

① 柳青：《网络安全监管面临智能终端挑战》，《人民邮电报》2011年1月7日。

传输，为违法、有害信息如淫秽色情等提供更为隐蔽的传播渠道，使其逃避监管。从中国国内的情况看，由于开放等因素，移动终端带来的安全问题也不容忽视。

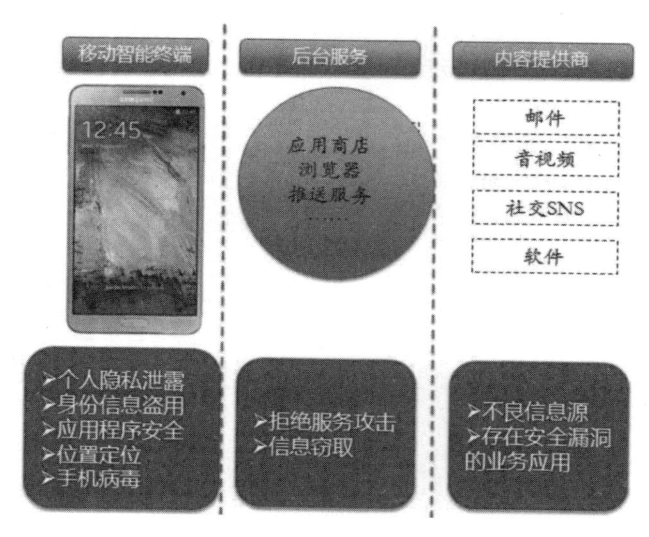

图 4—18　智能终端的安全问题（来源：易目唯）

必须引起注意的是，移动智能终端采用 Android 等开放平台，功能日趋强大，随着处理芯片性能提升和内存的增加，智能手机的功能和业务已经越来越强大，Pad 等更拥有与普通笔记本电脑相当的处理能力。这些智能终端记录并存储了大量用户隐私数据，但其安全防护能力则严重弱于电脑产品。目前无论是主流的 iOS 系统还是 Android 平台，其技术核心基本上都为国外企业掌控，给中国移动互联网用户的个人隐私带来了潜在安全风险，也对移动互联网的信息安全监管工作带来了极大威胁。

首先，移动智能终端操作系统逐步 PC 化，开放性与扩展性增强，部分功能给用户信息保护带来安全隐患。正如全国人大代表、中国电信湖南公司总经理廖仁斌所言，某些国外厂商开发的操作系统可为用户提供数据同步上传及位置定位等功能，其中同步上传功能可将用户手机中的通讯录、邮件、日程表、即时通信内容等信息通过手机上网实时上传到国外服务器上，存在被泄露和被滥用的风险。海量的中国用户数据，存储在国外企业服务器上，一些国外势力可以据此分析我国的社情民意、舆论动向，以及用户社交关系。此外，定位功能可以把用户锁定在数十米范围内，国外厂商可以对中国用户特别是重要用户的行踪了如指掌。

其次，有些移动智能终端采用了应用层加密技术，甚至内嵌VPN和SSH隧道实施加密传输，这也将为违法有害信息如淫秽色情等信息提供更为隐蔽安全的传播渠道，有利于其逃避网络监管。需要注意的是，国内有的公司推出了手机用的安全芯片，号称可以进行邮件加密和短信加密，“每封邮件均以随机的密钥加密，几乎不可能窃听和破解”，此举无疑会对智能手机的信息安全监控带来极大的挑战。

另外，据调查发现，手机病毒泛滥与智能终端平台开放性有较大关系。部分智能手机采用完全开放式平台，一方面为上下游产业带来便利，另一方面也使在软件中植入后门程序变得容易。目前，网络上有大量的非官方应用商店缺乏有效的监管、审核机制，为植入病毒和恶意程序提供了空间。“恶意吸费”问题一直是手机用户深恶痛绝的。央视“3·15”晚会和焦点访谈等栏目多次对手机“吸费陷阱”导致用户利益受损进行了报道，专家认为，究其原因，一方面是SP、方案商及终端厂商均可从“内置吸费程序”中获利，已结成业态较成熟的共同体。另一方面，终端市场产品同质化严重、利润摊薄也促使部分厂家把加大内置软件数量甚至内置吸费程序作为新的利润来源。

表4—2　　移动终端常见安全威胁

威胁类型	说明
经济类危害	盗打电话（如悄悄拨打声讯电话），恶意订购SP业务，群发彩信等
信用类危害	通过发送恶意信息、不良信息、诈骗信息给他人等
信息类危害	个人隐私信息丢失、泄露，如通讯录、本地文件、短信、通话记录、上网记录、位置信息、日程安排、各种网络账号、银行账号和密码等
设备类危害	移动终端死机、运行慢、功能失效、通讯录被破坏、删除重要文件、格式化系统、频繁自动重启等
窃听类	通过安装恶意软件，可以拨打静默电话，使得移动终端变成一个窃听器
骚扰类	骚扰电话，垃圾短信

注：整理：易目唯

表4—3 移动终端安全威胁传播方式

传播方式	说明
网络下载传播	目前最主要的传播方式
蓝牙传播	蓝牙也是恶意软件的主要传播手段，如恶意软件Carbir
USB传播	部分智能移动终端支持USB接口，用于PC与移动终端间的数据共享，可以通过这种途径入侵移动终端
闪存卡传播	闪存卡可以被用来传播恶意软件；闪存卡还可以释放PC恶意软件，进而感染用户的个人计算机，如CardTrap
彩信传播	恶意软件可以通过彩信附件形式进行传播，如Commwarrior

注：整理：易目唯

三 APP应用的监管挑战

1. App成为移动互联网服务主力

随着智能手机的普及，App应用蓬勃发展，越来越多的手机网民开始习惯于直接点击手机桌面图标的方式来使用网络服务，手机网民上网通道不断增多，使得以传统浏览器为主的入口形式开始向各个App分散，手机地图、手机搜索、微博、微信等应用都可能成为入口，呈现出多元化入口特点，并逐渐向平台化入口方向发展，竞争激烈。

首先，App应用已经成为移动互联网信息服务的重要形态，而且随着人们向移动互联网的迁移，新兴的移动应用服务App更是层出不穷，占用了用户越来越多的碎片时间（见图4—19）。移动应用监测机构Flurry在上线5周年之际，公布的一系列数据显示，美国用户平均每天花在智能手机和平板上的时间为2小时38分钟，其中80%的时间花在App应用上，20%花在移动Web上。当然，增长的不单是应用时长，还有用户使用的App数量，这个数字一直在增长，从2010年的7.2到2011年的7.5，再到2012年的7.9。目前，App应用已经拓展到影视娱乐、教育、医疗、新闻、社交等各个领域，成为互联网信息服务的重要形态。

其次，以AppStore为代表的应用商店成为移动互联网应用服务的新兴汇聚平台。据报道，截至2013年底，AppStore为全球155个国家或地区的iPhone、iPad和iPodtouch用户提供了超过100万款应用程序，其中包括50多万款专为iPad开发的应用程序。苹果公司称，2013年用户在AppStore应

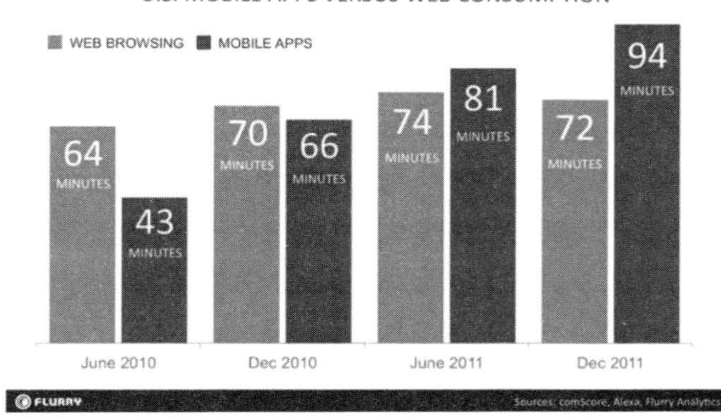

图 4—19　移动 App 使用时长在不断增加（来源：Flurry）

用商店上的消费总额超过了 100 亿美元，其中仅 2013 年 12 月份的应用下载数量就达到 30 亿。而从 AppAnnie 发布的 2013 年年度报告看，谷歌 Google Play 虽然营收距离苹果 AppStore 还有不少的差距，但是 2013 年 Google Play 的下载总量已经超过 Appstore 15%。两大主流官方应用商店为数以百万级的应用开发者提供了施展才华的机会，为数以亿计的移动用户提供了丰富的移动应用服务。但是面对全球 12 亿智能移动终端，预计 App 市场仍然会高速增长，一方面是新的用户对之前的 App 应用会产生需求，另一方面存量用户的移动内容消费需求仍然远未被满足。

另外，各大互联网企业纷纷参与搭建自己的应用平台，平台化趋势明显：一方面有利于吸引更多用户，一站式信息服务平台丰富用户体验，以形成较高的用户黏性；一方面有利于将用户所需的各类应用和信息整合和推送，实现盈利。如手机地图聚合了地理位置、社交网站、生活信息查询等各类服务，逐渐从单一的查询工具升级为移动互联网的重要入口之一；手机微信、聚合社交、O2O、资讯等应用开放公众平台和 API 接口，从早期的聊天工具向多功能型应用平台发展。

2. App乱局引发监管难题

移动互联网时代，应用为王，但是中国当前 App 开发领域完全是无序生长，虚假的繁荣正在透支着移动互联网的未来。

（1）App 存在安全隐患

由于开发门槛太低，导致 APP 开发者鱼龙混杂，上千人的大公司可以开发，几个人的小团队也可承接外包开发任务，加上没有有效的监管，恶意扣费、泄露用户信息、低俗等现象层出不穷。如有些 APP 开发者与 SP 达成“分成协议”，开发者在某款应用中植入恶意代码，当用户下载应用后，APP 开发者远程启动恶意代码控制用户的手机，一方面在后台命令手机发送短信给运营商预订 SP 服务，一方面拦截运营商短信，使用户在完全不知情的状态下被扣费，而费用最终会被 APP 开发者和 SP 瓜分；另外，通过 APP 偷窥用户隐私、转手倒卖用户信息，这一市场也隐然成型。据国家网络信息安全技术研究所的监测，2013 年第一季度所有的 Android 应用商店均含有恶意应用，总量占比达到 1.3%，主要感染 Android/adswo 等 19 种病毒，含有可疑行为的应用占比更是高达 59%。

另据网秦统计，窃取隐私是 APP 最大的安全隐患，在 APP 安全问题里占比达到 28%；其次是经济类安全问题，包括吸费、偷流量，占比 25%。据悉，在众多第三方应用商店内，应用审核制度都存在或大或小的漏洞，这些漏洞给恶意应用软件提供了传播的温床。

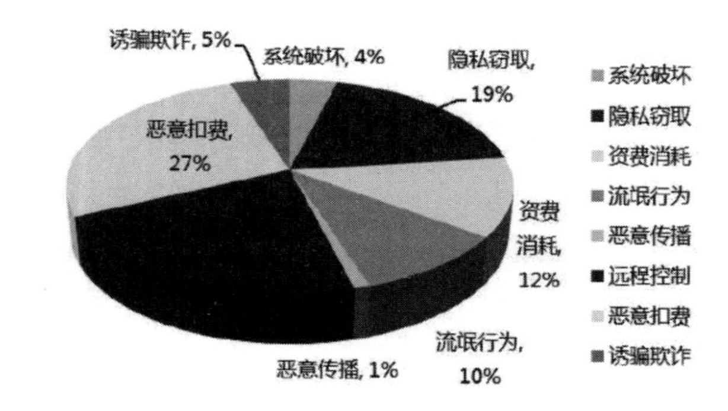

图 4—20　Android 平台手机恶意软件特征分类（来源：网秦）

（2）僵尸 App 数量惊人

据不完全统计，截至 2013 年年中，仅 Windows Phone Store 应用数量已经接近 20 万款，Google Play 的应用数量已超过 80 万，苹果 App Store 应用数量达到 100 万多款，而且这一数字还在不断攀升（见图 4—21）。不过，在数百万个应用软件中，绝大多数成为“僵尸应用”。语音识别技术厂商 Nuance 发布的报告就显示，虽然用户下载很多应用，但通常会放弃其中 95% 的应用。

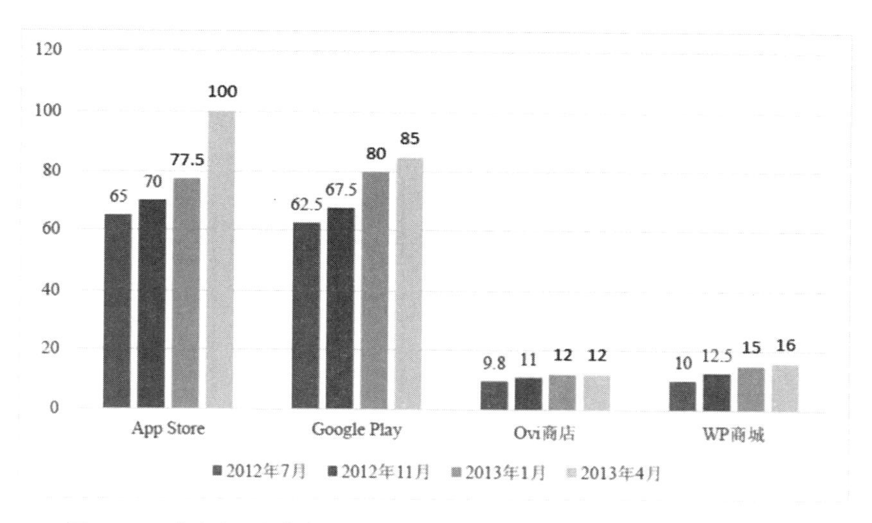

图 4—21 官方应用商店应用增长情况（来源：国家网络信息安全技术研究所）

在 APP 应用商店里，大部分应用并没有下载量，也没有排名，对于用户甚至可以说是“隐形”的。据不完全统计仅在 App Store 中有近 40 万个应用可以被称为“僵尸应用”，而且这还是保守估计。小规模、独立的开发团队在目前 App Store 的整体框架来看，可谓难有出头之日。现实是，苹果系统的封闭性，使得获得满意下载量的应用数量其实也就是那几千个，想要看到优秀应用真的太困难了，因为绝大多数用户上只会浏览 App Store 里的最热门的应用列表。

（3）山寨 App 形成灰色产业链[①]

随着智能手机的普及，APP 中隐藏了不少山寨者，例如网上流传着“9

① 源自：人民网，http://mobile.people.com.cn/n/2013/0415/c183008-21140329.html。

个‘淘宝’5个山寨”的戏称，这些山寨者们不仅通过使用与热门应用相似的名称获利，甚至还会在山寨产品里暗藏“炸弹”，其引发的应用、隐私、吸费等问题正给人们带来新的困扰。除了这些恶意App之外，还会有大量的非恶性APP，他们通常采取打品牌擦边球的方式，抄袭或照搬一些品牌APP的程序代码、名称做成另外一个“姐妹APP”，而用户则很难发现其中区别，“他们的商业模式一般是通过流量变现获利”。

一条以山寨APP为主形成的灰色产业链正借着智能手机普及浪潮寻“商机”，窃取账号、购物欺诈、恶意扣费、远程控制、窃取隐私、骚扰用户等让人防不胜防，在用户放松警惕的情况下，该地下利益链偷偷利用窃取的信息谋取暴利。山寨APP横行，也暴露出行业监管不足的软肋。

面对App的种种乱局，工信部目前已经推出了针对App的新监管政策，市场也开始自律监管，相信在不久的将来这一局面有望得到改观。

四 移动互联网安全问题的应对

移动互联网时代，“人人时时处处在线”成为现实，对传统互联网管理模式提出了严重挑战。因此，我们必须对移动互联网的安全问题正确认识、科学对待、依法管理，以确保其安全。首先，应针对移动互联网技术发展及业务管理尽快制定相应的法律法规和技术规范，如出台个人信息保护法，建立移动互联网安全防护制度，制定移动上网日志留存规范等。同时，移动互联网服务涉及内容提供商、服务提供商、终端厂商、平台运营商和网络运营商等产业链多个环节、多种内容传播形态和多个行政管理部门，因此在管理上需要电信、文化、广电、工商等众多部门齐心合力，对于特殊问题要集体会商，科学决策。[①]

其次，强化电信运营商以及无线接入服务商在移动互联网服务中的管理职责。建立健全着眼长远的监控机制，规范管理流程，壮大监管队伍，针对一些含有不良信息、恶意功能的软件和应用，可以联合相关管理部门及时进行下架等处理。虽然完全针对移动互联网的监管系统目前还不成熟，

① 何波：《移动互联网之发展现状与监管对策》，《广播电视信息》2011年第11期。

但可以把现有互联网安全监管的措施扩展延伸移动互联网领域，只要针对移动互联网技术和业务特点进行优化和提升。

第三，加强对内容服务商和平台运营商的监管。无论是内容服务商提供的内容，还是平台运营商集成的新闻、报刊、视听等内容，都必须经过相关部门的审批许可，确保版权方和消费者的合法权益。同时，针对移动互联网的新技术、新业务可以考虑建立技术与业务安全评估机制，使安全隐患在业务推广普及前得到有效解决。

第四，完善举报机制，在内容提供、网络分发和终端接入等不同环节部署监管力量，充分利用移动互联网“人人处处时时在线”的优势，发动广大网民举报非法应用和恶意软件等，争取得到全社会的支持。

还有就是要建立和完善行业自律机制，这一点可以考虑参考现有的互联网协会等自律模式。将获得相关许可的各类运营主体纳入行业协会组织，制定利用移动互联网提供服务的行业自律规范，倡导文明上网、文明办网，营造文明健康的网络环境。

第四节　打击网络犯罪与网络恐怖主义

网络用户的惊人增长成为20世纪40年代电视发明以来电子通讯领域最重大的变革。但是，这种新的通讯技术的发展突飞猛进，尚未规范，也带来很多法律问题。各国网络的广泛使用，网络人口的比例越来越高，素质又参差不齐，使网络成为一种新型的犯罪工具、犯罪场所和犯罪对象，向整个社会施加着压力。据惠普调查，2012年全球网络攻击数量增加了42%，企业平均每周遭受的成功网络攻击达到102次，远高于2011年和2010年。中国公安部的数据也显示，从2009年到2011年，中国涉网犯罪从2259起上升为4712起，平均年增长44%，占总体犯罪行为的比例也从2.1%上升到3.2%。

网络犯罪给个人、企业等造成的损失十分巨大。据赛门铁克诺顿披露的数据，2011年全球网络犯罪造成的损失高达1140亿美元，超过大麻、可卡因和海洛因黑市交易的总额；2011年至2012年间，全球有5.56万人遭受

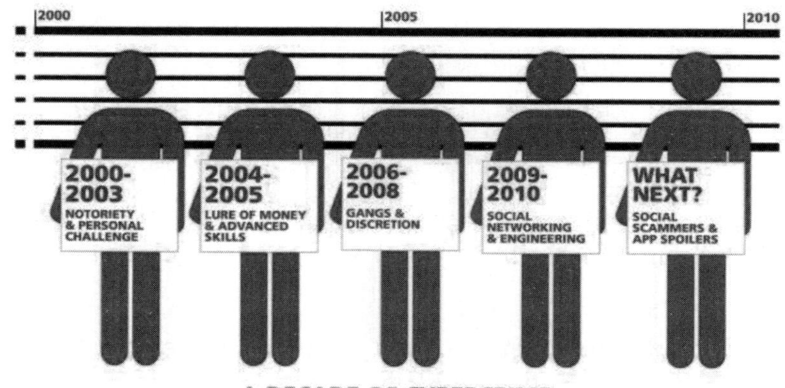

图 4—22　2000—2010 的网络犯罪十年变迁（来源：赛门铁克）

网络犯罪，平均每位受害者的直接经济损失为 197 美元，全球个人用户的直接损失 1100 亿美元。惠普公司的数据也显示，2012 年美国公司因为网络犯罪而造成的成本为 890 万美元，较 2011 年和 2010 年分别增长 6% 和 38%。

网络犯罪最突出的问题是，网络色情泛滥成灾，严重危害未成年人的身心健康；软件、影视、唱片的著作权受到盗版行为的严重侵犯，商家损失之大无法估计；网络商务备受诈欺的困扰，有的信用卡被盗刷，有的购买的商品石沉大海，有的发出商品却收不回货款；已经挑战计算机和网络几十年之久的黑客仍然是网络的潜在危险。

更值得关注的是，随着网络犯罪的产业化以及通过网络犯罪手段实现其政治和宗教目的的恐怖主义势力的抬头，网络恐怖主义开始成为世界各国关注和打击的重点目标。

图 4—23　网络犯罪造成的危害逐年增加（来源：赛门铁克）

一　打击网络犯罪

1.网络犯罪的含义

目前，国际社会对于网络犯罪的认识并不完全一致，主要有三种观点：一是认为网络犯罪是计算机犯罪的统称，即以计算机相关资产为攻击对象或者利用计算机为工具实施的危害社会并且应该给予一定刑事处罚的行为，这种观点混淆了网络和计算机的界限，定义并不严谨；二是认为网络犯罪是某一类犯罪的总称，包括在互联网上制造病毒、窃取机密情报、教唆杀人、传播色情淫秽内容等非法活动，其是通过列举式的方法对网络犯罪进行表述，存在一定的局限性；三是认为网络犯罪是以接入互联网的信息系统以及存储、传输的信息为犯罪对象，或者把互联网作为工具所实施的危害社会、依据法律规定应该受到处罚的行为。

综合上述三种观点，我们认为网络犯罪是指行为人运用计算机技术，借助于网络对其系统或信息进行攻击，破坏或利用网络进行其他犯罪的总称。既包括行为人运用其编程、加密、解码技术或工具在网络上实施的犯罪，也包括行为人利用软件指令、网络系统或产品加密等技术及法律规定上的漏洞在网络内外交互实施的犯罪，还包括行为人借助于其居于网络服务提供者特定地位或其他方法在网络系统实施的犯罪。简言之，网络犯罪是针对和利用网络进行的犯罪，网络犯罪的本质特征是危害网络及其信息的安全与秩序。目前，防治网络犯罪已经成为犯罪学、刑法学必须面对的课题之一。

2. 网络犯罪的常见类型

按照网络犯罪的性质，我们可以把网络犯罪简单分为两种：针对计算机网络实施的犯罪和利用计算机网络实施的犯罪。其中，在计算机网络上实施的犯罪种类包括非法侵入计算机信息系统罪、破坏计算机信息系统罪等，表现形式有袭击网站、在线传播计算机病毒等；利用计算机网络实施的犯罪种类有利用计算机实施金融诈骗罪、利用计算机实施盗窃罪、利用计算机实施贪污、挪用公款罪、利用计算机窃取国家秘密罪、利用计算机实施其他犯罪、电子讹诈、网上走私、网上非法交易、电子色情服务、虚假广告、网上洗钱、网上诈骗、电子盗窃、网上毁损商誉、在线侮辱、毁谤、网上侵犯商业秘密、网上组织邪教组织、在线间谍、网上刺探国家机密的犯罪等。下面简单介绍一下常见的网络犯罪类型。

（1）网络色情和性骚扰

目前，色情网站大部分在 WWW 上，即建立相应的主页和网页，在网页上提供各种色情信息，而建好的网页则通过向各种搜索引擎登记，或者在 BBS 和电子论坛上作广告，以及通过向电子邮件用户群发邮件，达到吸引用户访问网站、浏览网页从而接受其所提供的服务的目的。近年来，随着网络多媒体技术的发展和宽带提速，网络上不仅存在大量更新速度快的色情影像，甚至还可以举行色情会议。

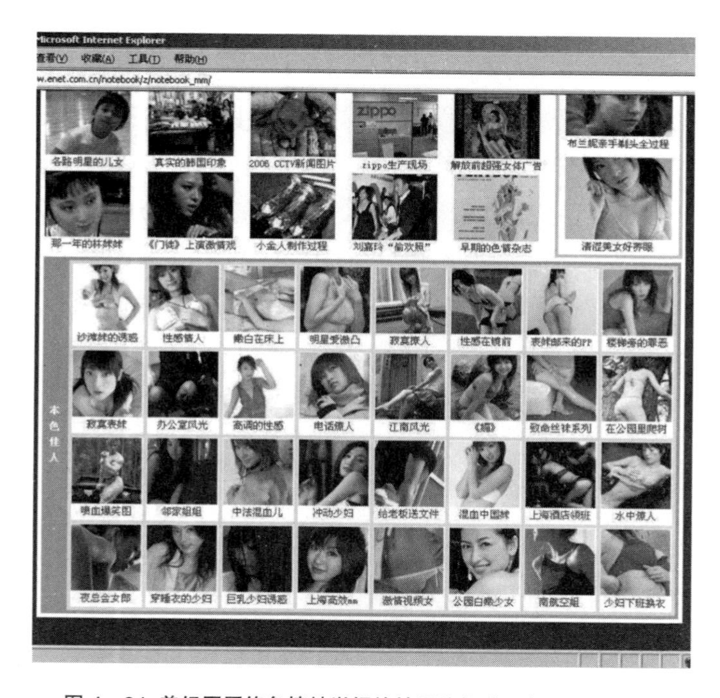

图 4—24 曾经因网络色情被举报的某网站频道（来源：互联网）

（2）贩卖违禁物品、管制物品、人体器官

在网络上贩卖违禁物品、违禁药品、管制物品或者管制药品，比如枪支、毒品、春药等。这种网络犯罪一般采用互联网和现代快递进行，网上交易隐蔽性强，给发现和查处增加了难度。2011 年，广西柳州警方破获了一起特大网络贩毒案件，贩毒分子通过网上交易平台和物流，兜售以“迷情香水”名义伪装的新型毒品。贩毒分子被抓获时，现场缴获了近 20 万粒新型毒品。

图 4—25 民警抓获网络视频吸毒者（来源：互联网）

（3）销售赃物

在网络上以低价出售或者高价拍卖盗窃、诈骗、抢劫等犯罪得来的赃物。网络上充斥着各种待售的货物，尤其是二手货，其中有一些可能就是犯罪所得的赃物。据警方介绍，类似此案这种网络销赃已经成为盗窃犯罪分子的销赃新途径，具有价格低、销赃快、买家易上当等特点。以 iPhone 4S 为例，市价 4000 多元的网上报价仅为 1000 多元。这样的低廉价格让很多买家主动与盗贼联系，在盗贼指定的地点见面后进行现金交易，而买家往往在不知情的情况下协助盗贼的销赃。

图 4—26 网络上随处可见的低价 iPhone（来源：互联网）

（4）网络盗窃与网络欺诈

和传统犯罪一样，网络犯罪中，盗窃与诈欺也是造成损失较多、表现形式最为丰富多彩的一种类型。

其中，网上盗窃案件以两类居多：一类发生在银行等金融系统，一类发生在邮电通信领域。前者的主要手段表现为通过计算机指令将他人账户上的存款转移到虚开的账户上，或通过计算机网络对一家公司的计算机下达指令，要求将现金支付给实际上并不存在的另一家公司，从而窃取现金。在邮电通信领域，网络犯罪以盗码并机犯罪活动最为突出。如 2012 年 4 月 7 日，孙某到江苏无锡公安机关报案称，其支付宝登录密码被人修改，账上的 4.7 万余元人民币被人于当日凌晨分 9 次转入浙江某科技有限公司账户内，并被全部充入某网络交易平台的账户上。

而网上诈骗是指通过伪造信用卡、制作假票据、篡改电脑程序等手段来欺骗和诈取财物的犯罪行为，典型的如 QQ 视频欺诈等。QQ 视频诈骗类案件始发于 2008 年初，2009 年后开始泛滥，犯罪的专业化程度越来越高。犯罪嫌疑人首先在网上与不特定对象进行聊天，在聊天过程中利用木马盗取不特定对象的 QQ 号码，并利用视频软件录制被盗 QQ 号码使用者的视频图像，然后登录盗来的 QQ 号码，诈骗其好友。类似的手段还包括 MSN“好友”诈骗、微信“好友”诈骗等。

行骗伎俩2：

尊敬的QQ用户，您好：恭喜！您的QQ已被抽取为本次活动幸运用户！您将获得奖金XXXXX元人民币及索尼公司赞助笔记本电脑一部。您的验证号为XXXX。

假冒的系统消息：

图 4—27 利用 QQ 进行“中奖”诈骗（来源：互联网）

（5）网络名誉侵权

网络上发表不实言论、辱骂他人等行为不仅侵犯他人权益，而且妨害他人名誉。“药家鑫父亲诉张显侵犯名誉权”一案就是典型案例。2012 年 7 月 31 日，西安市雁塔区人民法院一审判决认为，西安电子科技大学教师张显在其开设的多个微博、博客上捏造事实，散布了针对药家鑫父亲药庆卫及其家人的系列言论，侵犯药庆卫名誉权的事实成立，原告药庆卫胜诉。

（6）侵入他人网站、主页、电子信箱

入侵他人网站后以指令、程序或者其他工具开启经过加密的文档，均可找到处罚依据。但是，入侵者在入侵他人网站后并未开启经过加密的档案，或者开启的档案并未经过加密处理，这种行为各国刑法规定较少。另外还发生入侵后窃取他人档案或者偷阅、删除电子邮件；将入侵获得的档案内容，泄露给他人；入侵后将一些档案破坏，致使系统无法正常运行，甚至无法使用；盗用他人上网账号，未经他人同意而拨号上网，而上网所发生的费用则由被盗用者承担等等。这类案件比较多，比如，1996 年 12 月，黑客侵入美国空军的全球网网址并将其主页肆意改动，迫使美国国防部一度关闭了其他 80 多个军方网址；1998 年 10 月 27 日，刚刚开通的“中国人权研究会”网页，被“黑客”严重篡改；2000 年春节期间黑客攻击以 Yahoo 和新浪等为代表的国内外著名网站，造成重大经济损失。

图 4—28　索尼网站被黑客攻击的截图（来源：互联网）

（7）制造、传播计算机病毒

在网络上散布计算机病毒，十分猖獗。有些病毒具有攻击性和破坏性，可能破坏他人的计算机设备、档案。2010年数据显示，病毒木马的传播途径中，有93.2%直接依赖互联网完成，其中有82.2%是通过下载行为感染计算机。也就是说，脱离互联网环境，病毒木马即失去感染计算机的主要机会。

（8）网络赌博

很多国家允许赌博行为或者开设赌场，因此有人认为在赌博合法化的国家开设网站，该国不禁止，就不犯有赌博罪。这种意识在设有赌博罪的国家普遍存在。其实，各国刑法都规定了管辖权制度，一般都能在其本国主权范围内处理这种犯罪。比如，对人的管辖权，特别是对行为的管辖权，犯罪的行为或者结果有一项在一国领域，该国即可管辖。

2010年，江苏常州警方就曾侦破30亿跨国网络赌博案。犯罪分子曾伟全开办了一家名为“尊博国际”的境外赌博网站，然后深藏在幕后，以设立的网络公司进行伪装，业务量不断扩展。至案发时已经成为涉案金额超过30亿元、参赌人员近5万人的特大跨国网络赌博案。

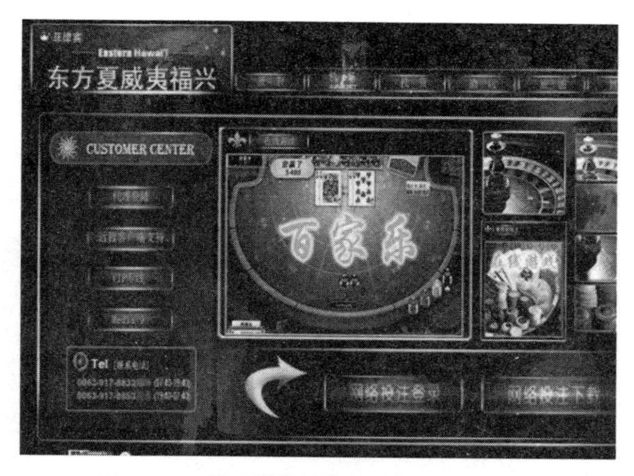

图4—29 某赌博网站截图（来源：互联网）

（9）教唆、煽动各种犯罪，传授各种犯罪方法

网上教唆他人犯罪的重要特征是教唆人与被教唆人并不直接见面，教唆的结果并不一定取决于被教唆人的行为。这种犯罪有可能产生大量非直

接被教唆对象同时接受相同教唆内容等严重后果，具有极强的隐蔽性和弥漫性。除了教唆、引诱接触淫秽物品的网站外，还有形形色色的专业犯罪网站。有的本身就是犯罪组织所开设，比如各种邪教组织、暴力犯罪组织、恐怖主义组织等，普通人所开设的专业性的犯罪网站则更多。比如有一些专门的自杀网站就曾引起网友相约自杀。

3. 网络犯罪的新动向

首先，信息技术的迅猛发展，使得网民和企业对于网络犯罪的防范能力大幅提高，但也使得网络犯罪的手段不断更新。例如，最近几年出现了键盘记录器等刺探程序，它可以记录受感染计算机上的键盘敲击，有些能记录受害者的所有信息，有些能对数据初步分析并只传输重要的数据；国外还出现了一种“创新型”的金融诈骗，网络犯罪分子利用自动化的基于云的服务器在全球范围内大肆诈骗，攻击可绕过物理身份验证进行自动化数据库搜索，攻击过程由计算机自动进行，犯罪分子不需直接参与；“网银超级木马”等隐蔽型恶意软件也大量出现，可以绕开杀毒软件的主动防御规则，逃避监测和查杀。

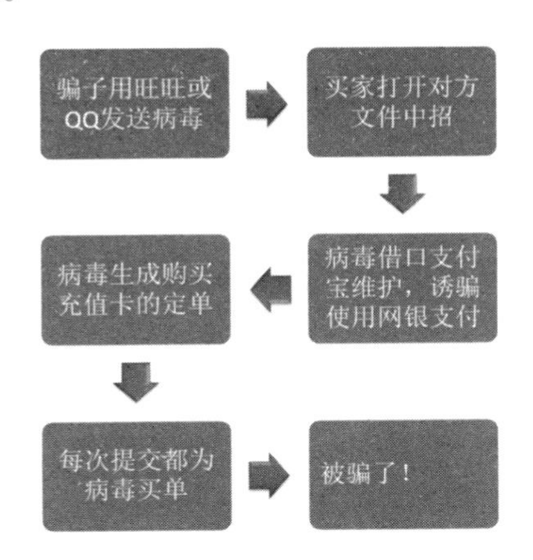

图 4—30 网银诈骗流程之一（来源：互联网）

其次，近年来针对新技术新应用的新型网络犯罪持续增加。一是针对移动设备的网络犯罪在增加，据统计，2012 年全球恶意软件样本数量已经超过 2 万个，其中 90% 以上针对 Android 平台。犯罪分子利用恶意软件窃取用户信息、吸取话费等，未来还可能进行系统操控。二是针对社交网络的犯罪在增多，社交网络拥有大量的用户，并具有广泛的传播性，犯罪分子利用其实施“钓鱼攻击”，窃取用户信息或进行欺诈。有报告显示，2012年社交网络犯罪比2011年大幅增加，40%用户遭受过此类犯罪，社交网络钓鱼攻击已经占到钓鱼攻击总量的80%以上。据英国《每日邮报》报道，英国警方每隔数10分钟就会收到一起与facebook有关的报警。仅在2011年英国便发生了12300起与facebook社交网络有关的犯罪，包括谋杀、强奸、绑架及诈骗等。

同时，随着社交网络中信息的不断上传，很多具有更高道德感和价值观的人往往对一些无法用法律解决但明显违背社会风序良俗的事件主角进行人肉搜索。人肉搜索的典型推进模式就是锁定现实生活中的一个人或一件事，将其树为网上的一个标靶，然后发动亿万网友曝光与其相关的信息，如姓名、年龄、电话、住址等等，甚至其亲属也不能幸免，更有甚者还发布所谓“网络追杀令”，让网络声讨、道德审判演变成现实的暴力。事实上，这也是网络犯罪的一种。

三是针对“云端”的犯罪开始出现。“云端”存储的大量数据成为网络犯罪的重要目标，犯罪分子还利用云服务来存储和传播恶意软件。2011年，美国就破获了一起利用Amazon的云网络来传播恶意软件的网络罪犯，其主要针对巴西地区，盗取了9家银行的用户数据。为了能成功地实施盗窃，恶意软件首先关闭了反病毒程序的正常运作，并劫持用来确保在线交易安全的特别插件。同时，还能窃取数字证书和微软MSN的数字文件。

四是针对IPv6的犯罪分子开始瞄上了一些企业。目前很多企业在采用IPv6设备时没有部署安全控件，给网络犯罪敞开了大门。美国信息安全公司Arbor Networks的一份年度研究报告显示，下一代IPv6互联网相对于当前的IPv4互联网更易受到DDoS攻击，而且在IPv6网络中抵御DDoS攻击需要花费高额成本。

第三，近年来窃取数据和信息牟利的网络犯罪增长很快。据统计，2012年开发人员发现并修补的新型数据库相关漏洞已接近100个，数据泄露数量再创新高，被窃取的信息包括个人金融信息如银行卡账号等，还包括其他非金融数据。犯罪分子通过收集游戏账户信息、病人数据库信息、访问受感染的电脑等多种途径来获取各种数据。目前，地下交易最为广泛的三种非金融信息是垃圾邮件列表、出生日期和未经过滤的木马日志。犯罪分子可以购买预先按国家进行过滤的垃圾邮件列表，从而实施更为有效的针对特定区域的垃圾邮件发送活动；出生日期数据也会随个人的身份证或者社保号码等一起出售，用于金融欺诈或者其他服务欺诈。2012 年 3 月 15 日，上海公安机关在办理一起信用卡诈骗案时发现，犯罪嫌疑人用于作案的大量公民个人信息均购于互联网，由此发现一个非法出售个人信息的犯罪群体。办案民警通过追踪定位，查明有大量的公民个人信息、机动车主信息、学生学籍信息及大量企业信息等被非法销售。嫌疑人通过网络以每份 60 ～ 200 元不等的价格买进，再以 150 ～ 300 元的价格贩卖给下家，从中获取非法利益。

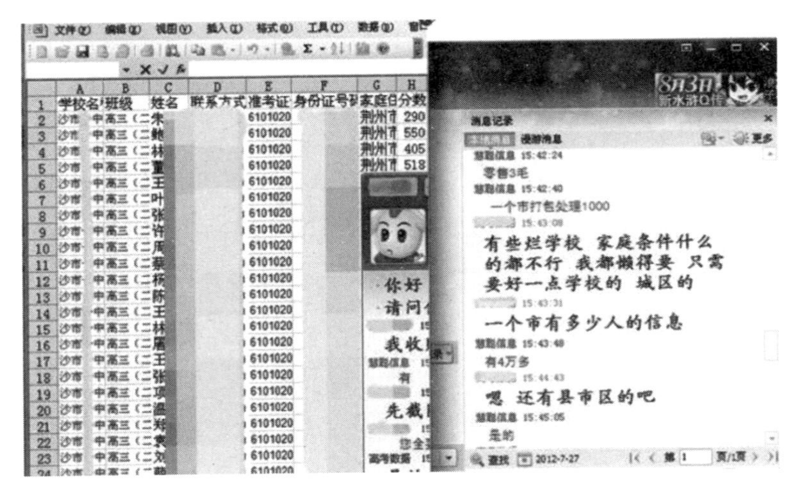

图 4—31 通过网络贩卖身份信息（来源：互联网）

最后需要警惕的是，出于政治动机的网络犯罪有快速发展的势头。早期的网络犯罪主要以经济利益为目的，现在随着国际恐怖主义势力的介入，网络犯罪目的扩展到政治层面，犯罪活动旨在进行政治抗议，瘫痪某个重要系统，引起社会秩序混乱，政治企图越来越明显。一方面黑客行动主义快速蔓延，“匿名者”等黑客组织迅速崛起，如“匿名者”2012 年以捍卫自由为名攻击了突尼斯多个政府网站，还以与提供技术自由的“破解者”对抗为由向索尼公司连续发起攻击。另外，网络恐怖主义也在上升，基地组织及其他恐怖组织利用网络空间保持联络、进行恐怖主义融资、招募培训人员和协调恐怖活动，而能源系统、应急服务、通信、银行和金融、运输和水源系统等有关国计民生的关键基础设施则成为网络恐怖主义分子的重要目标。

4. 打击网络犯罪面临的挑战和对策

世界各国均有打击网络犯罪之举，但是各种网络犯罪仍然猖獗，网络犯罪破案率极低。当然，造成这种尴尬的原因众多。

（1）互联网本身的问题

众所周知，Internet 的前身 ARPANET，其开发的主要目的是要将信息从传递端顺利地传送到目的端，因此资料安全或者网络安全并不是 ARPANET 当时设计的目的，这也是目前在 Internet 上设的商务网站容易受到黑客攻击的原因。同时，目前的网络系统和计算机的操作系统等都或多或少地存在一些漏洞，也让一些别有用心的人利用这些漏洞设计了一些攻击程序，并上传到网络上到处传播，俯拾即是。

（2）犯罪人员的智能性

与传统犯罪相比，网络犯罪的目标大多针对网络系统中存储的数据、信息及其运行系统，作案往往离不开计算机网络知识和技术。网络系统的安全防范措施日趋严密，犯罪分子必须具有专业技术和熟练的操作技能，否则很难侵入或破坏网络系统。网络犯罪分子作案前通过周密的预谋和精心的策划，网络犯罪从准备到实施可能要经过很长时间，但实施犯罪则耗时极短，也有利于犯罪分子及时逃之夭夭。因此，由于准备充分及专业水平高，使得这些犯罪分子对抗侦查的能力相当强。

（3）隐蔽性强，查处难度大

作为一种以高技术为支撑的犯罪，许多网络犯罪可在瞬间完成，其作案时间很难判定；而犯罪证据又多存在于程序、数据等无形信息中，很容易被更改和删除，不留任何痕迹，查处起来相当困难。尤其是云计算时代，这种查处难度会越来越大。

（4）犯罪风险小而收益大

由于网络犯罪的社会危害性不直观、现行网络立法缺位及“黑客”伦理的作用，使得网络犯罪分子的心理负罪感不但很低，有时还带有一种智力出众的优越感。另外，网络作案投入的主要是技术，加上犯罪发现率低等，使网络犯罪的经济成本极低，风险极小。当然，网络犯罪给犯罪分子带来的收益却丝毫不逊于传统犯罪。

（5）电子商务存在的弊端

从各国过去查获的利用信用卡在网站上购买商品的诈骗案例来看，发现这些网站没有采用SET或者SLL的网络付款安全机制，使用者仅需输入信用卡号以及信用卡有效年月两项资料，就可以取代实体商店的刷卡过程。这两项资料传送到结算中心，要求授权，因为没有刷卡过程，而信用卡号及有效期又可轻易取得，所以为网络诈骗打开了方便之门。另外，电子商务是多个社会部门分工协作组成严密体系，每一部门分管某一部分工作，如电子商务认证机构只负责确认交易各方身份和资信，而账户资金的划拨由电子金融机构来完成，因此单个人实施犯罪是很困难的。如果多个部门的内部人员相互勾结，或者部门内部人员和外部人员相互勾结作案，则容易得多。[①]

据英国Trading Standard Institute公布的调查显示，25%的网站不安全，黑客可以得到客户的信用卡资料以及其他更多的信息，网上购物还有交货速度慢、价格昂贵等问题。该机构还发现，38%的订货无法准时送达，17%的订货没有送到。

（6）犯罪行为的复杂性

在网络环境下，全球已结成了一个庞大的信息网，其使用之多、发展之快、内容之广泛都是空前的，但同时它也存在着许多不足之处，尤其是与传统的法律体系相比，网络犯罪在定罪和量刑上更为复杂。

比如，“避风港”等问题已经成为欧美等在网络犯罪方面争论的焦点。在互联网上发布信息，其性质根本不是传统观念所能涵盖的。有人认为，在线服务提供人类似报纸发行人，在网页发布前，推定其已经像传统的出版社那样审查了要发布的内容，而这些内容则为其所默认。有人认为，这种类推非常不妥，觉得互联网服务提供商只是信息的贩卖者，而不承担审查

① 源自：http://baike.baidu.com/link?url=lizK45MkwZCAQkPCSJg2SxdpUKpon2XF7ctyUHnj6OwImDwmfyS3aP88oaN2LZXV。

的责任。在美国，这两种案例都出现了。但是，其责任却极为不同。对于书店，美国《诽谤法》给予了极大的保护（Smith v. California，1959），有的法将这个判例法适用于在线服务提供人，使其责任大为减轻。

（7）互联网的跨地域、跨国界性

互联网本身具有跨地域、跨国界性，没有空间限制。因此，网络色情等网络犯罪无法杜绝。即使禁止了一国的色情网站，也不能有效地将他国的色情网站禁之门外。网络信息散布迅速，基本上没有时空限制，影响范围极其广泛。

同时，各国对于网络犯罪的司法标准不一。许多贩卖盗版光盘的网站或者色情网站合法地开设在法律对此不加禁止的国家。如果这些网站不触犯所在地国家的法律，即使触犯了他国的法律，服务器所在国既无法处理，也无法提供司法协助。只有网站内容触犯两国法律，才有合作的基础。在各国司法标准不一的情况下，打击网络犯罪力不从心。①

因此，对于网络犯罪这种新型社会现象的出现，政府必须利用综合手段，制定多方面的对策以最大限度地减少其社会危害性。对于网络犯罪的治理，必须综合各方面的积极力量进行规范和治理。要打击和防范网络违法犯罪活动，必须坚持"预防为主，打防结合"的方针，从加强内外部管理、创新网络安全技术、完善法律、普及教育、依法惩处等多个方面着手。

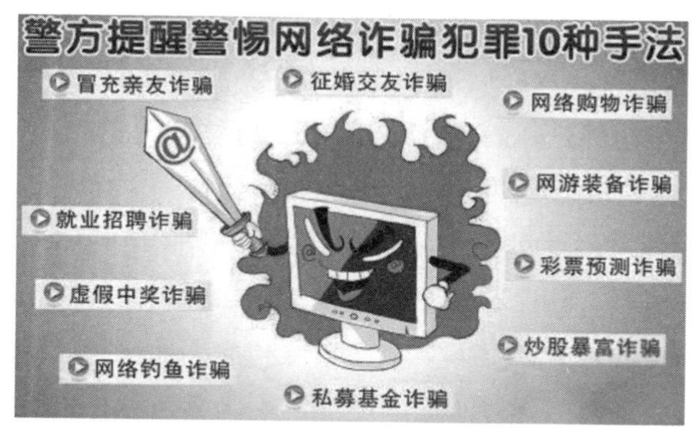

图4—32　通过各种手段加强法制教育（来源：互联网）

① 源自：http://baike.baidu.com/link?url=lizK45MkwZCAQkPCSJg2SxdpUKpon2XF7ctyUHnj6OwImDwmfyS3aP88oaN2LZXV。

二 全力防范和打击网络恐怖主义

1. 网络恐怖主义的含义

网络恐怖主义是非政府组织或个人有预谋地利用网络并以网络为攻击目标，以破坏目标所属国的政治稳定、经济安全，扰乱社会秩序，制造轰动效应为目的的恐怖活动，是恐怖主义向互联网领域扩张的产物。随着全球网络化的发展，破坏力惊人的网络恐怖主义正在成为世界的新威胁。借助网络，恐怖分子不仅将信息技术用作武器来进行破坏或扰乱，而且还利用信息技术在网上招兵买马，并且通过网络来实现管理、指挥和联络。为此，在反恐斗争中，防范网络恐怖主义已成为维护国家安全的重要课题。①

网络恐怖主义与传统恐怖主义、黑客之间既有联系，又存在着本质和程度上的不同。网络恐怖主义首先是一种恐怖活动，本质上是企图通过制造能引起社会足够关注的伤亡来实现其政治或宗教目的。与传统的恐怖活动相比，它并不会造成直接的人员伤亡，而且手段更为高明、隐蔽。换而言之，网络恐怖分子利用黑客技术实现其政治目的，试图引起物理侵害或造成巨大的经济损失，其可能的目标包括通信系统、金融行业、电力设施、供水系统、油气能源、机场指挥中心、铁路调度等国家基础设施，因此它是一种暴力行为。

2. 网络恐怖主义的主要特点

与通常的暗杀、劫持人质和游击战等传统的恐怖手段相比，网络恐怖主义对恐怖分子具有更大的魅力，主要是网络恐怖主义具有以下几方面的优势。

（1）网络恐怖活动成本低

与传统的恐怖手段相比，实施网络恐怖的成本具有明显优势。不需要枪支、炸药等传统的攻击性武器，也不需要花钱来租赁车辆或雇人去运送爆炸物，一台电脑，一根网线就可以轻松搞定。

---

① 源自：http://baike.baidu.com/link?url=lizK45MkwZCAQkPCSJg2SxdpUKpon2XF7ctyUHnj6OwImDwmfyS3aP88oaN2LZXV。

（2）网络恐怖主义更加隐蔽

与传统的恐怖手段相比，网络恐怖主义更加隐蔽，没有所谓的检查站，没有边境线，不用通过任何海关，只要一个在线“昵称”，甚至一个“过客”身份就可以登录网站，使得安全机构和警察很难追查到恐怖分子的真实身份。

（3）可袭击的目标种类和数目众多

网络恐怖分子通常会把政府、企业、个人、公共设施、航空公司等地的计算机网络定为目标，近年来许多国家的网站包括美国不少著名网站均遭受过黑客攻击和病毒感染，中国也未能幸免。

（4）网络恐怖主义可以远程实施

与传统的恐怖主义相比，网络恐怖主义几乎不需要什么体能训练和心理投资，也很少需要冒死亡的危险，通过远程控制即可实施恐怖活动，这就使得恐怖组织更容易招募和留住追随者。

（5）攻击范围更广，影响人群更多

从金融、交通等国家重要设施到卫星、飞机等关键军用设施，以及与人民群众生活密切相关的教育、卫生等公共设施都越来越依赖互联网，这给我们的生活带来了便利，也给犯罪分子留下了更大的攻击范围。现实世界对网络的依赖性越大，网络本身也就越脆弱，网络恐怖主义可能达成的破坏性就越大。所以，从国家重要设施到关键军用设施，再到公共设施，总会让恐怖分子找到可乘之机，也使得防范网络恐怖主义的难度更大。

另外，与传统的恐怖手段相比，网络恐怖主义也能直接影响更多的人。例如，一个“我爱你（I love you）”病毒就影响了超过2000万互联网用户，并且造成了数十亿美元的损失。网络恐怖主义能影响更多的人，可能引起更大范围的媒体报道，这正是恐怖分子最终想要的。

3. 网络恐怖主义活动的主要形式

网络恐怖主义是恐怖主义和网络相结合的产物，网络已经成为策划、实施恐怖袭击的工具，或者已经成为攻击目标，因此网络与恐怖活动之间是手段和目的的关系。

（1）利用网络交流信息等

网络中的搜索引擎、成千上万的邮件以及几乎没有任何限制的论坛等，已经成为网络恐怖主义组织收集信息的阵地。有报道称，基地组织早就开始把互联网作为联络工具之一了。在基地领导人被逐出阿富汗后，互联网更成为基地组织新的聚会地点，成为他们之间以及他们与其支持者互相联系的重要工具，还成为“基地”组织向全世界传递其信息的重要工具。据美国信息服务部门统计，基地组织在网上有大约4000个站点。2005年7月，巴基斯坦当局还逮捕了“基地”的电脑专家穆罕穆德·纳伊姆·努尔汗，他负责为“基地”组织发送密码电子邮件和管理可以快速建立和消失的网站，这些网站会介绍如何绑架、藏匿人质以及怎样和政府当局谈判等。在这些网站上还可以看到炸弹制造方法以及引爆汽车和杀害人质的手法等。

恐怖分子利用金融网络获取经费更是不费吹灰之力，不出几分钟，一笔很大数目的款项就能通过几家大银行在地球上转一圈。英国一些激进分子更是利用互联网进行公开募捐。可见，网络已经成为恐怖分子的得力“助手”。

图4—33　基地组织在全球分布广泛（来源：互联网）

（2）利用网络进行政治宣传，制造恐怖气氛

恐怖组织通过自建网站和在各种网上媒体散布无政府主义、纳粹主义、种族仇恨和歧视、宗教极端思想以及恐怖信息等，大肆制造恐怖气氛，达到影响大多数人思想的目的，以给全社会造成极大的恐慌和混乱。美国政府指责真主党通过 www.hizbollah.org、www.moqawama.org、www.almanar.org 等网站进行恐怖宣传。还有恐怖分子凭借先进的网络多媒体技术，将大量充斥着恐怖主义血腥场面的镜头以及针对美军的袭击画面通过互联网传到全世界，其造成的民众恐惧情绪不仅会增加社会的不稳定因素，导致社会动荡，也会成为美国顺利实施军事策略的障碍。①

图 4—34 真主党对外网站之一（来源：互联网）

（3）利用网络进行成员招募和资金募集

通过互联网可以使秘密招募人员的信息更加简单隐蔽，网络的全球到达使得恐怖组织向更多的人公布消息，甚至可以通过网络论坛等与普通民众交流。另外，很多恐怖组织可以直接向访问其网站的用户募集资金，包括

① 谢明刚：《网络恐怖主义问题研究》，The 2nd Asia-Pacific Conference on Information Theory (APCIT2011)。

在网上发布声明直接要求用户通过银行账户或者网络支付为其捐款。例如，爱尔兰共和军的主页上有一个用户能够通过信用卡直接捐赠的链接。还有的网络恐怖组织开设网上商店，通过出售物品的方式来募集资金。

（4）进行网络恐怖袭击

网络恐怖袭击是恐怖活动在网络空间的现实表现。2002 年 6 月 27 日，美国《华盛顿邮报》在头版刊登文章，警告本・拉登的“基地”组织正在策划通过互联网攻击美国的核电站、水坝以及其他关键设施。美国调查人员从“基地”组织的办公室搜查出一台电脑，发现里面有利用工程软件制作出来的水坝模型，这些软件能够模拟水坝发生灾难性事故时的效果，同时还有软件可以协助预测水坝开闸后的水流过程。哈马斯的创始人雅辛也曾说过：“因为我们有最好的人才为我们工作，所以我们将利用一切手段，包括电子邮件和互联网，与我们的占领者和他们的支持者进行斗争。”

4. 防范网络恐怖主义的主要措施

随着信息网络技术的不断发展，未来网络恐怖攻击的可能性会大大增加，网络恐怖主义正在成为国家安全、国际政治与国际关系的一个新的突出问题，越来越多的国家将防范网络恐怖主义提到国家安全战略的议事日程。从目前来看，防范网络恐怖主义的措施主要有：

（1）重视人才的培养和公民的安全意识教育

到目前为止，许多人都没有认识到国家经济和国家安全对计算机和网络系统依赖到何种程度。美国在《确保网络空间安全的国家战略》中就提出完善“网络公民计划”，对儿童进行有关网络道德和正确使用互联网和其他通讯方式的教育；要建立企业和技术精英间的合作关系；保证政府雇员具备保护信息系统安全的意识；在上述行动的基础上，把提高安全意识的活动推广到其他企业和普通民众。目前，许多国家也意识到，仅仅依靠政府的力量是不够的，必须建立起一个全方位的防御体系，动员一切可以动员的社会力量。

（2）建立相应机构，完善网络安全的管理体制

“9.11 事件”后，布什政府迅即采取行动，成立了“国土安全办公室”，将打击网络恐怖袭击作为其主要职责之一。在“国土安全办公室”增设总

统网络安全顾问，主管总统“关键基础设施保护委员会”，负责制定、协调全美政府机构网络反恐计划和行动。美国还打算将一些主要的网络安全负责机构并入“国土安全部”，以加强统筹管理。到2014年，已有40多个国家颁布了网络空间国家安全战略。2014年2月，总统奥巴马宣布启动美国《网络安全框架》。德国总理默克尔2月19日与法国总统奥朗德探讨建立欧洲独立互联网，拟从战略层面绕开美国以强化数据安全。作为中国亚洲邻国，日本和印度也一直在积极行动。日本2013年6月出台《网络安全战略》，明确提出“网络安全立国”。印度2013年5月出台《国家网络安全策略》，目标是建立“安全可信的计算机环境”。因此，接轨国际，建设坚固可靠的国家网络安全体系，是中国必须做出的战略选择。2014年2月27日，中央网络安全和信息化领导小组宣告成立，此举无疑会大大推动中国网络安全的保障能力。

（3）推动立法，构筑坚实的安全防护网

从20世纪80年代开始，美国相继推出一系列打击网络犯罪和黑客活动、维护信息安全的各种法律法规，包括计算机安全法、信息自由法等。据不完全统计，美国已经颁布了40多份与网络安全有关的文件。英国在原有的《三R安全规则》基础上，于2000年7月公布了《电子信息法》，授权有关当局对电子邮件及其他信息交流实行截收和解码。

2000年底，欧洲委员会起草的《网络犯罪公约》正式出台，包括美国在内的40多个国家都已加入。该公约的目的就是要采取统一的对付计算机犯罪的国际政策，防止针对计算机系统、数据和网络的犯罪活动。

（4）加强国际社会的合作

由于互联网无国界，网络犯罪和网络恐怖主义通常具有跨国犯罪的特征，因此，打击网络犯罪和网络恐怖主义正在成为世界各国的共同行动。1998年11月，联合国大会通过了由俄罗斯提出的《在国际安全背景下信息和通信领域的发展》的倡议，指出“考虑到有必要阻止为犯罪或恐怖主义目的错误使用或开发信息资源或技术”，“呼吁各会员国在多边层面促进对信息安全领域现有的和潜在的威胁的关注”。2000年10月26日，西方八国集团在柏林召开会议，专门讨论如何提高网络安全水平和防范网上犯罪的问题。2013年4月26日，联合国预防犯罪和刑事司法委员会第22届会议上，俄、中、巴、印、南五国以“金砖国家”的名义向联合国提出《加强国际合作，打击网络犯罪》的决议草案，要求进一步加强联合国对网络犯罪问题的研究和应对。这是“金砖国家”首次就网络问题联手行动，因而广受关注。2013年9月24日，来自多国的200多位专家聚集在欧洲刑警组织的海牙总部，重点探讨如何打击在虚拟空间中跨越实际地理范围实施的网络犯罪。

总之，制止网络恐怖主义需要各国政府、企业甚至每个人的参与和努力，从预防入手，在每个环节采取防范措施，这样才能确保网络世界的安全。魔高一尺，道高一丈，人类与恐怖分子的网络斗争将是一场艰巨的持久战。

第五节　互联网内容监管中的管理难题与挑战

在前面几节中，我们简述了云计算、三网融合、移动互联网、OTT等新兴技术和应用环境下互联网安全与内容监管的挑战与应对，那么是不是意味着可以一劳永逸地解决互联网安全与监管的挑战呢？答案无疑是否定的。因为再好的技术手段还必须配合周密的管理手段和实施措施才能落到实处，更何况目前很多网络安全与监管技术尚处于研究与试商用阶段，距离大规模实用还有一段距离。另外，从字面上来理解，“监管”即监督和管理之意，技术手段可以帮助我们做好监督工作，管理手段还必须跟上，尤其是针对网络内容的监管。

对于监管的具体定义根据不同领域有不同的含义，但必须是由赋有监管权力的组织机构为了实现某一个特殊的目标，确保公民的正当权利而根据既定的责权，对被监管单位进行行政上的制约和管理。因此，网络监管不仅仅局限于对网络安全的监管，更包括对于整个网络环境、网络商业、网络内容、网络人群的监控和一定程度上的管理，其内容涉及维护网络正常运营，保障网上交易市场秩序和税收，监控政府企业等在网络上公开内容的真实合法性，杜绝淫秽、暴力、犯罪等非法信息流通，引导青少年健康上网等诸多方面。监管的主体不仅包括政府部门，也包括各种国际组织、技术协会、民间协会、公益组织等公共管理机构，而网民与网站运营者同样也是监管环节中重要的一环。

图 4—35　网络信息监管的各方（来源：易目唯）

一　治理违法与不良信息的挑战

1. 淫秽色情信息界定

淫秽色情信息是目前互联网上最严重的不良信息，属于大多数国家打击的对象。对于淫秽色情信息的界定，各国国家有关部门有着明确的定义和界定范围。在中国，根据中国违法和不良信息举报中心的“举报指南”，淫秽信息是指在整体上宣扬淫秽行为，具有下列内容之一，挑动人们性欲，导致普通人腐化、堕落，而又没有艺术或科学价值的文字、图片、音频、视频等信息内容，包括：

- 淫亵性地具体描写性行为、性交及其心理感受；
- 宣扬色情淫荡形象；
- 淫亵性地描述或者传授性技巧；
- 具体描写乱伦、强奸及其他性犯罪的手段、过程或者细节，可能诱发犯罪的；
- 具体描写少年儿童的性行为；
- 淫亵性地具体描写同性恋的性行为或者其他性变态行为，以及具体描写与性变态有关的暴力、虐待、侮辱行为；
- 其他令普通人不能容忍的对性行为的淫亵性描写。

色情信息是指在整体上不是淫秽的，但其中一部分有上述中 1 ～ 7 的内容，对普通人特别是未成年人的身心健康有毒害，缺乏艺术价值或者科学价值的文字、图片、音频、视频等信息内容。

淫秽色情信息不仅影响青少年形成科学的性观念，而且青少年由于好奇心理去尝试将走向违法犯罪，破坏社会稳定，同时对青少年的身体素质心理健康发展也不利。目前，随着传统出版物的式微，青少年获得的淫秽信息主要来源于网络色情信息和手机信息。

低俗信息的界定在学术界有一些研究，但是，不同的文化、不同的国度往往有不同的标准。虽然标准有差异，但是有一些共同的认识。比如说，对青少年构成毒害的以及危害社会公德或者民族优秀文化传统的。符合这几个方面的信息，通常可以界定为低俗内容。它不完全是一个法律的范畴，更多的是像一种道德规范，但又不完全是道德规范。

2. 其他不良信息的监管难题

就互联网企业的实际运作而言，淫秽色情类内容相对比较容易界定，但对意识形态内容、热点敏感信息，企业界定起来就会有很多困难。从企业的操作层面上讲，不可能对网友的所有发言做一个完整的判断。在难以界定的情况下，互联网企业对于不良信息的可操作性也就不大。

（1）不良信息现有分类

- 违反法律类

违反法律类信息是指违背《中华人民共和国宪法》和《全国人大常委会关于维护互联网安全的决定》、《互联网信息服务管理办法》所明文严禁的信息以及其他法律法规明文禁止传播的各类信息。

互联网上的违反法律类信息涉及很多种类，除了前述的淫秽色情信息，还包括暴力等低俗信息，赌博、犯罪等技能教唆信息，毒品、违禁药品、刀具枪械、监听器、假证件、发票等管制品买卖信息，虚假股票、信用卡、彩票等诈骗信息，以及网络销赃等多方面内容。

- 违反道德类

违反道德类信息是指违背社会主义精神文明建设要求、违背中华民族优良文化传统与习惯以及其他违背社会公德的各类信息，包括文字、图片、音视频等。法律是最低标准的道德，道德是最高标准的法律。虽然违反道德类信息仅违背一般的道德准则，会受到主流道德规范的谴责和约束，但是，违反道德类信息一旦“过头”，造成了严重的后果和影响，就很容易演变为“违反法律类”信息。此类信息主要包括以性保健、性文学、同性恋、交友俱乐部以及人体艺术等内容构成的成人类信息，与暴露隐私相关的信息，容易引起社会争议，钻法律空子的“代孕”、“私人伴游”、“赴香港产子”等信息，“代写论文”、“代发论文”等学术造假、学术腐败信息，与风水、占卜相关的迷信类信息，与黑客技术交流、强制视频软件下载等相关的披着高科技外衣的信息等等。①

- 破坏信息安全类

破坏信息安全类信息是指含有病毒、木马、后门的高风险类信息和对访问者电脑及数据构成安全威胁的信息。由于应用软件漏洞、浏览器插件漏洞等频发，仅依靠网民自身的安全意识很难应对这类高风险信息。

（2）其他不良信息的标准难题

在各类信息中，我国政府高度重视对与政治有关的敏感信息的管制，但是对这类信息却缺少明确标准的界定，这给互联网企业的实际操作增加了麻烦和困难。对于哪些信息内容涉及到安全问题需要治理，这可能本身就是一个众口难调、争议很大的事情，更多地需要国家出面来组织界定这个问题。

虽然当前中国产业界对不良信息的标准问题有一定的共识，但是具体就哪些信息属于不良信息、哪些信息属于政治敏感信息、哪些信息属于个人或组织的隐私信息等问题的界定仍然不够清晰，这给ICP在信息提供的操作实施过程中带来难以准确把握的困难，同时也使得相关政府部门在监管时无标准可依，容易出现监管过度或者监管缺失等问题。

另外，人为的界定如何转换成为计算机可理解的表示形式也是不良信息界定与过滤过程的重要课题。如对于色情信息内容，主要采用基于关键词列表的界定方法，但丰富的信息内容难于用单个词组合来覆盖，而且过

---

① 源自：赛迪网，http://tech.ccidnet.com/art/1099/20090227/1692975_1.html。

滤列表的动态变化仍然需要人为参与，因此，即使有明确的界定方法，也难于让计算机理解。

（3）不良信息的责任界定

在治理违法和不良信息时，是治理违法和不良信息发布者，还是治理网络服务提供者，这是个争论了很久的话题。传统上认为网站应该对此负有主要责任，治理违法和不良信息主要是治理网站，因为网站是主要的信息服务提供者。但是，目前互联网内容提供者已不局限于商业网站、企业、政府和非盈利组织等网站，随着微博、社交网站、微信等应用的飞速发展，再加上论坛、贴吧等传统途径，众多的网民个人也可以利用互联网技术在网上发布、提供和传播各种信息。而且，互联网上的信息不仅来源于本国网站和用户，还有境外网站和用户。眼下争议比较大的是，是否将网民个人和境外的网站和用户也纳入一个国家网络信息内容治理对象的范围。

同时，从互联网信息服务的产业链来看，对于网络门户平台上的违法和不良信息无疑网站要负有责任，因为信息是网站筛选、采集和发布的。但是，对于网民个人利用网站提供的个人信息发布平台来发布的违法和不良信息，更多地应该追究作为信息发布者的网民个体的责任，而不是网站的责任，因为网站只是提供了一个信息发布的平台。

要让网站监管所有内容，这在技术上实现起来比较困难。首先，网站要是监视所有内容，对每条评论、转发信息进行检测，则网站服务器的压力会骤然增加，要想保证原有的服务水平，带宽、服务器等运营成本会直线上升；其次，网站要对所有内容进行监视，在一定程度上会侵犯用户的个人隐私，严重时甚至造成违法；最后，网站作为一个商业服务机构，其是否拥有足够的权利去监视所有的内容，这仍然是一个值得商榷的问题。

按照传统社会管理的思路，人们往往将更多的责任和权利赋予政府，认为政府是网络信息内容监管的天然主体，但是政府在网络监管方面的权力如果过大，很容易导致侵犯网民言论权利等问题，即所谓的监管过度。政府的监管措施需在保障网络安全与内容监管方面把握好尺度，取得一个平衡，做到保护与监管的有机统一。

由于网络信息的来源过于分散，网站对违法和不良信息的监管确实面临着缺口问题——由于成本和技术方面的原因，即使把监管的权利全部赋予网站，也很难做到完全监管。因此政府、互联网站、互联网行业协会、网民用户和各种非营利组织都有必要参与到互联网信息内容的治理当中来。否则，互联网信息内容安全的治理就像一个公共物品，存在着一个搭便车的问题，大家都想享受具有健康、安全的信息内容的网络环境，但是不想对此付出更多的代价。其中的难题在于：谁来监控和治理众多分散的网民在个人信息发布平台上发布的信息，以及按照什么样的标准来规范网民发布的信息。

3. 不良信息治理的几点建议

整治网络环境、做好网络内容监管是一项长期任务，更是一项复杂而艰巨的系统性工程，仅靠一两次“突击”或“一阵风”式的整治不能彻底解决问题。我们必须清楚地看到，在商业利益的驱动下，一些网站往往会置法律法规和社会责任于不顾，故意发布一些低俗内容来吸引点击率，加上部分网民法律意识和自律意识淡薄，常常不负责任地利用互联网大量传播低俗信息，这就给整治网络环境工作增加了难度。在这种情况下，关键是要尽快建立健全整治网络低俗之风的长效机制。

图 4—36 网络治理需要各网站自律（来源：互联网）

一要建立健全合力负责机制。各有关部门要按照谁主管谁负责和属地管理原则，切实负起责任，主动做好工作，加强协调配合，形成强大的工作合力。要建立网络管理责任制，明确任务职责，定期检查考核，坚决杜绝各种放任自流和不负责任的现象。

二要建立健全内部管理机制。加强网络内部管理、规范网络自律措施是消除网络低俗信息的重要环节。各网站要坚持自我约束，实施行业自律，健全网站内部管理制度，规范信息制作和发布流程，确保各项管理措施规范化、制度化；建立科学的内部考评机制，绝不能以访问量作为从业人员考核的唯一标准；加强对网站从业人员的职业道德教育，增强他们的社会责任感，对编辑低俗内容的相关人员要进行严厉处罚。

三要建立健全立体化的监督机制。网站要将行业自律和公众监督结合起来，认真落实网络信息公众评议、公众举报等制度，发动群众对网上信息进行监督；开设举报电话、举报邮箱，建立全天候举报制度，对网民反映的问题认真整改，不断提高网络媒体的社会公信力；进一步加大群众监督和社会监督力度，充分发挥社会各方面参与整治行动的积极性，加强舆论监督。

四要建立健全定期清查机制。各地各部门要建立专门的网络监管机构，组织专门力量，定期对本地互联网信息服务单位进行调查摸底，清理群众反映突出的网上淫秽色情等有害信息，并要求互联网信息服务单位落实责任，对有害信息发现不及时、不处置的迅速进行整顿，对违法网站依法关闭，对网上违法犯罪活动依法进行打击处理，对网上传播低级趣味信息等不良行为采取警告、整改等方式予以治理。

五要建立健全审批管理机制。进一步加强对互联网出版物、互联网新闻信息服务业务、时政论坛的审批管理，加强对网上视听节目和视频网站的规范化管理，加强对违规网站的查处工作，规范相关互联网信息服务单位的经营行为，督促其健全内部管理制度和信息安全保护技术措施。

六要建立健全巡查跟踪机制。借鉴国外一些国家建立网上巡查跟踪制度的做法，如德国联邦内政部和联邦警察局就24小时跟踪分析网络信息，并调集相关力量成立“网上巡警”监控网络内容。中国各重点网站、论坛应设立网上“报警岗亭”和“虚拟警察”，做到网上主动接受群众举报、求助，网下对群众举报的有害信息及时处置。

七要建立健全文明宣传机制。各网站要大力弘扬主旋律，用社会主义先进文化特别是社会主义核心价值体系引领各种社会思潮。网络要有的放矢地对广大用户尤其是未成年网络用户进行正面教育，增强他们自觉分辨和抵御淫秽色情信息和有害信息的能力，做好宣传网络法规和网络道德宣传工作。

八要建立健全协调联动机制。互联网管理是一项综合性、协调性、联动性很强的工作，需要各相关部门相互配合、协调联动。各地网络管理部门，要进一步完善互联网管理协调机制，健全信息通报和处罚联动制度。

九要建立健全法规体系机制，做到违法必究。当前，中国有关网络的法律法规体系从总体来看还不够健全，执法资源不足、协调不够、手段相对落后的局面还没有得到根本改变。再加上网络违法犯罪成本过低，信誉体系和追责体系还没有健全起来，导致低俗内容网站具有一定的生存空间。为了有效消除这种现象，当务之急是建立健全网络法规体系，以便有效保证网络建设真正做到有法可依，有法必依，执法必严，违法必究。对网上违法犯罪活动依法进行查处和严厉打击，尤其要重点打击网上团伙犯罪。

二　互联网监管多头管理的挑战

自从 1994 年接入国际互联网后，为防止境外网上有害信息的渗透，中国政府按照“法律规范、行政监管、技术保障、行业自律”的基本原则，建立了部门分工负责、齐抓共管的行政管理体制，明确规定多个政府部门作为监管主体对网络信息服务进行监督管理。

1. 互联网监管的多头体制

目前，中国互联网管理相关部门由互联网行业部门（工业与信息化部），专项内容主管部门（包括国务院新闻办公室 / 国家互联网信息办公室、教育部、文化部、卫生和计划生育委员会、公安部、国家安全部、商务部、国家新闻出版广播电影电视总局、国家保密局等），前置审批部门（包括国务院新闻办公室 / 国家互联网信息办公室、教育部、文化部、卫生和计划生育委员会、国家新闻出版广播电影电视总局等），公益性互联单位主管部门

（教育部、商务部、中国科学院、总参谋部信息化部等），企业登记主管部门（国家工商行政管理总局）等组成，涉及到十多个部委和机构。

根据有关规定，中宣部对互联网意识形态工作进行宏观协调和指导；互联网行业主管部门负责互联网行业管理工作，具体承担互联网站管理协调工作，依法对基础电信运营商、互联网接入服务提供商、互联网信息服务提供者、域名注册服务机构进行日常行业监管，指导互联网行业协会工作；前置审批部门负责互联网信息服务各自主管服务项目的前置审批，对网站相关专项内容进行监督检查和审核，并向同级互联网行业主管部门提供年度审核意见；公安机关负责互联网站安全监督，依法处罚和打击网上违法犯罪行为；国家安全机关负责对互联网站涉及国家安全事项的信息内容进行监督检查。

国务院新闻办公室负责互联网上意识形态工作，具体协调互联网意识形态管理，统筹宣传文化系统网上管理。在2011年国家互联网信息办公室挂牌成立之后，互联网内容管理的职责基本上都由这一新的机构承担，包括指导、协调、督促有关部门加强互联网信息内容管理，负责网络新闻业务及其他相关业务的审批和日常监管，指导有关部门做好网络游戏、网络视听、网络出版等网络文化领域业务布局规划，协调有关部门做好网络文化阵地建设的规划和实施工作，负责重点新闻网站的规划建设，组织、协调网上宣传工作，依法查处违法违规网站，指导有关部门督促电信运营企业、接入服务企业、域名注册管理和服务机构等做好域名注册、互联网地址（IP地址）分配、网站登记备案、接入等互联网基础管理工作，在职责范围内指导各地互联网有关部门开展工作……尽管目前这一机构尚未完全承担起互联网内容监管的重任，但是毕竟迈出了第一步。

公益性互联单位主管部门负责对所主管的公益性互联单位（包括中国教育和科研计算机网、中国国际经济贸易互联网、中国科学技术网、中国长城互联网等公益性互联网络运行维护单位）进行日常监管。

因此，互联网行业主管部门与前置审批部门、专项内容主管部门、公益性互联单位主管部门以及企业登记主管部门之间建立、完善有效的互联网站管理工作衔接流程，制定前置审批、查处违法违规网站、年度审核、公益性互联单位主管部门管理网站、查询网站信息等流程，各有关部门应按照共同制定的工作流程，认真执行、密切配合、通力协作，切实做好互联网站管理工作。

表4—4　　互联网管理的相关部委

部委	司局	主要职责	与互联网管理相关职责
工业和信息化部	政策法规司	研究新型工业化的战略性问题；组织研究工业、通信业、信息化发展的战略，提出政策建议；组织起草工业、通信业和信息化法律法规草案和规章；负责机关有关规范性文件的合法性审核工作；承担相关行政复议、行政应诉工作；承担重要文件起草工作。	有关互联网管理的法律法规，在工信部内主要由该司负责起草和行政复议审核。
	规划司	组织拟订工业、通信业和信息化发展战略、规划；提出工业、通信业和信息化固定资产投资规模和方向（含利用外资和境外投资）、中央财政性建设资金安排的建议；承担固定资产投资审核的相关工作。	主要是“通信业五年规划”、“互联网五年规划”均由该司负责编制，同时对电信运营商的重大投资规划有参与权。
	科技司	组织拟订并实施高技术产业中涉及生物医药、新材料、航空航天、信息产业等的规划、政策和标准；组织拟订行业技术规范和标准，指导行业质量管理工作；组织实施行业技术基础工作；组织重大产业化示范工程；组织实施有关国家科技重大专项，推动技术创新和产学研相结合。	主要涉及通信及互联网的各项标准制订。
	运行监测协调局	监测分析工业、通信业日常运行，分析国内外工业、通信业形势，统计并发布相关信息，进行预测预警和信息引导;协调解决行业运行发展中的有关问题;承担应急管理、产业安全和国防动员相关工作。	主要涉及通信及互联网的月度统计，作为工信部的权威数据来源及政策判定依据。
	电子信息司	承担电子信息产品制造的行业管理工作；组织协调重大系统装备、微电子等基础产品的开发与生产，组织协调国家有关重大工程项目所需配套装备、元器件、仪器和材料的国产化；促进电子信息技术推广应用。	所有物理化的电子产品，如芯片、信息终端和局端产品均由该司管理。电信系终端产品是网民上网的第一道门户。
	软件服务业司	指导软件业发展；拟订并组织实施软件、系统集成及服务的技术规范和标准；推动软件公共服务体系建设；推进软件服务外包；指导、协调信息安全技术开发。	如当年“绿坝”上网管理软件即由该司牵头组织开发；随着云时代到来，一切软件都依赖于互联网，该司权力在变大。

续表

部委	司局	主要职责	与互联网管理相关职责
工业和信息化部	通信发展司	协调公用通信网、互联网、专用通信网的建设，促进网络资源共享；拟订网络技术发展政策；负责重要通信设施建设管理；监督管理通信建设市场；会同有关方面拟订电信业务资费政策和标准并监督实施。	三网融合的工信部主要参与司局，对基础网络和互联网具有强力管理权。
	电信管理局	依法对电信与信息服务实行监管，提出市场监管和开放政策；负责市场准入管理，监管服务质量；保障普遍服务，维护国家和用户利益；拟订电信网间互联互通与结算办法并监督执行；负责通信网码号、互联网域名、地址等资源的管理及国际协调；承担管理国家通信出入口局的工作；指挥协调救灾应急通信及其他重要通信，承担战备通信相关工作。	除主要对电信运营商及网络进行管理外，主要对互联网域名/地址拥有管理权；发生紧急情况时，可要求断网（如新疆）。
	无线电管理局	编制无线电频谱规划；负责无线电频率的划分、分配与指配；依法监督管理无线电台（站）；负责卫星轨道位置协调和管理；协调处理军地间无线电管理相关事宜；负责无线电监测、检测、干扰查处，协调处理电磁干扰事宜，维护空中电波秩序；依法组织实施无线电管制；负责涉外无线电管理工作。	与互联网相关的主要是无线频段分配权，涉及电信运营商的3G/4G、商民用WiFi等。
	信息安全司	协调国家信息安全保障体系建设；协调推进信息安全等级保护等基础性工作；指导监督政府部门、重点行业的重要信息系统与基础信息网络的安全保障工作；承担信息安全应急协调工作，协调处理重大事件。	与互联网相关的主要是信息安全应急协调工作，如全网爆发病毒、信息失窃、网络安全软件相关厂商（360、腾讯、金山）出现恶性竞争时的管理协调。
新闻出版广电总局	政策法规司	研究新闻出版广播影视管理重大政策；组织起草新闻出版广播影视和著作权管理法律法规草案和规章，承担规范性文件的合法性审核工作；承担重大行政处罚听证、行政复议、行政应诉、涉外法律事务等工作。	主要是新闻出版广播影视行业相关法规中涉及互联网内容监管的部分，如《电影促进法》（草案）中对未获“龙标”电影作品不得在网上传播等。
	传媒机构管理司	承担广播电视播出机构和业务、广播电视节目制作机构、广播电视节目传送、有线电视付费频道、移动电视业务的监督管理工作；指导和监督管理广播电视广告播放。	主要是有线网络、移动电视、CMMB网络运营商开展与互联网接入、传输、分发的相关业务。
	数字出版司	承担数字出版内容和活动的监督管理工作，对网络游戏、网络文学、网络书刊和开办手机书刊、手机文学业务进行监督管理。	主要是与文化部分工，对网络游戏进行上线前的前置审批工作，同时对网络文学等进行管理。
	网络视听节目管理司	承担网络视听节目服务、广播电视视频点播、公共视听载体播放广播影视节目内容和业务的监督管理工作；指导网络视听节目服务的发展和宣传。	有关互联网视听的牌照（IPTV、互联网电视、手机电视等）发放、违规机构或企业的监管，权力均在该司。

续表

部委	司局	主要职责	与互联网管理相关职责
新闻出版广电总局	反非法和违禁出版物司(全国“扫黄打非”工作办公室)	拟订“扫黄打非”方针政策和行动方案并组织实施，组织、指导、协调全国“扫黄打非”工作，组织查处非法和违禁出版传播活动的大案要案；承担全国“扫黄打非”工作小组日常工作。	互联网扫黄打非相关工作及管理权限。
	版权管理司	拟订国家版权战略纲要和著作权保护管理使用的政策措施并组织实施，承担国家享有著作权作品的管理和使用工作，对作品的著作权登记和法定许可使用进行管理；承担著作权涉外条约有关事宜，处理涉外及港澳台的著作权关系；组织查处著作权领域重大及涉外违法违规行为；组织推进软件正版化工作。	打击网络盗版及推进软件正版的相关工作及管理权限。
	科技司	拟订新闻出版及印刷业、广播影视及视听类新媒体科技发展规划、政策、行业标准并组织实施；拟订广播影视传输覆盖网和监测监管网的规划，推进三网融合；承担广播影视安全播出的监督管理和技术保障工作，承担广播影视质量技术监督、监测和计量检测工作。	三网融合的总局主要参与司局。
文化部	文化科技司	拟订文化科技发展规划；协调国家重点文化艺术科研项目攻关及重大成果推广；推进文化科技信息化建设；负责高等艺术院校共建工作；指导文化行业艺术职业教育；组织拟订艺术考级的政策和标准并协调、监督和实施；承担跨省艺术考级机构的审批工作。	文化科技信息化建设，如文化上网、网络春晚等。
	文化市场司	拟订文化市场发展规划和政策，起草有关法规草案；指导文化市场综合执法，推动副省级城市和地市级以下文化、广电、新闻出版等部门执法力量的整合；对文化领域的经营活动进行行业监管；对文艺演出、文化娱乐和文化艺术品市场进行监管；承担网络音乐美术娱乐、网络演出剧（节）目、网络表演业务和手机音乐的前置审批工作；在使用环节对进口互联网文艺类产品内容进行审查；负责对网吧等上网服务营业场所实行经营许可证管理，对电子游戏机在生产、进口和经营环节上进行内容监管；对网络游戏服务进行监管（不含网络游戏的网上出版前置审批）；指导对从事演艺活动民办机构的监管工作。	网络音乐、网络游戏、网吧、网络表演和手机音乐等审批工作。

续表

部委	司局	主要职责	与互联网管理相关职责
教育部	基础教育一司	承担义务教育的宏观管理工作，会同有关方面提出加强农村义务教育的政策措施，拟订推进义务教育均衡发展的政策，提出保障各类学生平等接受义务教育的政策措施；会同有关方面拟订义务教育办学标准，规范义务教育学校办学行为，推进教学改革；指导中小学校的德育、校外教育和安全管理。	校园网络管理； 青少年上网教育引导； 净化校园网络环境； 高校上网场所管理； 远程网络教育和网校教育网络信息化等。
	基础教育二司	承担普通高中教育、幼儿教育和特殊教育的宏观管理工作；拟订普通高中教育、幼儿教育、特殊教育的发展政策和基础教育的基本教学文件；组织审定基础教育国家课程教科书，推进课程改革；指导中小学教学信息化、图书馆和实验设备配备工作。	
	高等教育司	承担高等教育教学的宏观管理工作；指导高等教育教学基本建设和改革工作；指导改进高等教育评估工作；拟订高等学校学科专业目录、教学指导文件；指导各级各类高等继续教育和远程教育工作。	
	职业与成人教育司	承担职业教育统筹规划、综合协调和宏观管理工作；拟订中等职业教育专业目录和教学基本要求；会同有关方面拟订中等职业学校设置标准；指导中等职业教育教学改革和教材建设工作；指导中等职业学校教师培养培训工作；承担成人教育以及扫除青壮年文盲的宏观指导工作。	
	思想政治工作司	承担高等学校学生与教师的思想政治工作，宏观指导高等学校基层党组织建设、精神文明建设以及辅导员队伍建设工作；负责高等学校稳定工作和政治保卫工作，及时反映和处理高等学校有关重大问题；负责高等学校网络文化建设与管理工作。	
	科学技术司	规划、指导高等学校科学技术工作；协调、指导高等学校参与国家创新体系建设，以及高等学校承担国家科技重大专项等各类科技计划的实施工作；指导高等学校科技创新平台的发展建设；指导教育信息化和产学研结合等工作。	

续表

部委	司局	主要职责	与互联网管理相关职责
卫生和计划生育委员会	国家中医药管理局	中医药管理。	与卫生行政部门一起规范和管理互联网医疗保健信息服务活动。
	食品安全标准与监测评估司	组织拟订食品安全标准，组织开展食品安全风险监测、评估和交流；承担新食品原料、食品添加剂新品种、食品相关产品新品种的安全性审查；参与拟订食品安全检验机构资质认定的条件和检验规范。	互联网食品药品信息服务资格管理。
	药物政策与基本药物制度司	组织拟订国家药物政策，完善国家基本药物制度，组织拟订国家基本药物目录以及国家基本药物采购、配送、使用的管理措施，提出国家基本药物目录内药品生产的鼓励扶持政策和国家基本药物价格政策的建议，参与拟订药品法典。	规范和落实《互联网药品信息服务管理办法》，对于网络医药销售等进行管理。
	卫生应急办公室	拟订卫生应急和紧急医学救援政策、制度、规划、预案和规范措施，指导全国卫生应急体系和能力建设，指导、协调突发公共卫生事件的预防准备、监测预警、处置救援、总结评估等工作，协调指导突发公共卫生事件和其他突发事件预防控制和紧急医学救援工作，组织实施对突发急性传染病防控和应急措施，对重大灾害、恐怖、中毒事件及核事故、辐射事故等组织实施紧急医学救援，发布突发公共卫生事件应急处置信息。	公共医疗和重大事件的网络应急处理。
公安部	网络安全保卫局	依法履行互联网的安全监督管理职责，严密防范、严厉打击各种网上违法犯罪活动。	互联网和手机打黄扫非； 打击各种网络违法犯罪； 计算机系统安全产品管理； 网络违法犯罪举报网站管理。
国家安全部		第一局（机要局）主管密码通讯及相关管理； 第五局（情报分析通报局）主管情报分析通报、搜集情报指导； 第八局（反间谍侦察局）主管外国间谍的跟监、侦查、逮捕等； 第九局（对内保防侦察局）主管涉外单位防谍，监控境内反动组织及外国机构； 第十局（对外保防侦察局）主管驻外机构人员及留学生监控，侦查境外反动组织活动； 第十一局（情报资料中心局）主管文书情报资料的搜集和管理； 第十二局（社会调查局）主管民意调查及一般性社会调查；	

续表

部委	司局	主要职责	与互联网管理相关职责
国家安全部		第十三局(技侦科技局)主管侦技科技器材的管理、研发； 第十四局(技术侦察局)主管邮件检查与电信侦控； 第十五局(综合情报分析局)主管综合情报的分析、研判； 第十八局（全称国家安全部反恐局，即反恐局）反恐行动的主管单位。	信息系统密码通信； 涉及国家安全的互联网信息监控； 互联网信息搜集与分析； 涉及国家安全的互联网组织、人员监控； 互联网邮件检查和电信侦控； 网络反恐。
商务部	市场秩序司	牵头协调全国整顿和规范市场秩序的相关工作，提出整顿和规范市场秩序的工作实施建议；建立健全相关预警、督查督办和评估考核体系。协调打破市场垄断、行业垄断和地区封锁的有关工作； 会同有关部门开展专项整治，参与组织打击侵犯知识产权、制售假冒伪劣商品、商业欺诈等扰乱市场秩序的行为； 参与社会信用制度建设，组织开展诚信宣传教育，提高全社会的诚信守法意识和识假防骗能力，发挥新闻舆论和社会监督的作用； 推动商务领域信用建设，制定发展规划，组织拟订相关规章和标准，实施商务信用分类监管，建立市场诚信公共服务平台； 牵头组织规范零售企业促销行为及零售商、供应商建立公平的交易关系。 ……	打击网络上的假冒伪劣、侵犯知识产权等违法犯罪行为； 互联网市场秩序整顿与规范。
	电子商务和信息化司	制定中国电子商务发展规划，拟订推动企业信息化、运用电子商务开拓国内外市场的相关政策措施并组织实施。支持中小企业电子商务应用，促进网络购物等面向消费者的电子商务的健康发展； 推动电子商务服务体系建设，建立电子商务统计和评价体系； 拟订电子商务相关标准、规则；组织和参与电子商务规则和标准的对外谈判、磋商和交流； 推动电子商务的国际合作； 拟订国内外贸易和国际经济合作领域信息化建设规划、相关规章并组织实施； 组织商务领域电子政务建设，制定商务部电子政务建设整体方案、管理办法并组织实施。拟订电子政务内网信息统一共享的管理办法并监督实施。负责部电子政务项目立项管理，监督检查，组织项目验收；监督电子政务网络系统安全稳定运行； 参与国家信息化、“金关工程”相关工作，协调有关部门解决信息化工作中的重大问题。 ……	电子商务管理； 网络购物规范管理； 电子商务监测与信息统计； 农村商务信息服务。

续表

部委	司局	主要职责	与互联网管理相关职责
国家保密局		国家保密局是一个负有检查、督促各政府机关履行《保密法》的行政主管部门。它可以确定政府机关的各类文件、汇报、报告、统计数据等材料的机密等级。同时还可以对所有涉及秘密以上的文件和部门行使督察检查以及指导的权力，依法要求该部门执行《保密法》的各项规定和要求。	负责计算机网络信息安全管理的保密工作，负责对涉密计算机信息系统的审批和年审等，并可以根据《保密法》对相关部门的工作进行指导。
国家工商行政管理总局	直销监督管理局	拟订直销监督管理和禁止传销的具体措施、办法；承担监督管理直销企业和直销员及其直销活动工作；查处违法直销和传销大案要案；承担协调相关方面开展打击传销联合行动工作。	打击网络传销。
	广告监督管理司	拟订广告业发展规划、政策措施并组织实施；拟订广告监督管理的具体措施、办法；组织、指导监督管理广告活动；组织监测各类媒介广告发布情况；查处虚假广告等违法行为；指导广告审查机构和广告行业组织的工作。	网络广告的监督管理。
	消费者权益保护局	拟订保护消费者权益的具体措施、办法；承担流通领域商品质量监督管理工作；开展有关服务领域消费维权工作；查处假冒伪劣等违法行为；承担指导消费者咨询、申诉、举报受理、处理和网络体系建设工作。	网络投诉、网络商品质量监督管理。
	企业注册局	拟订企业登记注册管理的具体措施、办法；组织指导企业登记注册管理工作；承担规定范围内的企业登记注册工作，并监督检查其登记注册行为；组织指导企业信用分类管理；承担全国企业登记管理信息库的建立、维护和内资企业登记注册信息的分析、公开工作。	互联网及相关企业的注册管理。
	市场规范管理司	拟订规范市场秩序的具体措施、办法；承担规范维护各类市场经营秩序工作；负责监督管理市场交易行为；承担监督管理网络商品交易及有关服务行为的工作；组织实施合同行政监督管理；负责依法监督管理经纪人、经纪机构及经纪活动；承担管理动产抵押物登记、拍卖行为工作；查处合同欺诈等违法行为；组织指导商品交易市场信用分类管理工作；组织指导市场专项治理工作。	监督管理网络商品交易及有关服务行为。

续表

部委	司局	主要职责	与互联网管理相关职责
中国科学院	计算机网络信息中心	中国科学院计算机网络信息中心是中国科学院科研信息化和管理信息化的支撑服务机构，国家互联网基础资源的注册管理、运行管理和技术研发机构，信息化应用技术的研发和示范基地。秉承“甘为人梯、服务创新、务实奋进、开放共赢”的服务理念，经过十余年的不懈努力和持续发展，网络中心已经成为中国科学院信息化建设、技术支撑与服务的龙头和核心机构。	中国互联网基础资源注册管理、运行服务等，CNNIC的上级单位。
总参谋部	信息化部	为适应信息化作战要求，总参通信部2011年改为总参信息化部。	负责军队的信息化保障和信息战。
中宣部		中共中央主管意识形态方面工作的综合职能部门，负责指导全国理论研究、学习与宣传工作；负责引导社会舆论，指导、协调中央各新闻单位的工作；协同中央组织部管理文化部、中国社会科学院、人民日报社、新闻出版广电总局、新华社等单位领导干部；负责提出宣传思想文化事业发展的指导方针，指导宣传文化系统制定政策、法规，按照党中央的统一工作部署，协调宣传文化系统各部门之间的关系……	包括网络宣传在内的社会舆论与宣传管理。
国务院新闻办公室/国家互联网信息办公室	五局	组织协调网上新闻工作，指导新闻网站的规划和建设，承担互联网新闻国际交流与合作有关工作。	指导、协调、督促有关部门加强互联网信息内容管理，负责网络新闻业务及其他相关业务的审批和日常监管，指导有关部门做好网络游戏、网络视听、网络出版等网络文化领域业务布局规划，协调有关部门做好网络文化阵地建设的规划和实施工作，负责重点新闻网站的规划建设，组织、协调网上宣传工作，依法查处违法违规网站，指导有关部门督促电信运营企业、接入服务企业、域名注册管理和服务机构等做好域名注册、互联网地址（IP地址）分配、网站登记备案、接入等互联网基础管理工作，在职责范围内指导各地互联网有关部门开展工作……
	九局	承担网络文化建设和管理的有关指导、协调和督促等工作。	

注：整理：易目唯

2. 互联网管理的常用手段

中国政府对网络内容进行审查的原因和方式是多样、多层次、跨部门的，对网络的审查是从“互联网接入服务提供者”到“各级人民政府及有关部门”的责任。管理手段主要包括法律法规和行政手段。

（1）网络管理的行政手段

● 网络监管

政府辖下公安部门（主要是网警）、国家安全部门、新闻管理部门、通信管理部门、文化管理部门、广播电影电视部门、出版部门或保密等部门的工作人员，对中国大陆的论坛、网络日志、聊天室和私人的即时通讯、电子邮件等互联网资讯进行监管。要过滤和获取有关情报信息，通常使用的技术有域名劫持、关键字过滤、网络嗅探、网关 IP 封锁和电子数据取证等。相关人员会判断内容，严格禁止、删除各类被认为是有害的信息，查禁、封堵和阻断可能会利用互联网造谣、诽谤或者发表、传播的有害信息，例如关于“煽动颠覆国家政权、推翻社会主义制度”、“煽动分裂国家、破坏国家统一”、“煽动民族仇恨、民族歧视，破坏民族团结”、“窃取、泄露国家秘密”、邪教和淫秽的信息。同时对特定人群实行网络监视，并后台阻断敏感人士的网络通信。[①]

另外，从 2006 年 5 月起，有关部门开始招募网络监督员。他们定期接受相关部门的指导，利用业余时间监察网络出现的“不文明行为、违法和不良信息”，及时通过电话、电子邮件、不定期参加会议等方式向相关单位提出监察意见。

● 实施行政处罚和司法追究

各国都对违反网络相关法律进行处罚和追究，但中国相对更严厉。

● 政府及网评员引导网上舆论

除了被动地封网之外，中国政府也大力发展官方网站，积极进行网上宣传，引导“正确导向”，普及“党和政府的方针政策”。

---

① 源自：http://zh.wikipedia.org/wiki/%E4%B8%AD%E5%9C%8B%E5%A4%A7%E9%99%B8%E7%B6%B2%E8%B7%AF%E5%B0%81%E9%8E%96。

● 实名制与备案

经国务院批准，1997 年 12 月 30 日公安部发布了《计算机信息网络国际联网安全保护管理办法》。《管理办法》第十一条明确规定：“用户在接入单位办理入网手续时，应当填写用户备案表。”备案表由公安部监制，要求通过 ISP 接入互联网的个人与单位在公安部门备案，留存个人与单位信息。在此之前，这些数据只在 ISP 留存，或者由 ISP 向公安部门递交。

另外，政府也要求对网络接入、网吧、信息发布网站、电子邮件甚至游戏等实名备案。在中华人民共和国境内提供经营性和非经营性互联网信息服务，必须以实名制履行备案手续。未经备案，不得在中华人民共和国境内从事互联网信息服务。

图 4—37 工信部的互联网备案系统（来源：工信部）

● 约束 IDC 与虚拟主机业者及客户

网站必须已备案，才能上线。

提供网站的管理员用户名和密码备份。

各网站原始数据必须保存 60 天以上。

必须安排专人 24 小时管理网站信息。

须创建操作权限管理制度，用户实名登记制度、网络安全漏洞检测和系统升级管理制度。

● 与国内外公司合作进行网络监管

中国政府采用思科、Oracle、3Com 和微软等公司提供的技术来监管网络，并与网络公司合作过滤“敏感”言论；常用搜索引擎可以动态审查政治词汇，如果结果被隐藏了某些已知网页，页面底部即会显示“依据中国的法律法规，我们屏蔽了特定的相关搜索结果。有关详细信息，请参阅此处。”……

还有，政府以法规的形式要求互联网服务提供商（ISP）、互联网内容提供商（ICP）不得制作、复制、发布、传播任何被认为有害的信息。如发现后，应当立即停止传输，保存有关记录，并向国家有关机关报告。

● 网吧管理

中国政府要求网吧上网者实名登记，要求网吧必须安装“网吧安全管理软件”，也规定各省市网吧必须安装“文化监管系统”，控制并及时封锁任何含有不良信息的文章。

● 网络举报

各级政府和部门都纷纷创建举报网站及电话，用来接收对政治、色情暴力等有社会危害内容的网站进行举报。如公安部公开的举报电话为 010-65283344、010-65207655，举报网站为 www.cyberpolice.cn；中国互联网协会的违法和不良信息举报中心为 net.china.cn。

3. 多头管理下的“统一”

互联网是融网络技术、传播媒介、社会形态等多重属性于一身的具有聚合性、复杂性、开放性等特点的信息系统，不能简单割裂管理。简单将传统部门的管理职能向网络领域延伸，管理网络领域的新事物，必然造成“横向多头、纵向分段”的传统格局的弊端。更重要的是，传统管理部门的管理对象是具体的、单一的，而互联网的特性使管理对象交织融合，造成你中有我、我中有你的现象。目前的管理分工既依信息类别又依表现形式、既按应用服务又按载体形态划分职责，也就必然造成“平面分割管理”、“立体交叉管理”的管理格局，自然导致“有利就管、无利不管”、“谁都可

图 4—38 公安部网络违法犯罪举报网站（来源：互联网）

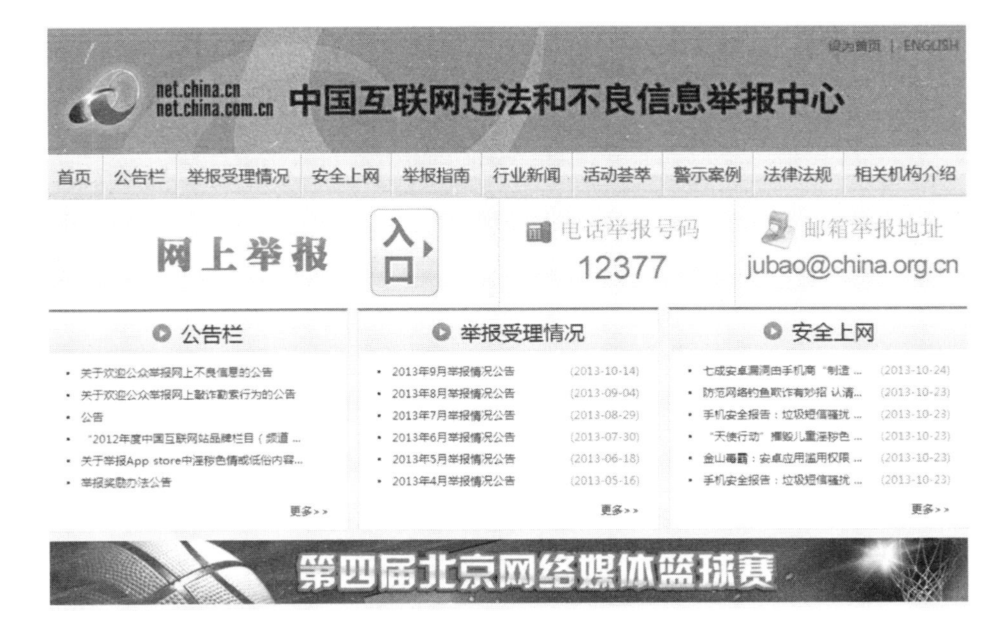

图 4—39 互联网协会不良信息举报网站（来源：互联网）

以管、谁都可不管”等现象。网络本身具有跨领域、跨部门、跨地域特性，对互联网的发展和管理已超出单个部门或领域、地域的界限，仅靠单个部门各自为战，独立开展工作，已无法有效履行监管职责。对此，目前建立了齐抓共管的网络管理协调工作机制，但是，该协调机制的效果也不尽如人意。①

从前面的分析可以看出，目前网络内容的监管主体几乎遍及政府各大部门，各行政部门根据本部门主管的行政业务为互联网拟定不同的法律、法规。这种诸多行政部门多头管理的方法，容易分散执法，弱化政府监管力度，难以应付互联网迅速发展中可能出现的各种违法、危害社会安全的行为。

另外，法规、法律出自多个部门，这种多重管理无形中会增加互联网企业的“制度成本”，致使网站运营者不得不奔波于多个部门之间，“主管部门动动嘴，办事人员跑断腿”绝非偶然现象；“政出多门”也容易造成各部门在出问题时相互推诿责任，有利益时争揽权力，不利于提高行政监管的效率。虽然业界一直有专家在积极呼吁建立统一的管理机构，但由于牵涉到各部门的现实问题和切身利益，目前存在很大的困难。

毫无疑问，在多元管理机制中，政府担负最至关重要的责任，因此理顺政府各部门的监管功能，整合监管力量就成为管理体制建设的重中之重。面对中国网络监管政出多门、缺乏一个统一协调规划部门、监管效率低下、行政资源浪费巨大的情况，有必要成立一个熟悉网络并了解政府各监管部门职责的网络管理协调组织。这个组织部门平时既可以负责协调政府各部门的监管行动，使各部门各司其职，形成齐抓共管的局面；另一方面也可以负责协调政府部门与非政府组织之间、中国与各国之间的网络管理协调工作。目前来看，国家互联网信息办公室无疑是承担这一职责的最佳选择，而确定好管理机构后要对哪些内容属于不安全内容进行清晰明确的界定，对政府、网站和网民各自的权责做出明确的规定，而且这些最好上升到法律的高度，有明确的部门负责对违法违规者进行查处。

---

① 戴建华：《应整合网络信息的监管主体》，《学习时报》2012年5月21日。

对网站而言，要遵守法律法规和自律公约，要有记录信息来源（IP 地址和信息发布时间）的责任，并根据政府规定或通知对相关信息进行过滤、删除或举报。

对网民而言，在利用网络发布和传播信息时要自觉遵守相关法律法规和社会道德公约，对于违反法律法规的行为要承担相应的责任，全体网民和各种非政府组织都有权利向政府有关部门反映和举报违法和不良信息。

第五章 互联网内容监管主要平台及方案

互联网作为一种新的信息传播形式，已深入人们的日常生活，成为思想文化信息的集散地和社会舆论的放大器。在这种情况下，网络舆情监控系统与不良信息过滤系统等配合使用将在一定程度上有利于网络舆情的引导和降温。

第一节 网络舆情监控系统

一 初识网络舆情监控系统

1. 中国网络舆情的变迁

中国网络舆情的第一阶段是2002—2004年的Web1.0时代，当时的网络舆情初具规模，引发政府开始关注。从2003年开始，舆情监测上升为各级党政部门的一项重要工作。2004年，中国共产党十六届四中全会的工作报告《中共中央关于加强党的执政能力建设的决定》中强调："要高度重视互联网等新型媒体对社会舆论的影响，加快建立法律规范、行政监督、行业自律、技术保障相结合的管理体制，加强互联网宣传队伍建设，宣传网上正面舆论的强势。"

第二阶段是2005—2009年的Web2.0时代，网络舆情持续发展，引起各级政府高度重视。2005年"民意直达高层直通车"诞生，自2005年后，原国务院总理温家宝在"两会"期间召开的记者招待会上率先"回答"网民提出的问题。2006年，中央人民政府门户网站开通；2007年1月，中共中央政治局第三十八次集体学习主题为“世界网络技术发展和我国网络文化建设与管理”；2007 年两会期间，记者招待会首次披露中央领导人对于网民意见的重视；2008 年 6 月，原国家主席胡锦涛通过人民网与网民在线交流。

2010 年至今是网络舆情的新阶段——微博时代，这一时期的网络舆情持续繁荣，舆情监控管理日益复杂，也是网络舆情监控系统和不良信息过滤系统等产品快速发展的阶段。2009 年 8 月，新浪网推出“新浪微博”内测版，成为门户网站中第一家提供微博服务的网站，微博正式进入中文上网主流人群的视野；2011 年的微博延续了强劲增长的势头，用户数量从 2010 年的 6000 多万剧增至 2.5 亿，成为用户增长最快的互联网应用模式；2011 年政务微博发展提速，政府机关纷纷开设官方微博，加强微博上的官民互动；2012 年 12 月底，中国网民数量达到 5.64 亿，手机网民数量 4.2 亿，手机成功超越电脑成为第一大上网终端；至 2013 年 12 月底，中国网民数量达到 6.18 亿，手机网民 5 亿。这些数字变迁的背后，对网络舆情的发展带来了诸多影响。

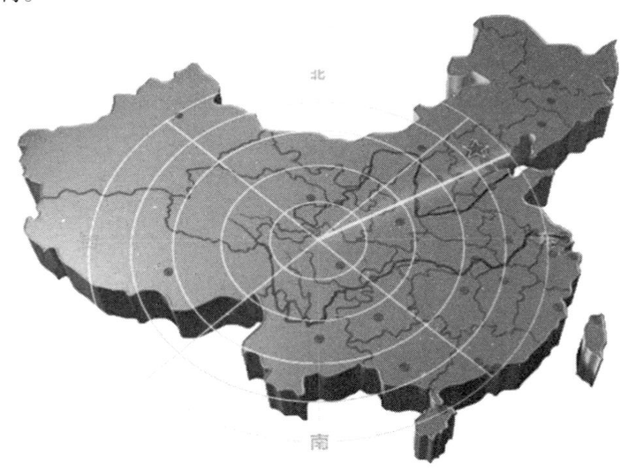

图 5—1　中国网民数量剧增

正如 CNNIC 报告所言，网络新闻已经成为网民获取新闻的主要渠道之一。首先，在移动互联网时代，碎片化时间阅读新闻成为网民的主要活动之一；其次，随着微博、微信等应用的兴起，网民接触新闻的渠道增多，例如，微博对主要新闻事件的快速传播，形成热点话题，并联动主流新闻媒体进行传播，极大促进网民对网络新闻的接触度；最后，各类新闻媒体纷纷发力移动互联网，制作了大量用户体验较好的新闻 App，极大提高了手机网民对网络新闻的阅读频率，且由于新闻类手机客户端的推送效果远高于传统 PC 客户端，使更多的手机网民被动阅读了大量新闻。时间碎片化、阅读移动化、渠道多元化等新趋势给网络舆情带来了诸多变化，也给网络舆情监控系统带来了更多的技术挑战。

2. 舆情监控系统的定义

网络舆情监控系统是利用搜索引擎技术和网络信息挖掘技术，通过网页内容的自动采集处理、敏感词过滤、智能聚类分类、主题检测、专题聚焦、统计分析，满足相关网络舆情监督管理的需要，最终形成舆情简报、舆情专报、分析报告、移动快报，为决策层全面掌握舆情动态、做出正确舆论引导提供分析依据。因此，“网络舆情监测系统”其实是在一定的社会空间内，围绕中介性社会事件的发生、发展和变化，民众对社会管理者产生和持有的社会政治态度于网络上表达出来意愿集合而进行的计算机监测的系统统称。[①]

“网络舆情”是较多群众关于社会中各种现象、问题所表达的信念、态度、意见和情绪等等表现的总和。网络舆情形成迅速，对社会影响巨大，加强互联网信息监管的同时，组织力量开展信息汇集整理和分析，对于及时应对网络突发的公共事件和全面掌握社情民意很有意义。网络舆情系统作为一种实时性的互联网数据集成、加工的智能平台，其产品和服务主要面向负责公共事务、公共安全领域的公检法、军队和政府职能部门，以及公众高度关注的企事业单位、社会组织等。

3. 网络舆情监控系统的结构和主要功能

从目前的网络舆情监控系统看，一般由自动采集子系统与分析浏览子系统构成，其中，分析浏览系统又可以细分为分析层和呈现层。

- 采集层，包含了信息采集、关键词抽取、全文索引、自动去重和区

① 源自：谷尼网络舆情监控系统技术白皮书。

分存储及数据库，可以采集微博、论坛、博客、贴吧、新闻及评论、搜索引擎、图像和视频等。

- 分析层，主要负责对采集到的数据信息实行自动分类、自动聚类、自动摘要、名称识别、舆情性质预判和中文分词操作等，保证舆情分析与数据挖掘的全面性。
- 呈现层，系统对采集分析的数据可以通过负面舆情、分类舆情、最新舆情、专题跟踪、舆情简报、分类点评、图表统计和短信通知等多种形式推送给用户，让用户做到心中有数。

在具体工作流程上，舆情监控系统主要对热点问题和重点领域比较集中的网站信息，如微博、网页、论坛、BBS 等，进行 24 小时监控，随时采集下载最新的消息和观点；下载后完成进行对数据格式的转换及元数据的标引，对下载到本地的信息，再进行初步的过滤和预处理。对热点问题和重要领域实施监控，前提是必须通过人际交互建立舆情监控的知识库，用来指导智能分析的过程。对热点问题的智能分析，首先基于传统基于向量空间的特征分析技术，对抓取的内容进行分类、聚类和摘要分析，对信息完成初步的再组织；然后在监控知识库的指导下进行基于舆情的语义分析，使管理者看到的民情民意更有效，更符合现实；最后将监控的结果，分别推送到不同的职能部门，供制订相应的对策使用。①

因此，网络舆情系统的主要功能有信息数据自动采集、文本自动聚类和自动分类、话题与跟踪、文本情感分析、趋势分析、自动文本摘要、舆情态势判断、统计报告、舆情报警、重大舆情应对的指挥与整合等几个方面。这些技术我们在第三章大都进行了介绍，其中，网络舆情系统的关键技术包括热点话题的自动发现技术以及观点的抽取和观点倾向的定性和定量分析技术。

在海量的网络信息环境下，人们面临的问题不是信息匮乏，而是信息过载和信息噪音，所以人们关注的重心已从搜索采集的信息序化变为分析为主的信息转化。观点的抽取和观点倾向的定性和定量分析技术成为研判

---

① 源自：TRS互联网舆情管理系统白皮书。

舆情态势另一个重要来源和依据。目前，普通搜索引擎基于关键词得到搜索引擎返回结果的信息冗余度过高，很多不相关的信息仅仅因为含有指定的关键词被作为结果返回，并且没有对搜索结果进行有效合理的组织。在大量网络信息中，与同一主题相关的信息往往孤立地分散在不同的时间段和不同的地方。面对互联网上众多站点和质量不齐的网络信息，仅仅通过这些孤立的信息，人们对事件难以做到全面的把握。在这种情况下通过向量模型建立和对数据相似性分析的识别话题与跟踪技术成为舆情系统关键所在。

因此，随着互联网技术的发展，互联网用户规模的增长以及刚性维稳的需求，网络舆情服务仅仅依靠单纯的舆情系统支持一个层面是不完整的，其应该更多地涵盖包括技术支持、口碑（声誉）管理、风险沟通、危机应对等在内诸多领域。具体而言，舆情产业链的上游是由政府、企业、个人等服务需求的舆情主体，中游的提供舆情服务商（舆情技术性系统、舆情信息衍生产品、舆情应对方案）和下游的舆情客体（产生舆情舆论导向变化的信息载体，如报刊电台、电视台、互联网站等新旧媒体，以及网络水军、公关公司等口碑声誉服务机构）组成。

二　网络舆情监控系统的分类

自 2004 年中共中央提出“建立舆情汇集和分析机制，畅通社情民意反映渠道”以来，在日益影响的网络舆论的孕育下，中国的网络舆情产业蓬勃兴起，市场规模迅速膨胀，专门从事舆情监测的软件公司如雨后春笋般涌现。在众多的舆情监测队伍中，有 100 多支被国家工信部认证许可的“正规军”。根据工信部软件司公布的相关数据，经不完全统计整理，截至 2013 年 9 月，全国共有 100 多家企业的网络舆情系统通过认证（见表）。

表5—1　　通过工信部软件司认证的主要舆情企业和舆情软件

序号	舆情软件名称	舆情软件供应商
1	星桥舆情系统	青岛星桥软件有限公司
2	大东舆情系统	成都大东网络安全技术有限责任公司
3	谷尼舆情系统	谷尼国际软件(北京)有限公司

续表

4	锐英舆情系统	上海锐英信息安全技术有限公司
5	京扬世纪舆情系统	京扬世纪科技发展（北京）有限公司
6	军犬舆情系统	中科点击（北京）科技有限公司
7	北广准星舆情系统	北京北广准星科技有限公司
8	鹏润鸿途舆情系统	北京鹏润鸿途科技有限公司
9	博越世纪舆情系统	北京博越世纪科技有限公司
10	邦富舆情系统	广州市邦富软件有限公司
11	“美亚网警”舆情系统	厦门市美亚柏科资讯科技有限公司
12	本果鹰隼舆情系统	北京本果信息技术有限公司
13	千瓦舆情系统	杭州千瓦通信科技有限公司
14	公众信息舆情系统	浙江省公众信息产业有限公司
15	信安舆情系统	河南信安通信技术有限公司
16	汇达恒信舆情系统	汇达恒信科技（北京）有限公司
17	WARNN网鹰舆情系统	湖南美音网络技术有限公司
18	易宝舆情系统	易宝电脑系统（北京）有限公司
19	西盈舆情系统	北京西盈信息技术有限公司
20	明易舆情系统	北京龙道明易国际信息技术咨询有限公司
21	北科瑞讯舆情系统	深圳市北科瑞讯信息技术有限公司
22	大象舆情舆情系统	宁波中青华云新媒体科技有限公司
23	鼎脉舆情系统	淄博理想网络科技有限公司
24	语天舆情系统	上海语天信息技术有限公司
25	启天舆情系统	河北启天电子技术有限公司
26	柏安舆情系统	上海柏安信息安全技术有限公司
27	锐盾舆情系统	北京中科锐盾科技有限公司
28	安泰时空舆情系统	北京安泰时空科技有限公司
29	阳光安吉舆情系统	北京阳光安吉互联网技术有限公司
30	华创网安舆情系统	北京华创网安科技有限公司
31	盘石舆情系统	浙江盘石信息技术有限公司
32	网智WisePOM舆情系统	北京网智天元科技有限公司
33	索易舆情系统	索易在线网络技术(北京)有限公司

续表

34	优讯全媒体舆情系统	优讯时代(北京)网络技术有限公司
35	蚁情舆情系统	湖南蚁坊软件有限公司
36	质朴舆情系统	济南质朴信息技术有限公司
37	INTPLE舆情系统	上海引跑信息科技有限公司
38	西盈耐特舆情系统	大连西盈信息技术有限公司
39	成方舆情系统	上海成方信息科技有限公司
40	WebCare舆情系统	上海络安信息技术有限公司
41	亿榕舆情系统	福建亿榕信息技术有限公司
42	中科方德舆情系统	黑龙江中科方德软件有限公司
43	君盾舆情系统	重庆君盾科技有限公司
44	任子行舆情系统	任子行网络技术股份有限公司
45	数聚舆情系统	上海数聚信息技术有限公司
46	国瑞信安舆情系统	江苏国瑞信安科技有限公司
47	雅奇联讯舆情系统	雅奇联讯(大连)科技有限公司
48	人民在线舆情系统	北京人民在线网络有限公司
49	华光浩阳舆情系统	北京华光浩阳科技有限公司
50	普度舆情系统	北京普度信息技术有限公司
51	伟思国瑞舆情系统	福建省伟思国瑞信息技术有限公司
52	虹联英汉哈维舆情系统	新疆虹联软件有限责任公司
53	高阳蓝帆舆情系统	上海高阳蓝帆信息科技有限公司
54	埃帕Cooling舆情系统	上海埃帕信息科技有限公司
55	紫光舆情系统	北京紫光金之盾信息技术有限公司
56	灵玖舆情系统	灵玖中科软件（北京）有限公司
57	政安舆情系统	安徽博约信息科技有限责任公司
58	中新金盾舆情系统	安徽中新软件有限公司
59	采越聚源舆情系统	河南采越聚源计算机软件有限公司
60	优创博深舆情系统	安阳优创博深科技有限公司
61	迪高舆情系统	西安德克软件有限公司
62	方正智思舆情系统	北京北大方正电子有限公司
63	兆榕舆情系统	福州新锐同创电子科技有限公司

续表

64	绿科CCLA舆情系统	南京绿色科技研究院有限公司
65	旭正元安舆情系统	旭正元安(北京)科技有限公司
66	中科鼎富舆情系统	中科鼎富(北京)科技发展有限公司
67	祥云舆情系统	深圳祥云信息科技有限公司
68	一通巨媒舆情系统	青岛一通巨媒软件工程有限公司
69	天源迪科舆情系统	深圳天源迪科信息技术股份有限公司
70	紫光华宇舆情系统	北京紫光华宇软件股份有限公司
71	凯帝舆情系统	银川凯帝科贸有限公司
72	政通舆情系统	山东政通科技发展有限公司
73	传世万维舆情系统	山西传世科技有限公司
74	太极舆情系统	太极计算机股份有限公司
75	TRS舆情系统	北京拓尔思信息技术股份有限公司
76	青莲舆情系统	北京青莲时代科技有限公司
77	天宇舆情系统	浙江天宇信息技术有限公司
78	同人信捷通舆情系统	南京同人软件系统有限公司
79	微趣Weibook Solar舆情系统	上海微趣网络科技有限公司
80	昂声利盾舆情系统	上海昂声信息科技有限公司
81	先达舆情系统	泰州市先达软件开发有限公司
82	MB舆情系统	福建省闽保信息技术股份有限公司
83	地海森波舆情系统	北京地海森波网络技术有限责任公司
84	新海”锋锐”舆情系统	山东新海软件股份有限公司
85	罗杰舆情系统	湖南省罗杰信息科技有限公司
86	策云金雕舆情系统	重庆策云信息科技有限公司
87	友大舆情系统	山东友大软件科技有限公司
88	博尔特舆情系统	长春市博尔特信息技术有限公司
89	同昌舆情系统	山西同昌信息技术实业有限公司
90	易聆科易舆情系统	深圳市易聆科信息技术有限公司
91	优索舆情系统	北京优索科技有限公司
92	Golaxy舆情系统	北京中科天玑科技有限公司
93	Newsky舆情系统	北京中科新天科技有限公司

续表

94	蓝太平洋舆情监测系统软件	北京蓝太平洋科技开发有限公司
95	斯普舆情卫士系统软件	北京斯之普兴科技有限公司
96	三佳网络舆情分析监测系统	河北三佳电子有限公司
97	麦克斯泰舆情搜索系统软件	昆山麦克斯泰科技有限公司
98	中金数据期货舆情软件	中金数据系统有限公司
99	鑫众杰互联网舆情信息监控系统	山东鑫众杰信息系统技术有限公司
100	成电科大舆情分析系统软件	无锡成电科大科技发展有限公司
101	全业舆情信息数量监督系统	杭州全业科技有限公司
102	雨桐微博舆情监控软件	上海雨桐信息科技有限公司
103	大智慧舆情数据终端软件	上海大智慧股份有限公司
104	远诚互联网舆情监控系统	西安远诚网络科技有限责任公司
105	天创舆情管理系统软件	江苏天创科技有限公司
106	峰盛博远科盾互联网舆情监控与审计系统	北京峰盛博远科技有限公司

注：整理：易目唯

不过需要注意的是，即使在上述通过工信部软件司认证的舆情软件中，在舆情监测与分析水平上的表现一样参差不齐，在技术侧重点也各有千秋。这与其“出身”、市场定位等有着密切的关系。

按照网络舆情市场产业链的构成，根据不同环节的分工，目前的网络舆情从业者大概可以分为如下几大类。

1.网络舆情系统开发与销售公司

这类企业是生产和销售网络舆情监测软件的主力，主要代表有方正智思、拓尔思（TRS）、谷尼国际、邦富软件、任子行等。它们主要以舆情系统产品销售与技术支持为主业，通过技术手段获取舆情信息，为服务对象提供舆情预警。它们的特长是商业运作、技术储备和数据采集，不过，对于网络舆论把握和引导不够专业。

2.互联网数据调查与研究公司

这类产品与服务主要有艾瑞网络舆情市场监测 iVoiceTracker、易观市场数据、CIC 的 IWOM master 等。它们的主业是通过互联网行为跟踪进行相关市场的研究与分析，同时进行数据集成、加工、预测等。基于不同行业的企业的互联网口碑管理和社会化营销是其主要研究领域，政府领域的舆情介入较少。之前易观还一度推出易观网络舆情监测系统，但最终还是将注意力集中在市场数据研究方面。

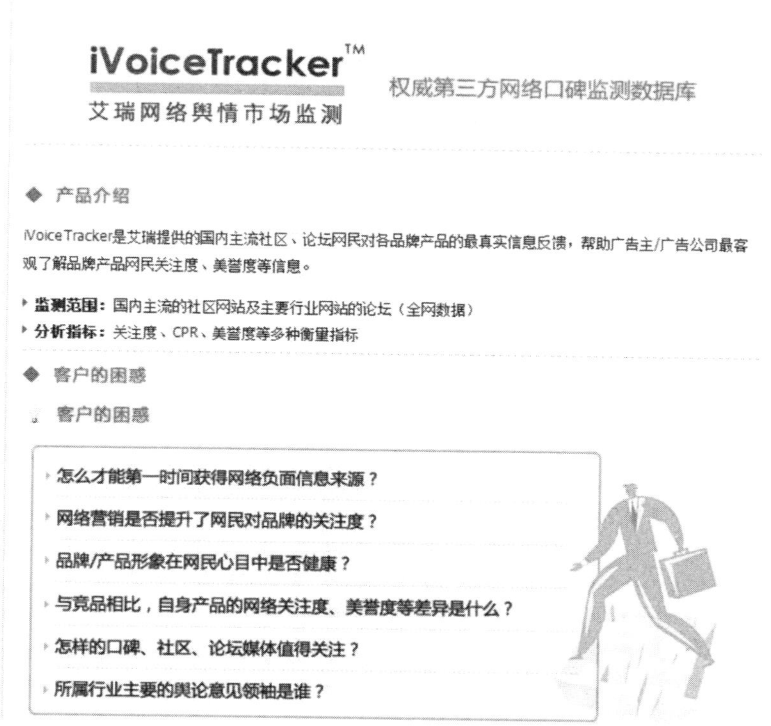

iVoiceTracker™
艾瑞网络舆情市场监测
权威第三方网络口碑监测数据库

◆ 产品介绍

iVoiceTracker是艾瑞提供的国内主流社区、论坛网民对各品牌产品的最真实信息反馈，帮助广告主/广告公司最客观了解品牌产品网民关注度、美誉度等信息。

- **监测范围：**国内主流的社区网站及主要行业网站的论坛（全网数据）
- **分析指标：**关注度、CPR、美誉度等多种衡量指标

◆ 客户的困惑

客户的困惑

- 怎么才能第一时间获得网络负面信息来源？
- 网络营销是否提升了网民对品牌的关注度？
- 品牌/产品形象在网民心目中是否健康？
- 与竞品相比，自身产品的网络关注度、美誉度等差异是什么？
- 怎样的口碑、社区、论坛媒体值得关注？
- 所属行业主要的舆论意见领袖是谁？

图5—2 艾瑞iVoiceTracker网络口碑监测系统（来源：互联网）

3. 专业新闻机构

人民网、新华网、华声在线、正义网、上市公司舆情中心、环球舆情调查中心、中青舆情等是这类机构的代表。这些机构具有官方媒体背景，它们主要发挥传播领域专业、意见领袖整合能力强、社会影响力大、公信力等优势，舆情服务产品提供多为网络舆情应对排行榜、以事件为单位的舆情研究报告、舆情信息报告（网络舆情纸质及电子报告）、政府舆情应对研究与培训等。这些机构的弱点在于体制性思维惯性，产品的技术特点不突出，在商业化运作和资本对接上有一定的局限性，当然个别机构除外。

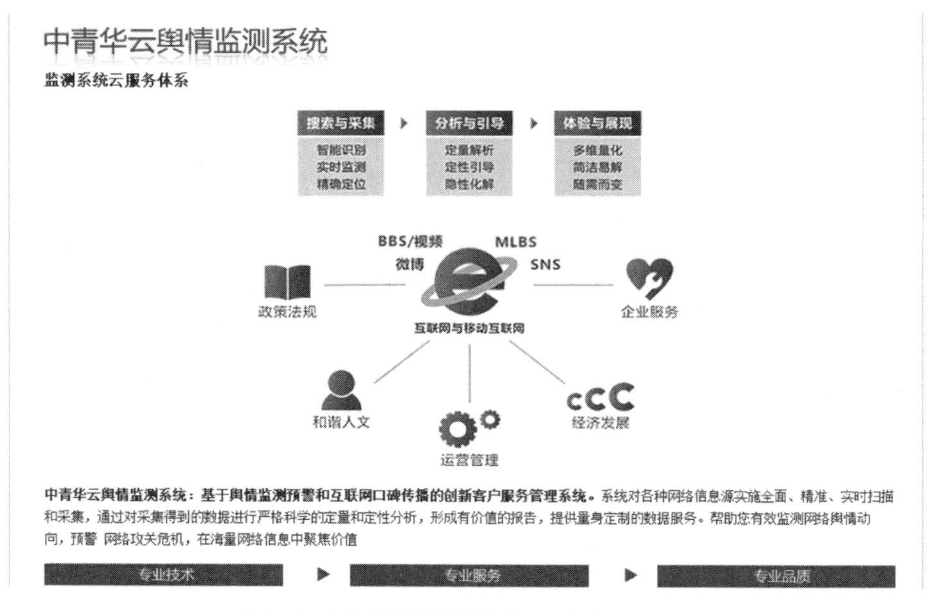

图 5—3　中青华云舆情监测系统（来源：互联网）

4. 新闻和舆论传播研究、教学及其产业化机构

这类的机构包括中国社科院新闻与传播研究所、中国传媒大学公关舆情研究所、中国传媒大学网络舆情（口碑）研究所（艾利艾咨询）、中国人民大学舆论研究所、上海交通大学舆情实验室、华中科技大学舆情信息研究中心、清华大学政维舆情研究室等。这些机构主要产品有年度网络舆情指数报告、网络舆情年度白皮书、中国社会舆情年度报告、舆情蓝皮书—中国社会舆情与危机管理报告等，它们具有学术的权威性，但这些院校式机构的弱项主要体现在社会资源不足、市场脱节明显等方面。不过，目前已经有些院校通过与某些网络舆情公司合作在产业化方面进行了一定的有益的尝试。

5. 公关公司及网络水军

这类的机构或者组织数量众多，尽管在技术上不占优势，处于网络舆情的末端，但它们一般具有出色资源整合和把握社会心理的能力，使它们成为社会舆情传播（政治性议题除外）不可缺少的一个重要环节。公关公

图 5—4　中国传媒大学舆情研究所（来源：互联网）

司和市场营销公司一般为企业或者机构提供公关咨询、营销炒作等服务，在涉及服务对象的舆情推动方面具有先天的优势，有时候也会推动一些产业热点或者产业话题的炒作。目前，不少网络热点通过网络炒作后被传统媒体跟踪报道，使得传统媒体成为网络水军和公关公司炒作的主流渠道。

图 5—5　公关公司维护客户的网络舆情（来源：互联网）

图 5—6　网络推广与网络水军（来源：互联网）

6. 其他

除了上述企业和机构外，还有一些在公众声誉（口碑）、风险、危机等传播、管理、沟通、应对领域的专业人员和机构，他们具有相关的实践经验和理解，也会举行一些有关网络舆情的讲座、培训。

三　网络舆情市场概览

网络舆情服务是一项跨学科、复合型产业，产品及服务涵盖了包括技术支持、口碑（声誉）修复、风险管理、危机应对等在内的诸多内容。

中国网络舆情服务产业高速发展主要有两方面的原因：社会层面上，由于社会经济转型带来的结构性矛盾日益突出，互联网成为公众表达诉求的重要渠道；技术层面上，移动互联网的快速发展扩大了网络舆论的参与人群，使突发事件中的舆论“围观”来得更快、更猛。据人民网舆情监测室统计显示，2012 年以来网络舆情事件数量持续在高位徘徊，使网络舆情服务的需求保持在较高水平。

对于舆情监测市场规模的猜测，从舆情软件市场 10 亿元到舆情信息服务业 100 亿元，依然众说纷纭。在百度中搜索一下，有 393 万条和“舆情监测”相关的网页，与“舆情”相关的则高达 4610 万条。在各级党政机关和企事业单位对网络舆情服务需求不断增强的背景下，专注于网络舆情研究和服务的机构雨后春笋般纷纷涌现，行业规模不断扩大，业已形成了商业软件、媒体、教育科研、市场调查和公关等多种力量齐头并进的行业格局。同时，各地仍然有大量的舆情软件公司和市场调查公司高速发展，这从工信部软件司不断增加的认证软件名单中就可窥一斑。

在舆情监测领域，人民在线无疑影响最大，其依托人民日报社、人民网成立，是一家专业网络舆情监测、研判、预警、处置、修复及信息增值服务机构。其身后的人民日报及人民网作为中央和国家的喉舌，重肩负着舆论导向的政治任务，拥有着大量、优质的人才、资本、媒体等方面优势。人民在线舆情系统的优势在于自然语言处理、观点倾向性分析等语义逻辑上，监测范围虽然从中央媒体到门户网站新闻、新闻跟帖、网络社区、BBS、博客、微博客、社交网站、QQ 群等，但由于人民在线舆情监测服务的重点在于关注网络舆情信息传播的关键节点上，使得人民在线舆情系统在监测覆盖面上没有其他商业舆情公司产品那样广，实效性受到影响。从人民网 2013 年上半年的财报中可以看到，以人民在线为核心的信息服务收入保持了快速发展，收入达到 8000 多万元，“在网络舆情刊物发行和舆情监测业务上均取得较快增长，新开设的舆情培训业务发展情况良好，为公司未来业绩增长带来更大的发展空间”。不过随着网络舆情市场的发展，新华网等官方媒体也开始在网络舆情服务市场方面发力，人民在线将面临一定的竞争压力。

在舆情系统商业应用中，北京拓尔思 TRS 网络舆情系统构建了多个向量模型，通过 TDT 对舆情信息进行相似性分析，发现、跟踪和分析互联网新的热点话题。在舆情功能上，从用户角度看，拓尔思舆情系统在商业性舆情软件中最为全面。随着技术的发展，目前拓尔思正在企业搜索、内容管理软件等方面加大投入和研发力度，“致力于成为大数据时代软件和互联网服务领域的领导厂商”，并通过收购、参股等方式积极拓展业务布局，增强公司综合实力。

北大方正电子的方正智思产品与拓尔思 TRS 有着相近的特性，也是提供对境内、境外互联网信息（新闻、论坛、博客、贴吧、手机报、微博客等）实时采集、内容提取及排重；对获取的信息进行全面检索、主题检测、话题聚焦、相关信息推荐；按需求定制主题分类；为舆情研判提供时间趋势、传播路径、话题演化等工具，统计舆情信息，生成舆情报告。方正智思系统的技术核心在于自然语言处理技术与数据挖掘技术，即在文本挖掘上通过向量模型对互联网热点话题进行相似性分析，对舆情观点倾向性进行定量计算。不过，在具体应用上，方正智思多用在新闻出版、教育等传统优势领域，在广度上略逊于拓尔思 TRS 产品。

中科天玑成立于 2009 年，由中国科学院计算研究所软件研究室改制而来，其舆情系统产品为 Golaxy，拥有国内最完善的中文分词系统 ICTCLAS，在自然语言理解、信息智能搜索、舆情综合挖掘领域拥有自己的优势，多文档摘要、网页与博客专家搜索、信息过滤、中文分词系统等多项技术先后获得了国际大奖。不过需要指出的是，中科天玑在互联网数据获取能力（漏检率和错检率）上尚有欠缺，而且在商业运作和资本对接上也不理想，在自己公司主页上连产品介绍都没有，因此在舆情市场领域知名度不高。

在商业舆情系统中，军犬舆情系统具有较强的影响力，这得益于中科点击在商业运作和社会化信息传播（比如军犬舆情排行榜及其内容 SEO 优化、百度百科、百度知道等）。与其他舆情系统相比，在技术性能上，军犬舆情系统的数据采集具有一定的优势，如境外媒体监测、多载体多格式信息监测等，但该系统的短处在于文本语义分析方面只能根据关键词进行信息匹配，难以对舆情数据进行相似性逻辑处理，造成系统内无关信息冗余明显，舆情信息不准确，制约了舆情研判。就总体性能而言，军犬强在互联网信息采集和加工，弱在语义分析方面，适合具有较强舆情分析挖掘能力的机构采用。

谷尼 Goonie 互联网舆情监控内置了信息自动获取、自动聚类、主题检测和专题聚焦，通过内容抽取、向量模型相似性分析，发现互联网新的热点话题，并对其进行跟踪分析，根据统计等策略分析不同时间内的主题关注度和预测趋势。值得关注的是，谷尼在互联网营销和推广方面颇下了一番功夫，网络知名度不低，而且谷尼与南京大学合作建有南京大学—谷尼网络舆情监测与分析实验室，因此在技术方面有一定的基础，各方面的表现比较平均，据称语义分析能力介于方正与军犬之间。

广州邦富软件起步较早，在广东乃至整个南方区域都具有一定的客户影响力，在北方市场式微，但成功入驻新华社及新华网，成为新华社和新华网的官方舆情系统技术供应商，在战略布局上取得优势。同属“南派”的任子行也是网络舆情服务里的一只重要力量，其成立于2000年5月，是中国最早涉足网络信息安全领域的企业之一，并于2012年成功上市。与其他网络舆情公司不同，任子行主要从事网络内容与行为审计和监管产品的研发、生产、销售，并提供安全集成和安全审计相关服务，互联网舆情综合管理系统只是众多产品线中的一个，在论坛信息采集、多维度检索等方面具有一定的优势。另外，像北京、上海、广州、武汉、南京等地还有很多涉足互联网舆情监测服务的企业，但大多属于技术水平一般、市场知名度不高的一类，在此不再赘述。

作为一个新兴的领域，由于缺乏明确的标准、规范和监管体系，目前，良莠不齐的舆情监测系统服务领域存在着鱼龙混杂的现象，如缺乏国家标准，公众认知错乱；产品良莠不齐，潜规则盛行；监管缺位，产学研脱节，产品整体水平不高；商业舆情公司介入敏感领域，容易产生隐患……因此，对于网络舆情发展中存在的种种问题，政府要监管到位。由于涉及政府信息敏感性和安全性，网络舆情监测服务管理建议由国家互联网信息办公室具体负责，公安部、国家安全部、工信部、国家保密局、科技部、工商总局等职能部门参与协调、管理；其次，成立网络舆情监测领域自律组织，通过政府监管和社会化组织自律约束，规范舆情服务市场；第三，展开网络舆情监测领域标准化征集、探讨和制定，进一步规范、完善舆情服务市场行为；第四，举办网络舆情行业峰会等活动，搭建舆情行业交流平台，推进网络舆情产学研良性结合，为中国网络舆情服务及稳定社会发展奠定基础。[①]

第二节 知名网络舆情服务系统简介

一 人民网舆情平台

人民网提供舆情监测报告、舆情热度地图、舆情监测平台等舆情服务，

① 源自：http://blog.sina.com.cn/s/blog_68597c8b0101fwzj.html。

号称提供监测、预警、研判、处置与修复等一体化的网络舆情解决方案。

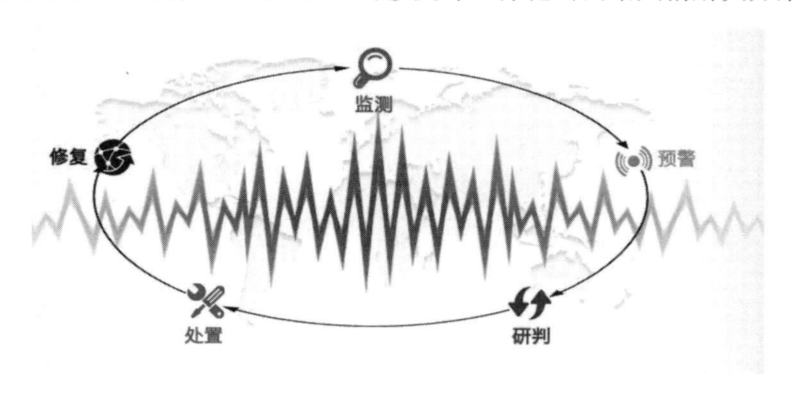

图 5—7 人民网舆情服务项目（来源：人民网）

1. 舆情监测报告

人民网舆情监测室运用科学的网络舆情监测理论体系、工作方法、作业流程和应用技术，对传统媒体网络版（含中央媒体、地方媒体、市场化媒体、部分海外媒体）、网站新闻跟帖、网络社区 / 论坛 /BBS、微博客、网络“意见领袖”的个人博客等网络舆情主要载体进行 24 小时监测，对舆情事件起因、传播载体、传播路径规律以及应对策略得失等多角度进行分析，供政府宣传部门和企业公关部门参考和学习。

舆情监测报告内容来源于国内外各大主流传统媒体和网络媒体，新闻、门户网站、论坛、博客、微博客等，内容覆盖新闻、评论、言论、行业评价以及网络意见领袖关于服务对象的建言、鉴言的博文、各大小媒体及海外媒体的新闻与评论等内容。

舆情监测报告按性质可分为常规舆情监测报告服务和专项舆情监测报告服务两部分内容：常规舆情监测报告，即按设定时间、特定行业定期发布舆情监测报告，适用于行业或某一领域的长期舆情监测服务；专项舆情监测报告，即针对突发事件进行个案分析，适用于有特殊舆情监测服务需求的客户或者典型舆情案例。

2. 舆情热度地图

舆情地图也是人民网舆情监测室推出的舆情监测服务。根据舆情事件发生的地域、职能不同，定期汇总网络热点舆情事件，直观展示舆情热点地区、事件的基本情况，在中国各省地图上根据每个省级单位特定时间段内舆情事件的数量和影响力，用颜色加以区分，标注成红、橙、黄、蓝等不同颜色。

3. 舆情监测平台

通过舆情监测平台对互联网信息（新闻、论坛、博客等）实时监测、采集、内容提取及自动消重，并且对获取的信息进行全面检索、主题检测、专题聚焦、相关信息推荐、主题演化分析、时间趋势分析、话题传播分析，按照政府、企业需求定制信息分类规则；为监管人员提供辅助分析工具和信息服务，如网络舆情预警、自动形成网络舆情信息图表、追踪已发现的新闻舆情焦点等，为政府及企业领导层针对热点事件、突发事件做出适当决策提供帮助。

系统可以提供远程账号服务，节省客户的技术和数据人工维护成本，由人民网舆情监测室的专业分析师队伍提供服务保障。

另外，人民网互联网舆情服务平台还提供《网络舆情》内参、人民数据、舆情培训、舆情访谈等服务。

二　TRS互联网舆情管理系统

TRS 互联网舆情管理系统通过互联网信息采集和文本挖掘技术，帮助各级政府快速发现和收集所需的社会网络舆情信息，通过自动采集、自动分类、智能过滤、自动聚类、主题检测和统计分析，实现社会热点话题、突发事件、重大案情的快速识别和定向追踪，从而帮助政府及时掌握舆情动向，对有较大影响的重要事件快速发现、快速处理，从正面引导舆论和宣传，构建积极向上的主流舆论，并为政府决策提供信息依据。

1. 智能采集各类网络舆情

TRS 互联网舆情管理系统可以自动采集网络媒体发布的网络新闻，舆情采集用户只需输入一个待采集的目标网址即可实现图文结合采集到本地。网页采集模块在互联网上不断采集新闻信息，并对这些信息统一加工过滤、自动分类，保存新闻的标题、出处、发布时间、正文、新闻相关图片等信息，经过手工配置还可以获得本条新闻的点击次数。以网络论坛 BBS 为代表的交互性网络站点，往往是一些突发事件的网络舆情爆发点。

TRS 互联网舆情管理系统支持采集指定论坛帖子的主题，记录回帖数量和内容；支持根据论坛页面表现形式配置获取发贴人的相关信息和发帖人的计算机网络地址；支持多媒体数据采集，还支持 RSS 解析，可自动解析 RSS 的 XML 文件，抽取网页的链接、标题、时间等信息；支持网页快照功能等。

图 5—8 TRS 网络舆情平台系统架构（来源：TRS）

2. 互联网舆情分析与处理

TRS 互联网舆情管理系统具有自动发现舆情热点的功能，可对重要的热点新闻信息进行分析和追踪，对于突发事件引起的网络舆情，可以及时掌握舆情爆发点和事态。系统会根据新闻文章数及文章在各大网站和社区的传播链进行自动跟踪统计，提供不同时间段（1 天、3 天、7 天、10 天）的热点新闻；对每条热点新闻还可以查看新闻相关传播链，了解在某一时间段该热点新闻在哪些站点的传播数量；也提供热点帖子、热点专题等功能。

同时，TRS 舆情系统可对监控的信息类别提供预警功能。预警等级可根据用户需求分为高级、中级、低级、安全等级别。用户可查看预警的各类信息，如在预警总分布图中可查看到每类信息的预警文章条数及百分比，还可以查看每类预警信息某一时间段的传播趋势、传播站点统计、正负面信息统计、信息类别统计、新闻帖子统计等。

另外，TRS 互联网舆情管理系统基于相似性算法的自动聚类技术，自动对每天采集的海量的、无类别的舆情进行归类，把内容相近的文档归为一类，并自动为该类生成主题词；可支持自动生成新闻专题、重大新闻事件追踪、情报的可视化分析等诸多应用。

热点帖子 1天 3天 7天 10天 统计 更多>>

深圳行政执法类公务员起薪7000元 最高1.5万 回帖:25	2010.03.25 13:27
实拍：云南昭通旱情，真的很严重[组图] 回帖:23	2010.03.23 16:05
一起震撼的车祸场面 -(图鉴) 回帖:22	2010.03.23 10:32
天翼社区最终将取代开心网? 回帖:21	2010.03.22 15:20
我OUT了，老婆强制“飞”我 回帖:14	2010.03.17 20:42
揭密中移动手机阅读基地（图） 回帖:13	2009.09.11 10:20
移动通信录 - 运营商 通信人区 - 上方社区 - Powere... 回帖:12	2010.02.03 09:56
同是soho族，听了智慧型药代的故事，我很囧 回帖:11	2010.03.24 10:29
从头到脚说药价－－浅谈老百姓吃不起药的问题 回帖:11	2010.03.18 10:38
史上最NB杀软降生－－诺顿360全能特警4.0 回帖:9	2010.03.24 10:29
中国移动推增值业务“三次确认” 回帖:9	2010.03.23 10:35
看了俺得惨剧，杀毒还是用专业人士吧 回帖:8	2010.03.25 08:50
三星打印机新品最新泄密 回帖:8	2010.03.23 10:49

图 5—9 论坛网络舆情聚类与跟踪（来源：TRS）

传统的基于关键字匹配的关键字信息过滤常常导致大量正面信息被封杀，TRS 互联网舆情管理系统基于统计和机器学习的文本过滤技术以及独具特色的文本的褒贬倾向分析技术，准确识别正面和负面信息。该系统能自动研判并且统计政要领导人物的正负面信息、地区形象的正负面报道等。

利用先进的 TRS 全文检索引擎技术，提供舆情新闻检索和论坛检索功能，可按提供近义词、同音词、拼音检索、热点检索词等智能检索功能。舆情信息检索结果可按不同维度展现，包括按内容分类、舆情分类、相关人物、相关机构、相关地区、正负面分类等。每个维度下把搜索结果自动分类统计展示信息，使用户用最短的时间搜索到最精确的信息。

图 5—10 网络舆情使用界面（来源：TRS）

3. 舆情服务的可视化展现

TRS 互联网舆情表达包括舆情管理系统简报、趋势图表、聚类图等可视化表达方法，以及舆情数据库全文检索和信息服务门户。

三、方正智思互联网舆情系统

方正智思互联网舆情监控系统提供对境内、境外互联网信息（新闻、论坛、博客、贴吧、手机报、微博客等）实时采集、内容提取及排重，并且对获取的信息进行全面检索、主题检测、话题聚焦、相关信息推荐，按需求定制主题分类，为舆情研判提供时间趋势、传播路径、话题演化等工具，统计舆情信息，生成舆情报告。

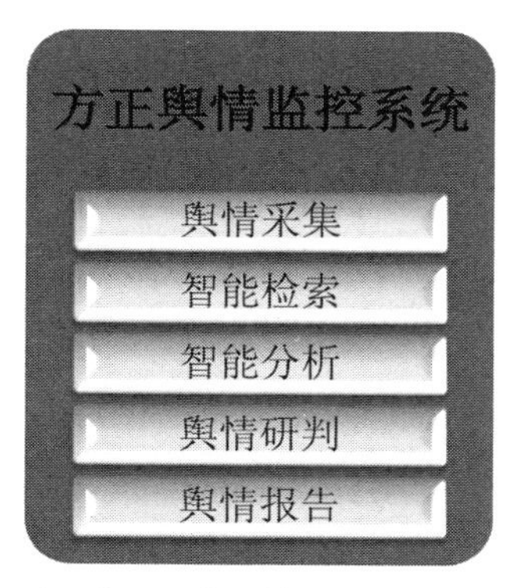

图 5—11 方正智思网络舆情平台模块（来源：方正）

1. 实时监测网络舆情

采用定向采集为主、全网监控为辅的方式，自动对新闻（新闻跟帖、新闻评论、RSS）、论坛（回帖、点击数、回复数等）、博客、贴吧、手机报、微博客等网络媒体进行全面实时监测。

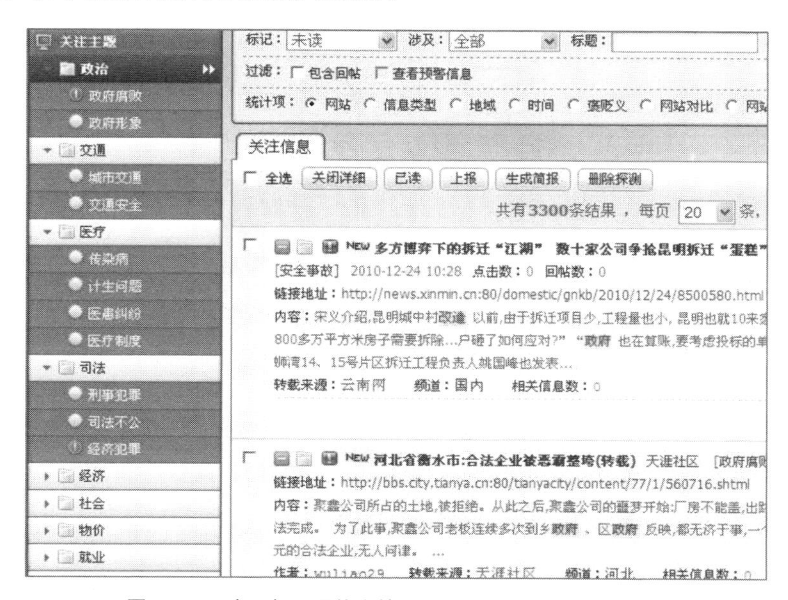

图 5—12 方正智思网络舆情平台采集功能（来源：方正）

2. 智能处理舆情信息

应用方正智思中文自然语言处理技术引擎和网络舆情分析模型，对互联网舆情信息自动提取关键词、摘要、分类、聚类、主题检测、关联分析、情感分析。

3. 多种模式搜索舆情事件

支持相似搜索、模糊搜索、分类搜索、高级搜索、元搜索等多种搜索模式。在传统的关键词搜索模式上增加了语义搜索。

4.完善的舆情监控业务

自动监测敏感信息，自动聚焦热点话题，自动追踪潜在舆情事件。可预置审核流程，逐级审核、上报舆情信息。自动探测页面删除状态，统计研判网络舆情，生成可定制舆情报告。提供对本地网站的属地化管理，支持违规网站信息统计管理。

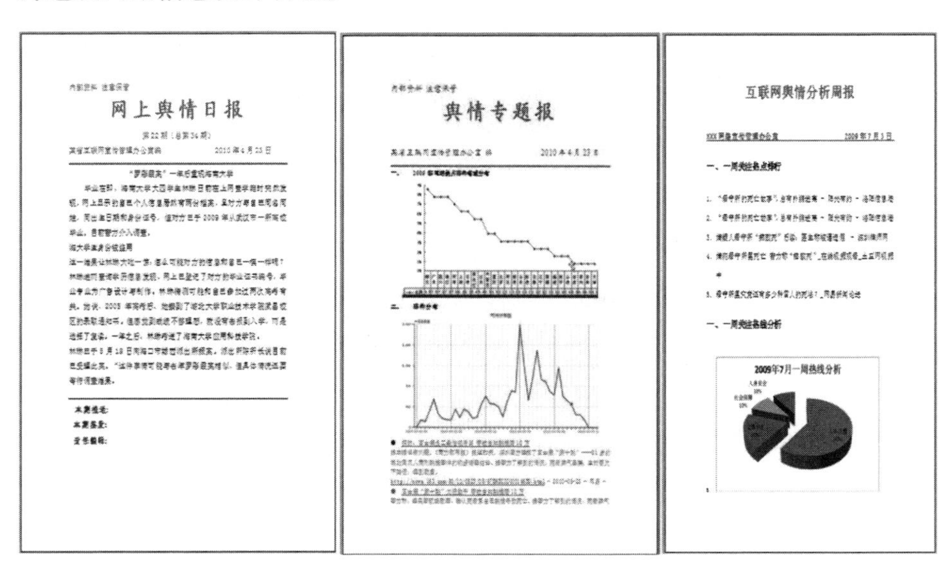
网上舆情日报

舆情专题报

互联网舆情分析周报

图 5—13　方正智思网络舆情报告（来源：方正）

四　中科点击军犬互联网舆情系统

军犬网络舆情监控系统，是由中科点击（北京）科技有限公司研发的网络舆情监控系统和网络舆情办公系统。其是一套综合运用搜索引擎技术、文本处理技术、知识管理方法、自然语言处理、手机短信平台，通过对互联网海量信息自动获取、提取、分类、聚类、主题监测、专题聚焦，以满足用户对网络舆情监测和热点事件专题追踪等需求。

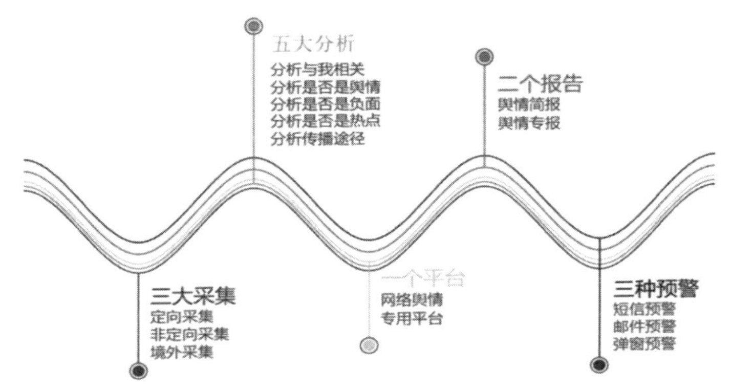

图 5—14　军犬舆情系统特色（来源：中科点击）

与其他网络舆情监控系统相比，军犬网络舆情监控系统的优势主要体现在互联网信息采集技术、自然语言智能处理技术（文本挖掘技术）、全文检索技术和舆情应用技术上。

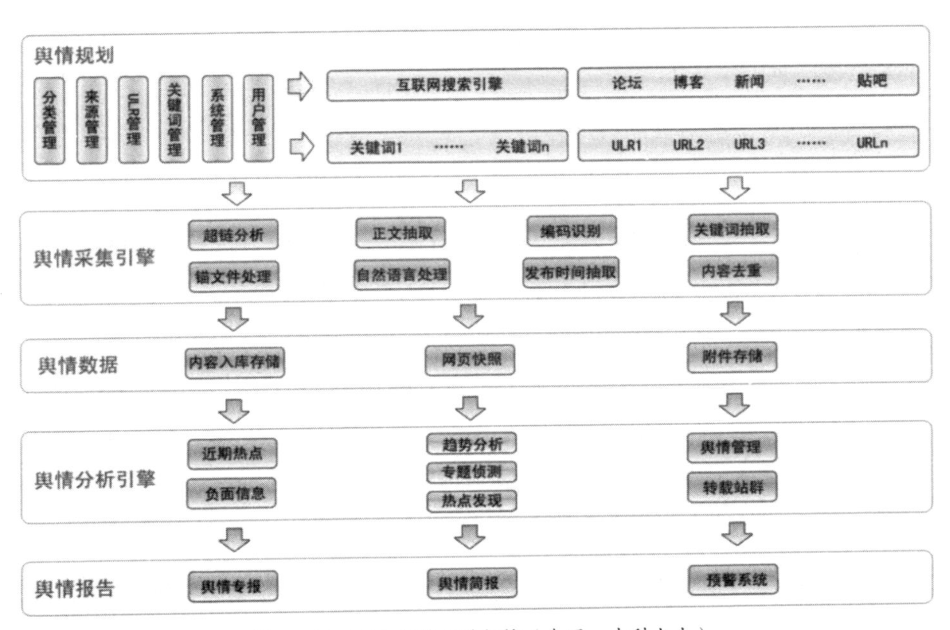

图 5—15　军犬舆情系统架构（来源：中科点击）

1. 互联网信息采集技术

强大的信息采集功能是其他所有功能的保障，采集技术不过硬的产品不可能达到有效的舆情监测效果。军犬的数据采集与数据挖掘居全行业之首，为信息的深度处理提供了强有利的保证，其可监控各大搜索引擎、新闻门户、BBS、博客、留言版、微博、视频、搜索、文档等，无须过多配置便可轻松对1.8万网站实施监控，并可自动识别语言和网站编码。

元搜索引擎集成了不同性能和不同风格的搜索引擎，并发展了一些新的查询功能。查一个元搜索引擎就相当于查多个独立搜索引擎。进行网络信息检索与收集时，元搜索可指定搜索条件，既提高了信息采集的针对性，又扩大了采集范围的广度，收到事半功倍的效果。

网页内容智能提取技术能有效地提取网页中的有效信息，区分网页中的标题、正文等信息项，并对内容具有连续性的多个网页内容进行自动合并、网络论坛信息自动提取等。对非结构化的网页数据，可以在采集的时候进行结构化的信息抽取和数据存储，以满足多维度的信息挖掘和统计需要。

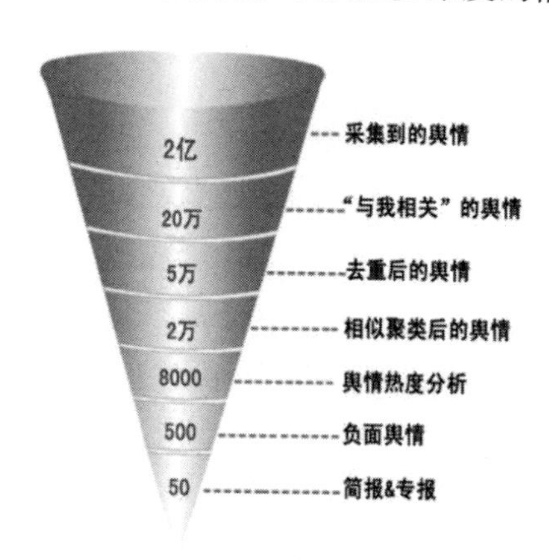

图5—16 军犬“舆情漏斗”示意图（来源：中科点击）

2. 自然语言处理技术

系统采用了以词典为基础，规则与统计相结合的分词技术，有效解决了切分歧义。综合利用了基于概率分析的语言模型方法，使分词的准确性达到99%，并可根据不同的应用进行适合特定要求的分词，分词速度快。

在文本语义分析的基础上，军犬系统还可以综合考虑词频、词性、位置信息，实现准确的自动关键词与自动摘要。同时，中科点击自动分类技术包括基于内容的文本自动分类和基于规则的文本分类，并可以通过自动聚类技术生成舆情专题，进行重大新闻事件追踪等。

3. 智能检索技术

本系统的全文引擎将传统的全文检索技术与最新的 Web 搜索技术相结合，大大提高了检索引擎的性能指标。同时融合了多种相关技术，提供丰富的检索手段以及同义词等智能检索方式。

五　邦富互联网舆情系统

广州市邦富软件是国内的互联网舆情管理与舆情监控整体解决方案供应商，也是国内为数不多的以宣传、公安和安全系统的互联网舆情采集分析系统为主营的企业级搜索引擎产品和服务提供商。邦富软件率先在业界提出了以舆情数据中心为核心的“舆情共享，业务协同”的业务模式，并提供基于该模式的邦富舆情管理一揽子整体解决方案。

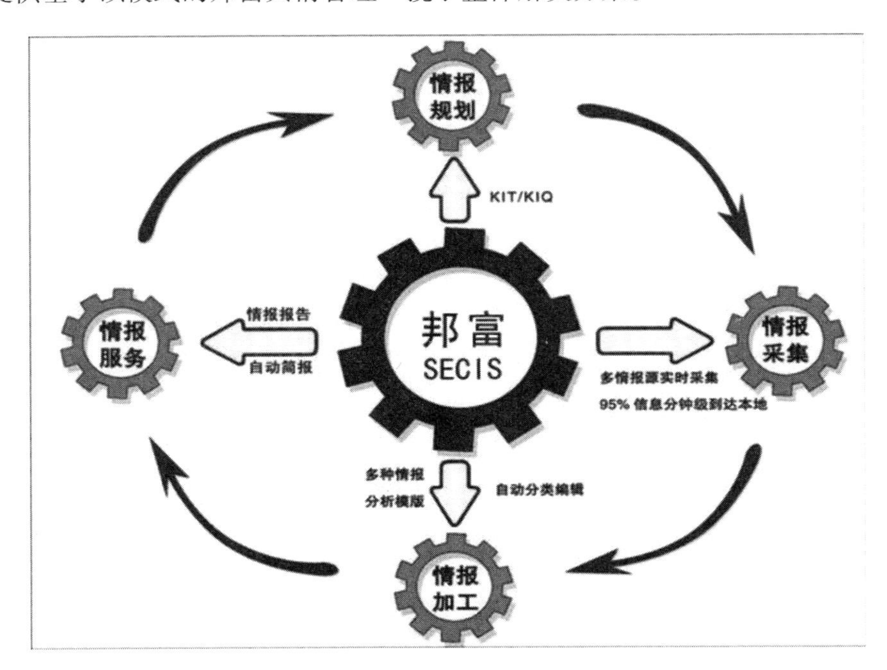

图 5—17　邦富网络舆情系统功能（来源：邦富软件）

目前，互联网舆情管理包括舆情监控、舆论引导、正面宣传、新闻发言人管理等内容，它们的信息条条独立、条块分割的现象普遍存在，造成条条之间、条块之间数据格式多、共享难、查询难。如何对整个互联网舆情管理的信息实现数据共享、业务联动，从而提供决策数据支持，提高科学决策水平，是业务效能整体提升的重要前提，是政府管理迈上新台阶，也是实现从被动管理到主动管理、从感性决策到理性决策的坚实基础。邦富互联网舆情采集分析系统、邦富舆情管理系统、邦富新闻发言人管理系统等舆情管理基础软件以及一系列电子政务应用产品，为实现“舆情共享，业务协同”的电子政务模式，提供了一套从前台业务系统整合到后台信息资源整合和综合利用的完善的整体解决方案。

其中，邦富舆情监控系统基于网页智能采集技术可达到每 5 分钟更新一次的分钟级更新频率，且目前系统可支持对上万个网站同时进行舆情采集与

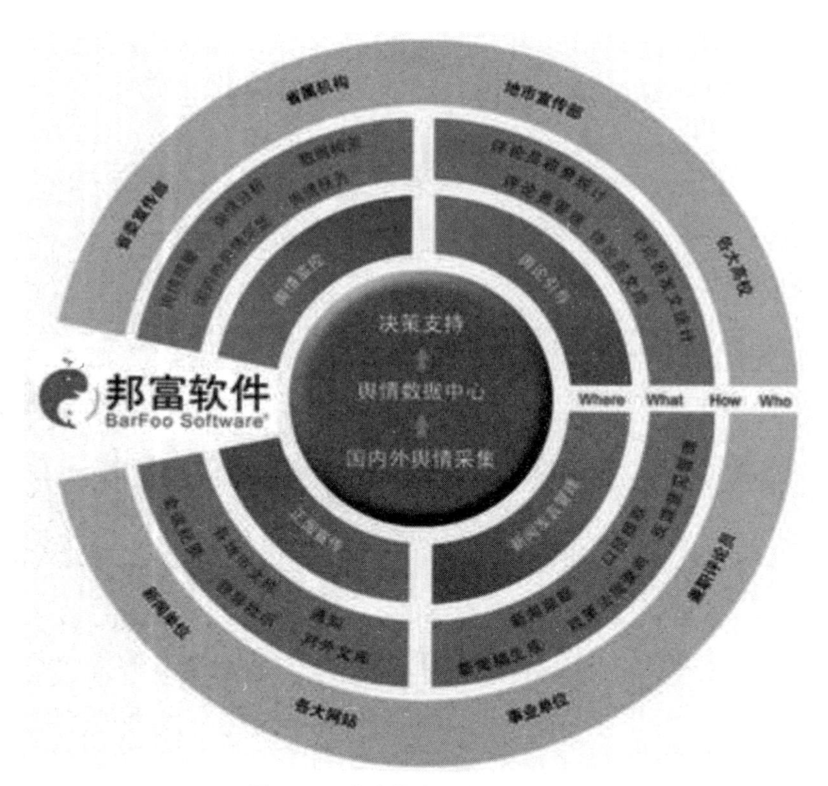

图 5—18　邦富软件舆情支持系统

分析，采用了多线程并发指令执行体系结构、增量实时索引、智能分词、相关性分析和模糊匹配等多项先进技术。新华网在2012年就与广州邦富软件公司共同合作，推出面向县（区、市）级地方政府的网络舆情监测系统。

六　谷尼互联网舆情系统

谷尼互联网舆情监控系统是一套利用采集检索技术、文本挖掘技术、知识管理方法，通过对互联网海量舆情信息自动获取、抽取、分类、聚类、溯源等，最终形成舆情预警、舆情简报、舆情专报、分析报告、传播路径、舆情溯源等舆情产品，为客户全面掌握舆情动态、做出正确舆论引导提供分析依据。

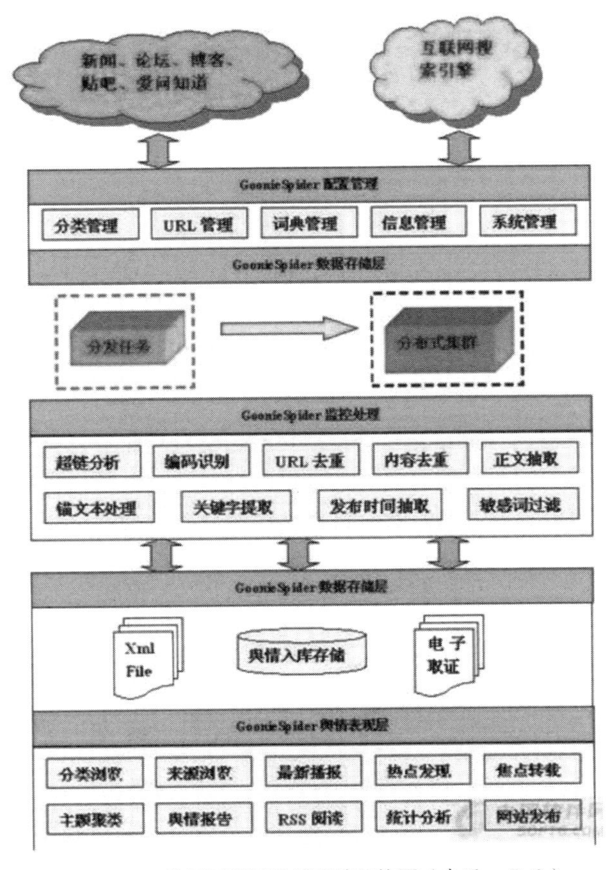

图5—19　谷尼互联网舆情系统架构图（来源：谷尼）

1. 谷尼舆情系统的技术特色

谷尼网络舆情监测系统用户可以设定采集的栏目、URL、更新时间、扫描间隔等，系统的扫描间隔最小可以设置成 1 分钟，即每隔一分钟，系统将自动扫描目标信息源，以便及时发现目标信息源的最新变化，并以最快的速度采集到本地。

谷尼系统不仅可以采集常见的静态网页（HTML/HTM/SHTML）和动态网页（ASP/PHP/JSP），还可以采集网页中包含的图片信息；其全网搜索以主流中文搜索引擎的结果为基础并利用 Goonie 采集器直接面向互联网定制内容进行直接采集，用户只需要输入搜索关键词就可以了；可对网页进行内容分析和过滤，自动去除广告、版权、栏目等无用信息，精确获取目标内容主体。

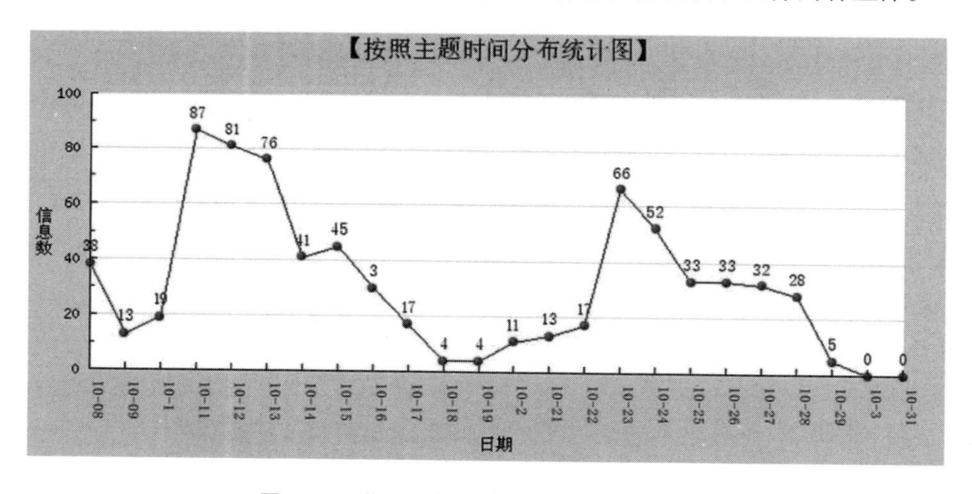

图 5—20 谷尼舆情平台的统计图（来源：谷尼）

2. 谷尼互联网舆情监控系统的呈现优势

谷尼多维度智能报表分析引擎提供了两种报表工具：第一种是定制报告工具，可根据用户需要自行选择需要的时间段、图表形式、横坐标和纵坐标内容，然后生成相应的分析图表；第二种是一键报表批量生成工具，包含倾向性分析图、网站类型比例图、媒体与网民关注趋势图、危机排行榜等。因此，系统可以定制多种不同格式、不同内容的舆情简报模板，用户可以随时对监测到的信息根据简报模板自动生成简报，并可保存、发布、下载、打印。

另外，系统能够实现敏感舆情自动预警功能，一旦监测到包含过滤词的舆情，就自动将出现某敏感词舆情发送到手机、邮件、桌面弹出窗口上，也支持手动发送模式。

七　国外知名网络舆情监控系统

1. 尼尔森（Nielsen）

尼尔森公司是全球性的市场研究和媒体公司，它拥有近百年的历史、领先的市场地位、全面的媒介资讯，是出版、展览、报纸、有线电视等诸多领域公认的品牌。尼尔森提供的 BuzzMetrics 服务可以帮助企业对在线言论及传播行为进行分析，进而提升品牌形象，促进业务增长。BuzzMetrics 将创新的技术、资深的专家经验和高质量的数据结合在一起，为提升企业的产品、市场、营销的竞争力提供有力的支持，使企业在以用户为核心的市场中抢占先机。

2. Reputation Defender

Reputation Defender（“名誉捍卫者”）创建于 2006 年 10 月，是一家从事网络声誉管理的公司，为网络声誉受到损害的机构和个人提供“消负”服务，服务的层次取决于收费的高低。众所周知，互联网从根本上改变了隐私的概念，博客、微博、论坛以及社会媒体的扩散创造了一个全球进行交流信息的空间。互联网的增长、网络的特性、现实的状况使得管理网络声誉尤为重要，Reputation Defender 通过专有技术帮助客户监控网络。在客户支付费用后，公司通过一系列手段与网站沟通，删除负面舆论（服务的层次取决于收费的高低），为企业塑造良好的网络形象。如今，它已经为全球超过 100 个国家服务过。

3. Visible Technologies

Visible Technologies 成立于 2003 年，是一家从事网络品牌管理、网络营销推广以及通信业务的公司，其基于专业的技术队伍、大量的数据分析以及“客户第一”的服务理念，帮助企业跟踪消费者舆情，管理相关搜索引擎，尤其是其提供的“TruCast”服务、“TruView”服务为企业提供及时、全面、高效的战略解决方案，保护和促进企业的网络声誉。其中，TruCast能综合舆情解决方案，可通过该工具直接向博客和论坛发表评论，TruView能保护和促进企业的在线声誉，Google、雅虎、博雅、恒美、WPP集团等都与之有过合作。

4. Cision

Cision对超过100万个博客、数以万计的论坛、超过450个的富媒体网站进行网络监控。与其他网络舆情服务商相比，Cision具有数十年的传统媒体监测经验，而且服务非常好，是7×24小时模式，这在国外公司中颇为难得。它拥有一站式综合解决方案，通过对博客、论坛、富媒体网站等进行大范围的网络舆情监测，为客户提供全面的媒体资讯智能服务。Cision拥有众多知名客户，包括奥美、凯旋公共、史密斯通信、帕拉公共、HL集团等。

5. Buzzlogic

它是一家基于数据分析技术从事网络广告制作、网络舆情分析、市场营销推广以及企业公关策划的公司，其提供的“BuzzLogic Insights”服务通过对互联网上博客的分析，帮助企业发现、吸引和评估行业影响力。该舆情监控系统致力于市场营销和公关人员的服务，为营销人员提供产品反馈意见、品牌认知度等，为公关人员提供与知名博客建立关系、发现新舆情和跟踪产品问题服务。不过目前，该公司在更名为Twelvefold Media后更侧重于在线广告平台，合作客户有丰田汽车、沃尔玛、百思买、星巴克、微软等知名品牌。

第三节 企业搜索与垂直搜索

前面提到的互联网舆情监控系统，主要是基于互联网搜索引擎等进行信息的搜索、采集、加工和处理，但是这并非网络内容搜索与监控的全部。企业搜索和垂直搜索也是网络内容监测处理中的组成部分，本节我们就简单介绍一下。

一 企业搜索

世界权威机构统计表明，全球来自交易中的数据信息每年增长的速度是61%，而其他各种相关信息的每年增长率超过了92%。研究部门把由传统关系数据库管理系统处理的数据信息称为结构化数据，把包括纸质文件、电子文档、传真、报告、表格、图片、音频和视频文件等在内的信息称为非结构化数据或内容（content）。据统计，企业（企业类组织机构的统称）每年的数据增长超过100%，其中80%以文件、邮件、图片等非结构化的数据形式存放在企业内计算机系统中的各个角落，而这些数据总量远远超过互联网信息的总量。有数字表明，企业98%以上的信息存储在企业内部，而发布到互联网上的信息仅占信息总量的1%～2%。因此，如何方便、快捷、安全地获取企业内部的信息，造就了一个新的但是实际上非常传统的应用——企业搜索。①

全球500强企业几乎都有企业级搜索的需求和应用，从BBC广播公司到美国国土安全部，企业搜索的业务范围无所不包。在国内，随着中国企业信息化的发展，众多企业也已经初步建成了各自统一的营业服务系统和企业内部信息传递管理系统，经过多年的运行积累，存储了海量的信息资源。由于历史的原因，这些海量的信息资源管理分散、共享困难，形成彼此隔离的信息孤岛。科学管理和合理开发这些信息资源尤其是大量的、非结构化数据信息，是国内企业界面临的巨大挑战。

表5—2　　　　　　　　不同搜索引擎的差异

比较项		互联网搜索	企业搜索	垂直搜索
信息采集	采集方式	被动方式为主	主动方式为主	被动方式+主动方式
	采集深度	要求不高	要求较高	要求高
	动态网页采集的优先级	低	较高	高
	架构化数据库信息采集	要求不高	要求高	要求高
信息加工	网页元数据提取	要求不高	要求较高	要求高
	结构化信息提取	要求不高	要求不高	要求高
	排重、分类	要求不高	要求高	要求高
信息检索	检索方式	非结构化信息为主	结构化信息+非结构化信息	结构化信息+非结构化信息
	结果排序	PageRank算法	相关度排序为主	需求多元化

注：整理：易目唯

① 拓尔思信息技术有限公司：《企业搜索引擎技术白皮书》。

1.企业搜索不同于互联网搜索

企业中的搜索方式与互联网搜索有着巨大不同。在企业中，文本文件、电子邮件、音视频文件等与人们密切相关的数字化信息占据了主导地位，其占有率已经超过80%。这些信息都以非结构化的形式，散落在企业内计算机系统中的各个角落。

和互联网搜索引擎相比，企业搜索产品对核心技术的挑战性更高，它不仅要求搜索速度更快、结果更准确，可索引大量的文档和不同类型的媒体，同时也要求部署方便，可以与企业现有的信息系统、知识库或BI（商业智能）系统结合，并更加注重安全和隐私。

（1）复杂数据结构的搜索

普通互联网搜索引擎针对的数据一般都是网页结构的，即使有图片、音视频等多媒体形式，在结构上也仍然是HTML组成的。企业用户需要搜索的数据既有互联网上的，也有内部网站上的；既有网页形式的，又有基于OA系统的各种数据库形式的；既有结构化的数据，更有各种电子文件格式的非结构化数据或者半结构化数据，如Word、Excel、PDF、XML等；既有文本形式的数据，又有多媒体形式的数据，如企业内部的新闻视频等。最

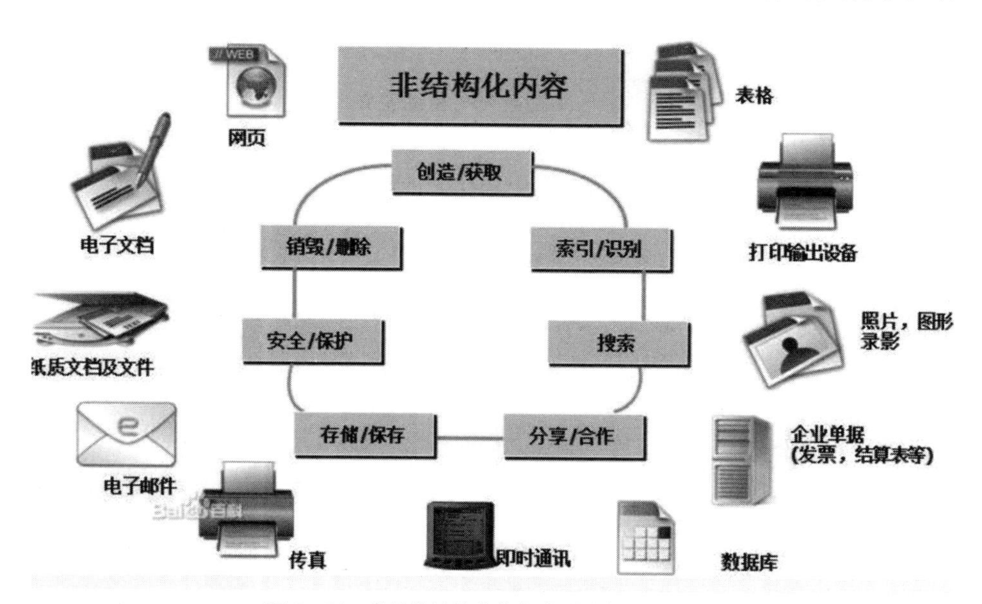

图5—21　常见非结构化信息类别（来源：TRS）

要命的是，同一机构的数据还可能发布在不同介质的载体上。因此企业搜索就是要对上述不同情况无缝结合，通过一个搜索工具和界面，发一个或者几个简单的检索请求即可得到满意的结果。

另外，互联网搜索内容对于用户来说是未知的，企业搜索的对象基本上都是已知信息源，用户需要按照内容而不是通过比较源链接进行排列。

（2）搜索的安全性

企业搜索主要针对企业内部带有明显高等级的安全特性需求，而不像普通的互联网信息那样公开透明。考虑到安全需求，很多企业负责人普遍认为目前的搜索技术还没有为企业搜索做好足够的准备，即使为数据定义了文档级和数据库级的双重安全保障，也仍然难以完全避免“信息泄露”，这就要求企业搜索必须针对用户、资源、权限分级管理和控制，确保系统安全。

（3）查全率和查准率

企业搜索主要针对企业用户，因此查找的信息专业性强，概念复杂，而且对于查询的查全率和查准率有着非常高的要求。互联网搜索基本上谈不上查全率，因为互联网上的信息泛滥，任何一个搜索引擎都无法穷尽互联网的每个网页，而且也只能通过“关键词匹配”方式去实现。在企业搜索中，必须对企业内部每个需要提供服务的信息进行索引，在保证效率的同时保障结果的“全”和“准”。

（4）实时与智能化检索

企业搜索是为企业运营和决策服务的，而不像互联网搜索一样只是提供信息参考。企业搜索的结果将直接参与到企业运营中，因此对于搜索结果实时效果要求很高，尤其是内部业务发生变化时要能实时反应，不能像互联网搜索一样延滞更新。要做到实时反应，就要全面采用智能化的技术，智能搜索技术关注词语在文档中的逻辑关系。它综合考虑词语出现的上下文，同时又能够查找到那些可能不包含具体词语但包含相关概念的文档。除此之外，它还可以实现概念提炼或基于例子的提炼。当然，企业搜索必须依靠内容管理技术和搜索技术，通过与数据管理、记录管理、过程管理、团队协同等各个环节密切结合，也是企业信息化的重要组成部分。

2. 企业搜索常用功能与技术

从企业搜索的需求来看，不外乎内容管理、内容搜索、内容挖掘等功能。信息采集、信息分类算法，对企业内外部的新闻、邮件、Internet 信息、文件等非结构化信息以及数据库、XML 等结构信息进行理解，而后通过前端工具实现信息个人化、信息提示、信息检索等功能。

由于该系统具备学习设置、自动发现、自动分发、处理跟踪等全过程控制，因此可实现对各类信息内容的自动概括、聚类、关联和联想，从而可提高企业对竞争情报信息实施全维、全息、全域的信息监控的能力。

统一检索：以多个分布式异构数据源为对象，向用户提供统一的检索接口，将用户的检索要求转化为不同数据源的检索表达式，并发地检索本地、局域网和广域网上的多个分布式异构数据源，并对检索结果加以整合，在经过消重和排序等操作后，以统一的格式将结果呈现给用户。统一检索更能够为不同用户提供不同的界面展现方式，既满足通用检索需求，又能够实现个性化需要。

语言处理：中文分词是企业搜索必须具备的技术之一，应用中文分词技术才能使搜索结果更加符合用户习惯，更加接近用户的期望结果，而且用户要可以根据自己的需要和行业特色来添加和维护词库。

安全系统：要实现各类文档、资料、数据等信息的访问安全，采用分级安全体系来保障不同安全级别的信息必须经过授权才能够访问；通过对检索结果进行文档级安全和集合级安全的分类实现授权体系的灵活与功能；要能与绝大部分业务系统的用户体系整合，并可以继承原有的权限系统等。

内容存储：可实现各类文档、资料、数据等信息的分布式存储，能够最大限度地提高部署灵活性和可扩展性，所有的元数据和全文索引分别存储在不同的单元上；在技术上要支持主流数据库平台、操作系统、浏览器、门户、应用程序服务器和开发标准。

文档管理：要支持多种文档类型，通过将文档元数据和索引信息进行分开存储实现了强大的元数据管理功能，辅以基于文档安全级别的控制体系，对文档的整个生命周期进行全面管理；可通过创新的回溯功能查看文档的历史版本，全面提升企业文档到知识的转换能力，为企业运营决策提供知识支持。

内容采集：除了支持所有主流数据库和文件系统的采集以外，还要支持内容仓库的采集，能够针对指定文件所在目录进行高效检索，可对PDF、OFFICE、HTML、TXT、音频、视频等多种文件格式自动解析。同时，根据需要能够定制从其他各类数据源获取要检索的数据内容，如XML文件、其他数据池等。

因此，企业搜索其实就是应用上述多种技术开发的一个完整的企业搜索平台，能够完成企业内容整合过程的绝大部分功能，将功能强大的作为整个解决方案的应用基础，充分利用其底层应用功能，并封装为更易于使用的服务来提高应用开发的效率，更好地满足不断变化的业务需求。

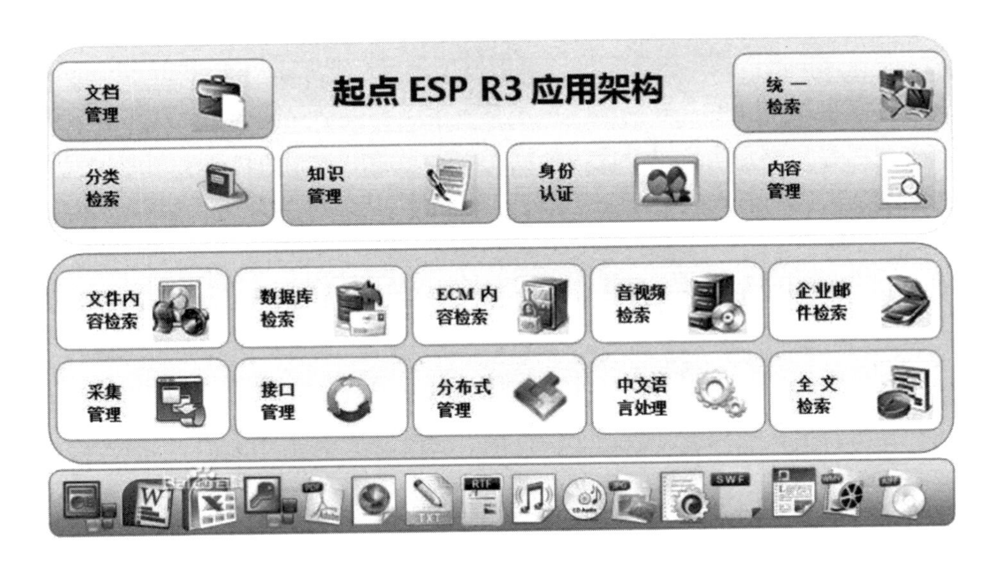

图 5—22 某企业搜索应用架构（来源：TRS）

3. 企业搜索市场概况

根据企业搜索的不同技术走向，基本上可以将企业搜索分为两种流派：一是数据库城市在自身的关系型数据库中增强检索服务功能，在多个应用系统内部署各自的搜索服务，这样可以通过联合搜索的方式实现企业内的搜索服务，这类厂商如Oracle、IBM等。第二类多是从事传统的内容管理厂商，在研究了企业搜索引擎服务后，提出了企业搜索平台（Enterprise Search Platform，ESP）概念，这类厂商包括国内的拓尔思、邦富软件等，国外的品牌则有 Autonomy 等公司。另外，Google、微软等互联网搜索引擎厂商最近几年也加大了对于企业搜索的关注与投入力度。

在中国，由于信息基础建设的差异，企业搜索主要以面向特定行业的应用为主，政府机构、国家涉密单位、新闻媒体、科研院所、大型企业集团（如电信、金融、能源等）成为最主要的用户群。根据赛迪顾问的统计，2007 年企业搜索市场规模不足 2 亿元，但随着我国信息化建设的推进，企业搜索需求放量增长，2010—2012 年的年均增长都保持在 25% 左右的增长态势，到 2012 年，市场规模接近 6 亿元。

说到中国的企业搜索市场，不能不提的一家厂商就是 Autonomy。作为一家为企业提供高端搜索引擎软件的英国科技公司，创立于 1996 年的 Autonomy 在经历了世纪之交的互联网泡沫后涅槃重生，不仅杀入硅谷，收购了三家美国公司，并且在金融危机中成为英国为数不多逆市成长的科技公司之一，提出了智能搜索的概念。利用这种技术，可以搜索多种文本格式内容，如 Text、Word、Excel、PPT、PDF 以及各种数据库中的数据格式，甚至还可以搜索多媒体文档内容。本来专注于企业搜索的 Autonomy，在进入中国后还一度针对政府用户开发了一套“互联网网络舆情监测系统”，具有较强的文本分析和语意分析能力，特别是针对英文文本分析这个功能是本土厂商所欠缺或者不具备的。不过由于其服务价格偏高，再加上网络舆情监测的敏感性，其在国内并没有多少建树，已经基本淡出了政府部门的招标会。随着 2011 年被惠普以 104 亿美元的高价收购，Autonomy 逐步淡出了中国市场，而 2012 年爆发的一系列可疑的会计和商业行为更让 Autonomy 前景蒙上一层阴影，其在中国的网站自从 2010 年之后基本没有更新。

二 垂直搜索

垂直搜索引擎是针对某一个行业或者某一主题的专业搜索引擎，是搜索引擎的细分和延伸，是对网页库中的某类专门的信息进行一次整合，定向分字段抽取出需要的数据进行处理后再以某种形式返回给用户。垂直搜索是相对通用搜索引擎的信息量大、查询不准确、深度不够等提出来的新的搜索引擎服务模式，通过针对某一特定领域、某一特定人群或某一特定需求提供的有一定价值的信息和相关服务。它能为用户提供针对性更强、精确性更高的信息检索服务。垂直搜索引擎的应用方向很多，如地图搜索、音乐搜索、图片搜索、文献搜索、企业信息搜索、求职信息搜索……涉及各行各业，各类信息都可被细化成相应的垂直搜索对象。其特点就是“专、精、深”，且具有行业色彩，相比较通用搜索引擎的海量信息无序化，垂直搜索引擎则显得更加专注、具体和深入。①

1. 垂直搜索引擎的特点

垂直搜索与普通互联网搜索相比，采集的学科范围小，总的信息量相对较少，可以保证用专家分类标引的方法对采集到的信息进行组织整理，进一步提高信息的质量，以建立一个高质量、专业的、能够及时更新的索引数据库；其次，只涉及某一个或几个领域，词汇和用语的一词/一字多义的可能性大大降低，而且利用专业词表进行规范和控制，从而大大提高查全率和准确率；另外，垂直搜索的信息采集量小，网络传输量小，有利于网络带宽的有效利用；最后，垂直搜索的索引数据库的规模小，有利于缩短查询响应时间，还可采用复杂的查询语法，提高用户的查询精度等。

2.垂直搜索引擎的核心技术

垂直搜索引擎的核心技术包括主题爬虫、主题词库、相关度判断等。

其中，主题网络爬虫就是根据一定的网页分析算法过滤与主题无关的链接，保留与主题相关的链接并将其放入待抓取的URL队列中，然后根据一定的搜索策略从队列中选择下一步要抓取的网页URL，并重复上述过程，直到达到系统的某一条件时停止。整体上看，主题爬虫爬行资源的数量只有普通爬虫的二分之一，而它的主题资源覆盖度却是普通爬虫的五倍，能发现更多的web主题资源。

然后，垂直搜索引擎根据得到的网页的内容，判断网页内容和主题是否相关。如果一个网页是和主题相关的，在网页中的标题、正文、超链接

① 源自：TRS垂直搜索引擎白皮书（2006）。

中通常会有一些和主题相关的关键词。在面向主题的搜索中，这种词叫作导向词，给每个导向词一个权重，就能够优先访问和主题相关的 URL。在主题词库模块中设计了一个分层的主题词库系统，该词库将颗粒大的主题词置于词库高层，将颗粒小的主题词置于词库低层，既考虑了主题搜索的广度，也考虑了主题搜索的精度。一级主题词库下还可包含若干细化的子主题词库，这些主题词库中包含了它的上级主题词库的细化。如“股票”这个一级主题词库中的主题词可进一步设计一个子主题词库，它可包含“股票代码、股票名称、上市公司名称、市盈率”等，该主题词库内的主题词颗粒较小，内容相对固定。当它的上级主题确定后，再深入该级主题进行文本匹配，完成更加细化的主题搜索。

在基于 HTML 协议的网页中，每一个 URL 的链接文本最能概括表达 URL 所指向的网页内容，在网页中有一个链接模型为 <a href= “urltext”>text< / a>，基于网页结构的明确性，text 往往是一个非常精确的概括性描述文字。在这种结构基础上，我们可以采用向量空间模型来计算链接文本 text 的相似度，用它标记 URL text 的相关度。

另外，由于搜索引擎往往面临着大量用户的检索需求，因此要求其在检索程序的设计上要高效，尽可能地将大运算量的工作在索引建立时完成，使检索的运算尽量少。因为一般的数据库系统不能快速响应如此大量的用户请求，所以在搜索引擎中通常采用倒排索引技术。

倒排索引的主要流程为：

- 建立正向索引，分析网页后，得到以网页编号为主键的正向索引表；
- 创建反向索引，数据规模增大后可以采用分组索引；
- 再归并索引的策略。

3. 垂直搜索的发展趋势

目前，从垂直搜索的应用情况看，大部分垂直搜索的结构化信息提取都是依靠手工、半手工的方式来完成的，面对互联网的海量信息，很难保证信息的实时性和有效性，对智能化的结构化信息提取技术的需求非常迫切。目前国内非结构化信息的智能提取技术取得了重大进展，在一些领域得到了有效应用，因此智能化成为了垂直搜索引擎的发展趋势。

与早期的网址分类搜索引擎相似，但垂直搜索引擎只选定了某一特定行业或某一主题进行目录的细化分类，结合机器抓取行业相关站点的信息提供专业化的搜索服务。这种专业化的分类目录（或称主题指南、列表浏览）很容易让用户迅速知道自己要找的是什么，并且按目录点击就能找到。

深度挖掘型垂直搜索引擎通过对元数据信息进行深度NT，为用户提供网页搜索引擎无法做到的专业性、功能性、关联性，有的加入了用户信息管理以及信息发布互动功能，能很好地满足用户对专业性、准确性、功能性、个性化的需求。专业的元数据属性构造背后需要一个强大的、由专业人士组成的团队。这些专业人士对该领域的元数据模型进行专业的分析、关联整合，再通过搜索技术按这些元数据模型把这些信息组织呈现给用户。

垂直搜索引擎由于自身对行业的专注，使得它可以提供行业信息深度和广度的整合以及更加细致周到的服务。对消费领域可以推出针对某一行业的搜索交易平台，比如美容搜索、餐饮搜索、购物搜索、机票旅游搜索。这种交易平台针对需要通过开展电子商务来获得更多顾客的商家，搜索交易平台让行业内商家和顾客直接沟通、咨询，不再需要转到第三方平台再进行交易，有可能发展成ebay、淘宝那样的购物平台。

4. 垂直搜索的应用分类

（1）政府相关的垂直搜索引擎

与政府相关的垂直搜索引擎主要表现为面向内部的垂直搜索和面向外部的垂直搜索：面向内部的垂直搜索主要是指政府内部专网网站群的搜索，同时集成数据库搜索功能，为政府工作人员和领导提供快速定位信息的方式，为日常工作和领导决策提供支持；面向外部的垂直搜索主要是指政府门户网站群搜索，同时集成法律法规等数据库搜索功能，整合政务服务资源，为民众和企业提供更好的服务，最大的发挥政务资源的效用。比如，中国政府网就内置了垂直搜索，可以搜索中国政府网内的相关信息。

（2）企业相关的垂直搜索引擎

这类主要表现为企业借助互联网信息为其某项企业业务提供信息服务的支持，如用于公关负面信息的预警、客户对产品的满意度监测等。但是，这些信息搜索往往由第三方来运营，为企业提供信息增值服务。

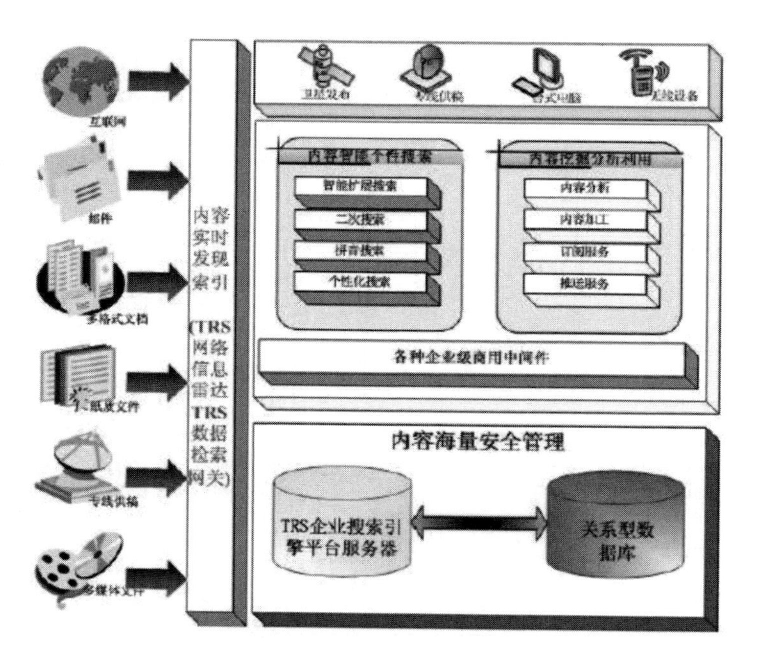

图 5—23 TRS 垂直搜索架构（来源：TRS）

（3）行业门户相关的垂直搜索引擎

行业门户垂直搜索引擎最早表现为门户网站站内信息的搜索，但随着行业门户在行业中地位和影响力的提高，会逐步整合行业内其他网页资源以及行业企业库、供求信息库等结构化资源，为行业内企业提供全面的信息搜索服务，使其成为行业产业链中不可缺少的一部分。比如，优酷网的搜库、新浪微博搜索等，就是与行业门户相关的垂直搜索。

（4）生活相关的垂直搜索引擎

生活相关的垂直搜索主要是指以搜索为手段为人们日常生活提供的信息服务，如票务信息搜索、房产信息搜索等，像一淘、去哪儿等。与生活相关的垂直搜索以结构化资源整合为主，对信息的及时性和准确性要求较高。

目前，用户搜索需求的平均化和多元化已成客观趋势，这也使得搜索精分成为搜索用户客观需求，而这种需求也有力地推动了垂直搜索引擎的

图 5—24　优酷搜库平（来源：优酷）

图 5—25　新浪微博搜索（来源：新浪微博）

蓬勃发展，无论是百度、中搜，还是淘宝、优酷，各家企业都在这上面做足了文章。此外还有房产搜索、招聘搜索、餐饮搜索、视频搜索等各类垂直搜索，在可以预见的未来，随着互联网内容的更加丰富，也势必推动垂直搜索成为通用搜索引擎越来越有力的挑战者。

第四节 互联网监控与不良信息过滤系统

目前，世界上有几十个国家实行了互联网记录制度，并有越来越多的国家正在考虑启用网络记录制度。鉴于不同的文化与价值观背景，在此前提下，各个国家的互联网审查制度也呈现出不同景象。根据内容的不同，网络的审查目的可以分为保护国家安全、防止侵权资料非法传播、打击违法网站以及不道德网站等几种。比如，为了保护国家安全，许多国家的政府都严防有损国家安全的资料在互联网上流传，同时也针对一些团体或个人在网上实行心理战挑战政府合法性的情况。版权保护是保护企业、研究机构的机密资料、版权作品与个人隐私不被非法传播，而打击违法和不良网站则是根据不同国家的法律规定，对于涉及“黄赌毒”的违法和不良网站给予限制访问或者关闭网站等措施。

其实，在互联网审查过程中，除了必要的法律手段和行政手段外，技术手段也是非常的必要的，2013 年夏季曝光的美国“棱镜计划”就是典型的网络审查与监控系统，还有之前众所周知的“食肉者”监听系统等。

一 美国“棱镜计划”简介

PRISM（“棱镜计划”）是一项由美国国家安全局（NSA）自 2007 年起开始实施的绝密级电子监听项目，该项目的正式名称为“US-984XN”。关于 PRISM 的报道是在美国政府持续秘密地要求 Verizon 向国家安全局提供所有客户每日电话记录的消息曝光后不久出现的，泄露这些绝密文件的是国家安全局合约外包商的员工爱德华·斯诺登。对此，全世界媒体都有很多报道，至今斯诺登还滞留在俄罗斯境内。

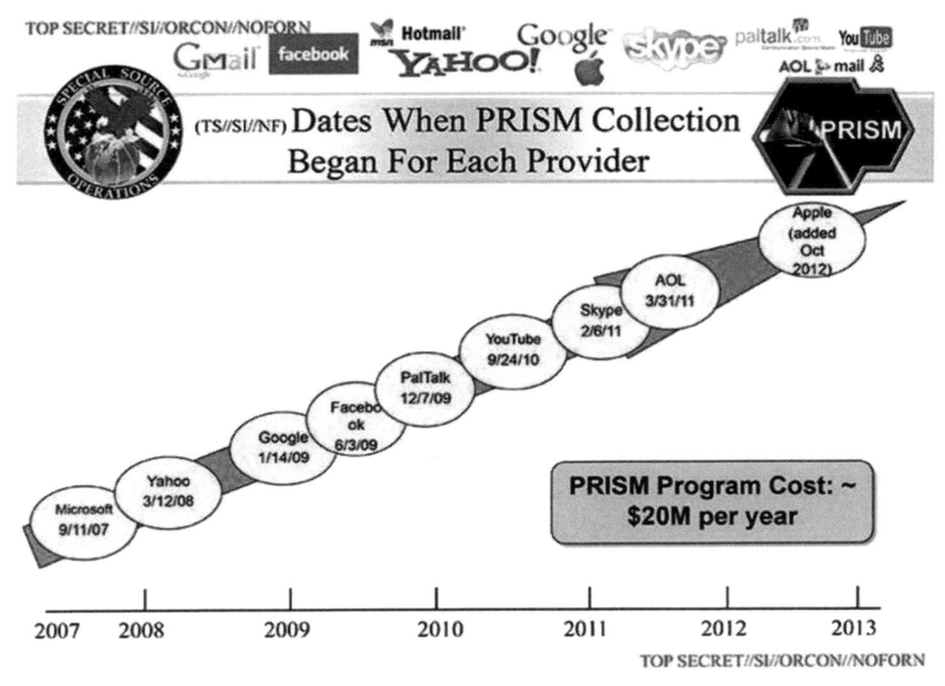

图 5—26 有关企业参与 PRISM 的时间表（来源：维基百科）

1. PRISM项目详解

PRISM 的前身是小布什任内在“9·11 事件”后的对恐怖分子监听项目。当时这个项目曾遭到广泛批评，且其合法性因未经过外国情报监视法庭（Foreign Intelligence Surveillance Court）批准而受到质疑，但之后的 PRISM 则得到了该法庭的授权令。在奥巴马任内，国家安全局持续运作 PRISM。

PRISM 项目在 2013 年 6 月 3 日首次被《华盛顿邮报》和《卫报》对外揭露，两家媒体取得了与 PRISM 有关的秘密文档。根据这些文档，数家科技公司参与了 PRISM 项目，包括（按加入项目的时间）微软（2007 年）、雅虎（2008 年）、Google（2009 年）、Facebook（2009 年）、PalTalk（2009 年）、YouTube（2010 年）、Skype（2011 年）、美国在线（2011 年）以及苹果公司（2012 年）。此外，Dropbox 也被指控“即将加入”这项项目。在泄露的秘密文档内的一页幻灯片中，显示了两种数据来源：上行（upstream）

和 PRISM。上行收集是指“在数据流经的同时”于光纤和网络基础设施上的收集活动，PRISM 则是从上述美国服务提供商的服务器直接进行收集。

PRISM 实际上是让情报机构对实时通信和存储在服务器上的信息进行深入监视，任何使用上述服务商的美国境外客户及与国外人士通信的美国公民都是该项目允许的监听对象。国家安全局经由 PRISM 获得的数据包括电子邮件、视频和语音交谈、视频、照片、VoIP 通话、文件传输和社交网络上的详细资讯，其中 98% 的 PRISM 结果是基于来自雅虎、Google 和微软提供的数据。2012 年，总统每日简报内共引用了 1477 项来自 PRISM 的数据。

相关报道称，PRISM 与其他项目配合几乎涵盖一个典型网民在网上留下的所有“痕迹”，包括他的电子邮件内容、网页访问记录、搜索记录以及元数据。分析师还可以利用 PRISM 和其他 NSA 系统对个人的互联网活动进行“实时”监控。即使分析师尚未获得目标人员的电子邮件地址，他仍然能够搜索元数据、电子邮件内容、网页浏览历史以及其他互联网活动。分析师还可以根据姓名、电话号码、IP 地址、关键字、上网使用语言或者浏

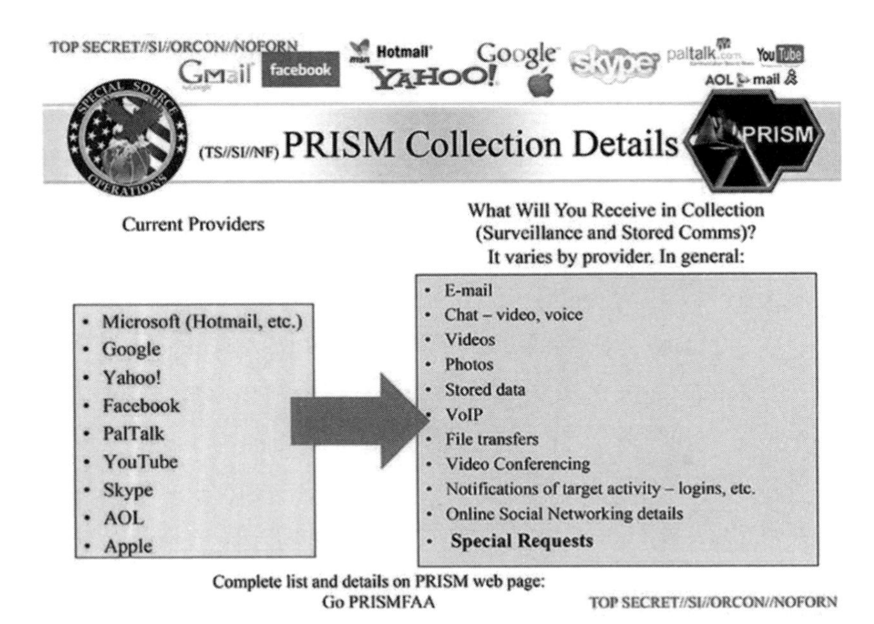

图 5—27 PRISM 搜集的信息类别（来源：维基百科）

览器类型进行搜索。

据悉，仅 PRISM 一个项目的年度花费约为 2000 万美元，同时也吸引了其他国家的参与。如英国的政府通信总部（GCHQ，与美国国家安全局对应的机构）最早从 2010 年 6 月起就能访问 PRISM 系统，并在 2012 年使用该项目的数据撰写了 197 份报告，PRISM 让 GCHQ 得以绕过正式法律手续来取得所需的个人资料。

2. 各方反应

（1）涉案公司

据《华尔街日报》和《卫报》报道称，微软、雅虎、Google、Facebook、PalTalk、AOL、Skype、YouTube 和苹果等科技公司均参与了 PRISM 计划，它们允许政府部门"直接访问"它们用来保存用户信息的服务器。上述报道发布后，Google 和 facebook 的反应最为激烈，它们坚决否认自己参与了政府的 PRISM 计划。但是两家公司的声明内容非常相似，这又引起了媒体的质疑。Google 首席执行官拉里·佩奇和 facebook 首席执行官马克·扎克伯格均否认公司允许政府部门"直接访问"它们的服务器。

其后又有报道称，facebook 和 Google 并没有撒谎，政府部门没有"直接访问"它们的服务器，但是它们肯定协商达成了某种特殊协议，让 NSA 能够轻松地获得某些特别要求的信息。微软、苹果、雅虎等公司也相继发布了类似的声明。因此，有分析称，政府部门确实没有"直接访问"facebook 和 Google 的服务器，但是这里有一套程序，让 NSA 能够提出数据要求，而且还有一个特别的地方供他们检索信息。当 NSA 想要某个人的信息时，他们就会向 Google 或 facebook 发出指令，后者就会搜集关于那个人的所有信息并将结果放在专门为 NSA 而准备的一个安全的服务器上。一旦这些信息就位，NSA 就会访问那个安全的服务器，然后检索他们想要的信息，这就是 facebook 和 Google 所说的"没有直接访问或通过后门访问它们的服务器"的意思。

（2）相关政府和政界人士

在《卫报》和《华盛顿邮报》的报道刊出不久后，美国国家情报总监 James Clapper 发布了一份声明，证实了美国政府在长达近六年的时间里一直以保卫国家安全为由，利用诸如Google和facebook等大型互联网服务公司收集位于美国境外的外国人的信息。2013年6月8日，Clapper又发表了一份题为《关于依据外国情报监视法第702节收集情报的事实》的声明，内容称PRISM“并非秘密的数据收集或数据挖掘项目”，而是“一个政府内部计算机系统、用于协助政府在法庭的监督下依法从电子通讯服务商处收集外国情报信息”。

美国总统奥巴马也为政府的监听项目做了辩护，称“有关互联网和电子邮件的项目并不适用于美国公民，也不适用于生活在美国境内的人”，并表示“不仅国会完全了解该项目，且外国情报监视法法庭也做出了授权”。

国家安全局前高级官员兼告发人威廉·宾内（William Binney）表示，PRISM只是各种情报来源的管道之一，“电信公司让NSA进入他们的通讯线路，那些NSA装在AT&T和Verizon光纤机房里的Narus装置无法收集到所有的资讯。他们可以获得大多数的资讯，但他们无法获得全部。所以为了能取得完全的资讯，他们必须让电信公司帮助填补那些空白，这就是PRISM项目的目的—填补空白，该项目也让FBI能够在法庭上使用这些证据”。

对此，美国公民自由联盟对有关PRISM的报道发表了声明，称“国会已经向行政机构提供了太多的权利使其能够侵犯个人隐私、现存的公民自由保障严重不足以及不受任何公众问责、完全秘密执行的权力必将被滥用”。

同时，欧美国家的反应不一。比如，德国联邦数据保护和信息自由专员Peter Schaar对PRISM项目表示谴责，称之为“可怕的”，而欧盟的有些议员认为PRISM“违反了欧盟法律”。但英国的表态就很含糊，这是因为《卫报》报道披露的一份最高机密文件中显示，英国政府也存在一项名为“无界线人”（Boundless Informant）的相关项目。

另外，据印度媒体报道，印度政府也正在建立一套接受统一管理的机制，用以协调和分析从全国各地的互联网账户收集到的信息，该机制被称为“国家网络协调中心”（NCCC），它将赋予执法机构所有网络账号的访问权限，如博客、邮件和其他社交网络数据等。据悉，印度政府是从2013年

4月开始悄悄推出这一监控系统的。

3. 大数据时代的互联网监控

按照《外国情报监视法修正案》，美国联邦执法机构可以签发相关法令，要求科技企业必须披露用户数据。这一法案准许美国政府从特别法庭获取相关法令，在没有搜查令的情况下对某些人进行监视。这种法令会迫使企业提供大量数据，如电子邮件的内容、文件、照片等在线保存的数据。

至于科技企业采用哪些技术来满足外国人监视法令的要求，目前尚不清楚。一位熟悉美国情报机构流程的行业高管称，科技企业会实现这个流程部分环节的自动化，以处理政府机构要求提供的数据量。按照这种方法，用户数据会自动发送至情报机构，根本不需要公司员工动手操作。据称，借助于公司提供的数据，美国情报人员就可以进行非正式调查，以缩小对特定嫌疑人的搜索范围，为最终发出正式法令做准备。两年前，“维基解密”总编辑朱利安·阿桑奇在接受媒体采访时表示facebook就是一个“骇人听闻”的间谍工具，他认为facebook、Google、雅虎“都专门为美国情报机构建立了用户界面”。

目前，在硅谷，互联网数据已成为一种重要货币，可以让品牌厂商发布更精准的广告，鼓励用户在一些服务上花更长时间，令科技公司在与后起之秀的竞争中占据优势。这种基于用户隐私的营销模式无疑为互联网监控提供了便利。正如美国投资机构Wedbush Securities分析师迈克尔·帕切特所言：“我们正处于一个大数据的时代，我们知道它们可以记录生活的点点滴滴。”

的确如此，随着信息技术的突飞猛进，人类已进入“大数据”时代，对于信息进行汇聚、管理、监控和处理，本是这个时代主题中应有之意。大数据在物理学、生物学、环境生态学等领域以及军事、金融、通讯等行业存有时日，近年来更因互联网和信息行业的发展与个人生活结合得越来越紧密而引起关注。世界主要国家因应大数据时代到来纷纷成立网军，在海陆空和太空之外更开辟了第五战场，即网络战场，不容小觑。

大数据时代对人类的数据驾驭能力提出了新挑战，也为人们获得更为深刻、全面的洞察能力提供了巨大的空间与潜力。如何驾驭大数据、应用大数据，一方面与技术能力息息相关，另一方面更重要的是确立技术伦理、建立大数据时代的全球游戏规则。本次“棱镜计划”泄密事件固然揭示出国家安全与个人隐私的尖锐对立、国家机器对个人自由的无情侵犯，但也提示了确立网络伦理和游戏规则的紧迫性和必要性。

二　美国“食肉者”网络监控系统

美国“食肉者”网络监控系统是一种专门安装在互联网服务商网络上的系统，由联邦监测机构控制，主要用于协助侦破刑事案件和破坏国家安全的案件，它能够完整地记录嫌疑犯上网时收发电子邮件、网上聊天和浏览网页等全部内容。这是早期就被媒体披露的美国网络监控系统，与“棱镜计划”不同的是，它的主要使用者是美国司法部下属联邦调查局（FBI）。

2000 年 7 月 27 日的《洛杉矶时报》等部分美国媒体披露了“食肉者系统”的存在，认为这一系统的存在严重威胁了公民的隐私和个人自由。随后无论是公众、媒体或者是国会，压倒性的意见是要求对“食肉者系统”施加严格的控制。“9・11”事件发生之后，“食肉者系统”的命运发生了显著变化：美国国会通过了新的法案，决定增加对“食肉者系统”的拨款，随即，该系统在改名为“DSC-1000”之后就从国会议员的日常讨论中销声匿迹了。与此同时，一度密切关注该系统的媒体不约而同地停止了对于这一系统的讨论。另一方面，联邦调查局得到拨款之后加速了部署、使用“食肉者系统”的步伐。

据披露，DCS 系统至少包括三大信息收集组件，其中 DCS-3000 系统又名“红钩”，可操作“记录笔”和“陷阱追踪”两种程序，主要用来收集通讯信号——主要是从某部电话拨出的信号，而非窃听通讯内容。别名“数码风暴”的 DCS-6000 系统能全面执行窃听指令，捕获并收集电话和短信息的具体内容，另外一种名为 DCS-5000 的系统则专门用于窃听特定的间谍或恐怖分子目标。整体上看，利用 DCS 系统，FBI 特工可以在窃听的同时回放已经录制的内容、创建控制窃听的主文件、将录制的信息发送给翻译人员、利用手机信号塔实时追踪目标的大概位置，甚至将截取的信号不断传送给流动式监听车。

解密文件显示，DCS系统的终端数量不断增长，“中央监控点”最初只有20个，到2005年就增加到57个。FBI表示，如今大部分电信运营商都拥有自己“总机”，或称“中继交换机”，它与该运营商旗下所有单个交换机相连。而DCS系统则通过加密的虚拟专用网与这些“总机”连接在一起。DCS系统每年进行多少宗窃听现在仍然保密。不过，据披露，仅罪案窃听一项，就由1996年的1150例上升到2006年的1839例，增幅达60%，而且手机用户所占比例越来越高。这些数据还不包括反恐窃听，“9·11”之后，反恐窃听急剧上升。

保障FBI监听网络顺利运行的法律是克林顿执政期间制定的，现在不但有《窃听法》，还有了令窃听更加易行的“数字交换机”，FBI于是直接插足电信网络。法院许可令一到，电信运营商就开启窃听功能，关于监听目标的所有通讯数据资料立即源源不断地实时传向FBI的电脑。解密文件显示，呼叫者身份伪装（caller-IDspoofing）、手机带号转移等新兴技术都很让FBI的窃听工程师们头疼。Skype公司使用的P2P技术使得用户可以直接与别人的计算机相连，彼此交换文件，不用像过去那样通过服务器浏览或下载，难以为FBI提供一个可供窃听的“总机”。

另外，根据《窃听法》要求，政府还得出钱，以保证1995年前的电话交换机仍然能适应DCS系统的窃听要求。FBI为此花费了差不多5亿美元。不过需要注意的是，对窃听来的信息进行处理的成本也很高昂。监控得来的通话内容和电话号码通常被输入FBI的电子监控管理系统，一个Oracle SQL数据库。过去几年中，这一数据的量急剧增长，而电子邮件等内容的增长更为迅速。

三　中国“防火长城”[①]

防火长城（GFW，亦称中国国家防火墙），是对中国网络审查系统（包括相关行政审查系统）的统称，指代监控和过滤互联网内容的软硬件系统，由服务器和路由器等设备加上相关的应用程序所构成。它的作用主要是监

① 源自：维基百科。

控网络上的通讯，对认为不符合中国官方要求的传输内容进行干扰、阻断、屏蔽。由于中国网络审查广泛，中国国内含有“不合适”内容的网站会受到政府直接的行政干预，被要求自我审查、自我监管乃至关闭，故防火长城的主要作用在于分析和过滤中国境内外网络的信息互相访问。中国工程院院士、原北京邮电大学校长方滨兴是防火长城关键部分的首要设计师。

1. 防火墙主要技术

（1）域名服务器缓存污染

防火长城对所有经过骨干出口路由的在UDP的53端口上的域名查询进行IDS入侵检测，一经发现与黑名单关键词相匹配的域名查询请求，防火长城就会伪装成目标域名的解析服务器给查询者返回虚假结果。由于通常的域名查询没有任何认证机制，而且域名查询通常基于的UDP协议是无连接不可靠的协议，查询者只能接受最先到达的格式正确结果，并丢弃之后的结果。而用户直接查询境外域名查询服务器（如Google Public DNS）又可能会被防火长城“污染”，仍然不能获得目标网站正确的IP地址。用户若改用TCP在端口53上进行DNS查询，虽然不会被防火长城“污染”，但可能会遭遇连接重置，导致无法获得目标网站的IP地址。IPv6协议时代部署应用的DNSSEC技术为DNS解析服务提供了解析数据验证机制，可以有效抵御劫持。

从2002年左右开始，中国国内部分网络安全单位开始采用域名服务器缓存污染技术，使用思科提供的路由器IDS监测系统来进行域名劫持，防止一般民众访问被过滤的网站。对于含有多个IP地址或经常变更IP地址逃避封锁的域名，如一些国际赌博、色情网站等，防火长城通常会使用此方法进行封锁，具体方法是当用户向境内DNS服务器提交域名请求时，DNS服务器返回虚假（或不解析）的IP地址。

（2）针对境外的IP地址封锁

一般情况下，防火长城对于中国大陆境外的“非法”网站会采取独立IP封锁技术，然而部分“非法”网站使用的是由虚拟主机服务提供商提供的多域名、单（同）IP的主机托管服务，这就会造成了封禁某个IP地址，导致所有使用该服务提供商服务的其他使用相同IP地址服务器的网站用户一同遭殃，个别“内容健康、政治无关”的网站也不能幸免，其内容可能也不能在中国大陆正常访问。

20世纪90年代初期，中国只有教育网、中国科学院高能物理研究所（高能所）和公用数据网3个国家级网关出口。中国政府对认为违反中国国家法律法规的站点进行IP地址封锁，在当时的确是一种有效的封锁技术，但是只要找到一个普通的服务器位于境外的代理，就可以通过它绕过这种封锁。所以现在网络安全部门通常会将包含“不良信息”的网站或网页的URL加入关键字过滤系统，并可以防止民众透过普通海外HTTP代理服务器进行访问。

针对境外IP进行封锁并不是中国的专利，比如苹果就曾封锁俄罗斯的部分IP防止刷榜和预定新品，前不久还传出德国hipp网站等商业性网站采用封锁IP的方法来应对来自中国的奶粉网购。

（3）IP地址特定端口封锁

防火长城配合特定IP地址封锁路由扩散技术封锁的方法进一步精确到端口，从而使发往特定IP地址上特定端口的数据包全部被丢弃而达到封锁目的，使该IP地址上服务器的部分功能无法在中国境内正常使用。经常会被防火长城封锁的端口有SSH的TCP协议22端口、PPTP类型VPN使用的TCP协议1723端口、TLS/SSL/HTTPS的TCP协议443端口等。在中国移动、中国联通等部分ISP的手机IP段，所有的PPTP类型的VPN都遭到封锁。

（4）无状态TCP协议连接重置

防火长城会监控特定IP地址的所有数据包，若发现匹配的黑名单动作（例如TLS加密连接的握手），其会直接在TCP连接握手的第二步即SYN-ACK之后伪装成对方向连接两端的计算机发送RST包（RESET）重置连接，使用户无法正常连接服务器。

这种方法和特定IP地址端口封锁时直接丢弃数据包不一样，因为是直接切断双方连接，因此封锁成本很低，故对于Google+等部分加密服务的TLS加密连接有时候会采取这种方法予以封锁。

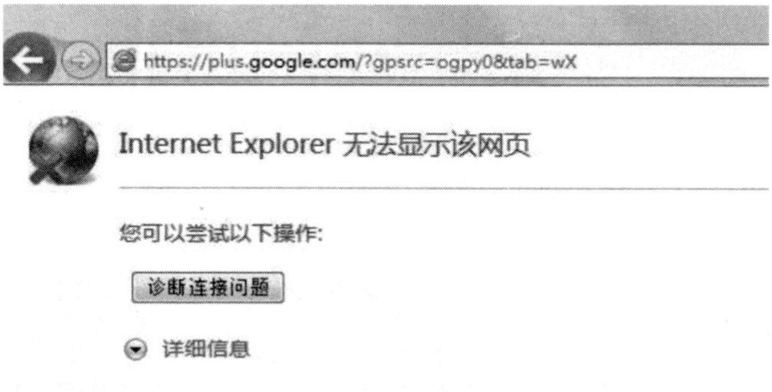

图 5—28　访问 Google+ 常出现的页面（来源：易目唯）

（5）对加密连接的干扰

在连接握手时，因为身份认证证书信息（即服务器的公钥）是明文传输的，防火长城会阻断特定证书的加密连接，方法和无状态 TCP 连接重置一样都是先发现匹配的黑名单证书，后通过伪装成对方向连接两端的计算机发送 RST 包（RESET）干扰两者间正常的 TCP 连接，进而打断与特定 IP 地址之间的 TLS 加密连接（HTTPS 的 443 端口）握手，或者干脆直接将握手的数据包丢弃导致握手失败，从而导致 TLS 连接失败。

（6）基于关键字的 TCP 链接重置

国内的系统在人们通过 http 协议访问国外网站时会记录所有的内容，一旦出现某些比较敏感的关键词时，就会强制断开 TCP 连接，记录双方 IP 并保留一段时间（1 分钟左右），我们的浏览器也就会显示“连接被重置”。之后在这一段时间内（1 分钟左右），由于和服务器的 IP 被摄查系统记录，我们就无法再次访问这个网站了。我们必须停止访问这个网站，过了这段时间再次访问没有这些关键词的网页，就又能访问这个网站了。

一般来说，例如服务器端在没有客户端请求的端口或者其他连接信息不符时，系统的 TCP 协议栈就会给客户端回复一个 RESET 通知消息，可见 RESET 功能本来用于应对例如服务器意外重启等情况。发送连接重置包比直接将数据包丢弃要好，因为如果是直接丢弃数据包的话客户端并不知道具体网络状况，基于 TCP 协议的重发和超时机制，客户端就会不停地等待和重发加重防火长城审查的负担，但当客户端收到RESET消息时就可以知道网络被断开不会再等待了，因此这种封锁方式不会耗费太多的资源而效果很好，成本也相当低。

（7）对破网软件的反制

针对网上各类突破防火长城的破网软件，防火长城也在技术上做了应对措施以减弱破网软件的穿透能力。通常的做法是利用各种封锁技术以各种途径打击破网软件，最大限度限制破网软件的穿透和传播。

每年到敏感的关键时间点时，防火长城均会加大网络审查和封锁的力度，部分破网软件就可能因此无法正常连接或连接异常缓慢，有时候会采用间歇性封锁国际出口的方法阻止访问某些敏感的国际网站。

（8）针对IPv6协议的审查

在IPv4网络，当时的网络设计者认为在网络协议栈的底层并不重要，安全性的责任在应用层。即使应用层数据本身是加密的，携带它的IP数据仍会泄漏给其他参与处理的进程和系统，造成IP数据包容易受到诸如信息包探测（如关键字阻断）、IP欺骗、连接截获等手段的会话劫持攻击。据报道，现阶段防火长城已经具备干扰IPv6隧道的能力，因为IPv6隧道在用户到远程IPv6服务器之间的隧道是创建在IPv4协议上的，所数据传输分片的问题或者端点未进行IPSec保护的时候很有可能暴露自己正在传输的数据，让防火长城有可乘之机干扰切断连接。

（9）对电子邮件通讯的拦截

通常情况下，邮件服务器之间传输邮件或者数据不会进行加密，故防火长城能轻易过滤进出境内外的大部分邮件，当发现关键字后会通过伪造RST包阻断连接。这通常都发生在数据传输中间，所以会干扰到内容。

（10）部分被过滤的网站列表

境外的网站有时候会受到关键词过滤的影响，出现暂时无法访问的情况。以下这些类型的网站被封锁的主要原因，是其网站上发布我国不能接受的政治内容或未经国内政治审查过的新闻。

被固定封锁或干扰的网站类型可能包括（以下列表可能会随时调整，仅供参考）：

- 部分国际成人视频网站及大部分针对华人的色情论坛；
- 涉及民运、疆独、藏独、法轮功或具有法轮功背景的以及在中国大陆被查禁的宗教的网站；
- 一部分经常指责中国人权现状的国际人权组织的网站；
- 台湾的部分网站（如“总统府”、“中央社”等）；
- 部分香港泛民主派和台湾政党网站（香港公民党、社民连，台湾民进党等）；
- 部分港澳台及海外华人 / 留学生的论坛或讨论区；
- 少数搜索引擎（雅虎香港 hk.search.yahoo.com/search/ 和美国在线 search.aol.com/aol/webhome 等）；
- 一些国际性的免费博客服务（如 Blogger）；
- 部分视频类网站（如 YouTube、Dailymotion、Vimeo、雅虎 Video 等）；
- 部分社交类网站（Facebook、Twitter 等）；
- 部分天主教中文网站及部分基督教中文网站；
- 博彩网站；
- 部分个人网站和博客；
- 部分国际性图片网站（如 Flickr 部分页面和 Picasa 网络相册等）；
- 一些代理服务器或有提供类似突破网络封锁功能（VPN、SSH、网页

图 5—29　facebook 和 Twitter 在中国无法访问（来源：易目唯）

代理等）的网站；

- 诺贝尔奖多个官方网站、挪威广播公司。

……

四　商用互联网内容过滤系统

其实除了上述国家层面基于骨干网的过滤系统，也有一些商用的互联网内容过滤软件，其中比较知名的有启明星辰、美萍网站过滤专家等。

在个人电脑方面，实现内容过滤最简单的办法就是开启IE浏览器中"工具—Internet选项—内容分级审查允许"这项功能。非常遗憾的是，并不是所有的网站都遵守ICRA规范，因此出现了一些可以安装在上网电脑终端的内容过滤软件，如英国的SurfControl的CyberPatrol，国内曾经的过滤王、蓝眼睛等，比较适合家庭单机使用，不过大都年代久远，目前基本上都已经逐渐淡出了公众的视野。

在企业层面，每一个互联网访问的网络边缘（企业/学校网络边缘、网吧网络出口）都可以部署内容过滤工具。这些工具一般是分析网络数据流中包含的HTTP数据包，对数据包头中的IP地址、URL、文件名等进行访问控制。软件厂商们通常事先对访问量较大、名气较大的网站和网页的内容做分类的工作，然后把URL、IP地址和内容分类对应起来。当用户访问这些网站上的页面时，内容过滤产品就可以根据事先的分类进行过滤，达到按内容过滤的目的。目前，越来越多的路由器、安全网关UTM等采用硬件架构和一体化的软件设计，集防火墙、VPN、入侵防御（IPS）、防病毒、上网行为管理、内网安全、反垃圾邮件、抗拒绝服务攻击（Anti-DoS）、内容过滤、NetFlow等多种安全技术于一身。

表5—3　　常见互联网内容过滤软件

软件与系统名称	过滤位置	过滤内容	主要具体实现
赛门铁克网络内容过滤软件	网络接入、客户端	不良网站、恶意软件、内部泄密等	URL 过滤、SSL解密、防病毒
趋势科技ScanMail	邮件服务器	垃圾邮件、病毒邮件、间谍软件等	防病毒模式、关键字过滤等

续表

软件与系统名称	过滤位置	过滤内容	主要具体实现
启明星辰安全审计系统	网络串接或者旁路部署	www，BBS，炒股，网络游戏等	黑白名单，关键字过滤，端口监视，内容过滤等
任子行互联网信息安全审计管理系统	客户端专用	不良信息过滤	集中控制，分级管理
卓尔InfoGate内容过滤网关	网络入口	病毒过滤、垃圾邮件过滤、Web过滤等	病毒模式匹配、关键词过滤
硅丰佳盾互联网内容过滤软件	网络接入，客户端工具	色情、毒品、邪教等有害内容	URL过滤、关键字过滤、通讯端口控制、日志管理

注：整理：易目唯

互联网是一个开放的世界，但“没有规矩，不成方圆”，虚拟的互联网也并非完全的自由地带。网络犯罪持续上升，网络谣言蛊惑人心，网络色情泛滥成灾，网络欺诈层出不穷……很多现实案例已经表明，互联网上一旦出现法律和监管上的真空，国家安全、信息安全、电子商务、个人隐私、未成年保护等合法行为、合法权益、合理诉求必将遭受冲击和破坏。通过法律、行政、技术等多种手段管理互联网已成国际惯例，因此只有如此才能保障互联网健康、有序、快速发展，才能让网民安全使用互联网，共享互联网科技进步带来的丰硕成果。

第五节 微博内容管理系统

2006 年，世界上第一个微博平台 Twitter 上线，一年后呈现井喷式发展。2009 年新浪、腾讯、搜狐微博测试平台兴起。近几年来，我国微博用户呈裂变式增长。据 CNNIC 的统计数据，截至 2013 年 12 月底，中国微博网民规模为 2.81 亿，网民的微博使用率回调到了 45.5%，较上年底降低了 9 个百分点。中国微博活跃用户数在经历了 2010—2011 年爆发式增长后，从 2012 年开始进入了一个相对平稳的增长期。目前微博仍然是网民获取信息的重要途径之一，微博从满足人们弱关系的社交需求上逐渐演变成为大众化的舆论平台，越来越多机构及公众人物都通过微博来发布或传播信息。微博传播的内容包罗万象，从个人的心情短语到社会政治经济文化等各个领域，与此同时引发了微博问政、微博监督、微博动员等公众参与社会管理的新形式。不过，随着微信、易信等目前各种网络应用如雨后春笋般兴起，分流了部分微博流量。

一　微博传播的特点

微博除具有匿名性、开放性、互动性、便捷性等与其他互联网工具应用类似的属性外，还呈现出以下特点。

传播内容精简，即时性强。通常而言，微博发布的内容被限制在140字以内，大大降低了信息发布的门槛，便于微博内容的生产、发布和分享，使得“人人都有麦克风、人人都是通讯社”成为了可能。伴随着移动通讯技术的发展，我国手机用户数已经突破10亿，手机网民使用微博的比例从2010年末的15.5%上升至2013年上半年的49.5%。微博用户通过移动客户端，有效地实现了微博与现实生活紧密契合，达到实时发布。

信息传播“裂变式”、“圈群化”。微博信息传播不是所谓关系传播，而是关注传播。允许用户任意关注他人，无需关系确认。用户通过微博平台结识和关注大量的陌生人，完全凭兴趣和关注组成的松散型圈群使得网民对圈群内信息的关注度远高于对传统媒体的关注，微博信息进行跨圈群的、大范围的“病毒式”信息传播，可能瞬间引发广泛的社会参与和动员效果。

微博的“@功能”和“转发”功能衍生舆论引导力。微博用户通过“评论”功能对感兴趣的话题进行回应，此外，独特的“@功能”不仅鼓励用户积极回帖，还记录了完整的信息流向。更重要的是，对话题内容进行“转发”，极易使特定的话题迅速聚合、瞬间放大，使得微博成为自由交换公众意见的观点市场。再加上意见领袖的引领，鲜明的观点很容易脱颖而出，形成意见领袖为主导的舆论引导力。[1]

---

① 庞宇：《微博管理的问题与对策研究》，《行政管理改革》2012年第3期。

二 微博内容管理的问题

1. 信息量大，审核难度大

微博用户的零成本发布信息，造成了信息的过量，加之转发机制可以使信息快速流通，增加审查的难度，给内容管理带来巨大挑战。国内仅新浪微博，每天的信息发布量超过1亿条，平均每分钟超过了6万条，峰值每分钟73万条。比如，2011年“7·23”甬温线重大动车事故，整个事件有关事故信息的微博信息累计达3亿条；“郭美美”事件中，关于“郭美美”的微博48小时内达到110526条，4天内相关微博已达到723965条。尽管2013年下半年新浪微博的热度有所降低，但是每天的微博发布数量仍然是一个天文数字，这需要内容审查系统和审查人员的共同努力。

如果一名有效率的员工每分钟阅读50条微博，就需要1200名审查者来阅读每分钟发布的6万多条微博。如果一名员工每天工作8小时，就需要近4000名员工来删除敏感的内容，这显然是不可能的。据路透社报道，新浪有专门的微博审核队伍，这些审查员在天津工作，主要是刚从大学毕业的年轻男性，大约有150名。每个审查员每小时需要检查3000条被机器筛选出来的微博，每天平均约40人12小时轮班工作。

2.谣言和虚假信息的集散地

随着信息传播过程中把关责任的下移，自媒体人未经过专业训练，缺乏基本的新闻伦理和素养，因此，在传递信息的过程中可能有偏激的、失实的信息。由于此类信息常常具有刺激性或迎合某种社会情绪的内容，容易被网友转发，形成虚假信息被大量转发或评论的情形。微博内容中时常夹杂一些恶意和有害的虚假信息，如近年来的“金庸去世”、“日本核泄漏吃盐防辐射的抢盐风波”、“温州动车事故外国人赔2亿”、“被生虫的柑橘”等，借用微博编造和散布谣言，造成了社会混乱，引发公众恐慌情绪，大大增加了社会的运行成本。

3.“网络水军”泛滥

一些人利用微博注册软件、粉丝刷号器生成了不少虚假粉丝微博，由虚假粉丝组成的“微博水军”借助庞大的粉丝群体去打造热点话题，引导舆论影响事件，成为微博营销的工具。据调查，草根微博排行榜前50名中，大部分并不是以交流为目的的网民，像“冷笑话精选”、“全球时尚”、“爱情物语”等都是被投资实体有组织、有目的地通过在微博上传播公关软文、发广告、卖产品盈利。这样一来，就使微博成为大量信息垃圾存在的空间，使网络的真实性、可信性大为下降。

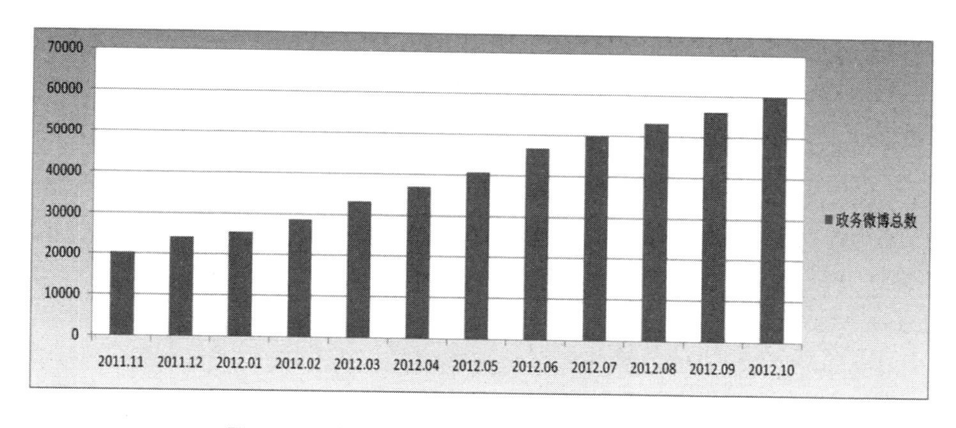

图5—30　新浪政务微博总数稳步增长（来源：新浪）

4. 政务微博的应对能力不足

近几年的微博快速发展，网络问政的兴起，党政机构和官员纷纷开通微博，已经覆盖从中央到地方多个行政层级及众多职能部门，截至2012年底，全国政务微博数量超过17万，比2011年增长近2.5倍，仅新浪微博一家的政务微博数量就破6万。目前，有些政府把开微博作为一种形象工程，成为政府公共网站的一个变身，很多的微博只是注重政策信息、规章制度、会议日程等的发布，对于大众真正关心的问题则避而不谈，欠缺与公众双向的信息交流。尤其是对重大网络突发事件下，对微博环境下网络舆论的重要性和影响力重视不够，严重影响了事件的处理进程，而且损害了党和政府的形象、公信力和权威。此外，少数官员在微博上不慎言论，造成极大的负面影响。例如，2011年曾经有微博网友发现，大连市西岗公安分局的官方微博有5000多名关注者，但该账户却只关注了一名日本成人电影明星的账户，引起舆论哗然。

政务微博自产生以来，就成为社会各界关注的焦点。一些更新缓慢、反应迟钝、互动滞后的政务微博也屡屡被媒体曝光。仅就媒体相关报道情况来看，先后有广州、无锡、郑州、漳州等地的部分官方微博因久不更新惹网友吐槽，被当地媒体点名，甚至引来招致全国舆论的关注。目前存在一些为了赶潮流、装门面、当任务而开设的政务微博，这些微博在开通后往往是敷衍了事、三分钟热度，完全失去了政务微博本身的意义。有人观察了一些政务微博的表现，为它们“画像”：消极应付型要我开才开，混混而已；公告发布型将微博当作布告栏、黑板报，没有任何服务；懒惰成性型极少更新，或滥竽充数，几成“僵尸微博”……诸如此类的政务微博被认为形同虚设，坏了政务微博的名声，也损害了政府自身的形象。

三　微博管理与审查体系

1. 逐步完善的管理规定

新浪微博在2009年8月正式上线之后，刚开始基本上处于“野草式生长”状态，广大网民也开始在微博“跑马圈地”，各种管理规定和制度尚未完善，这也在一定程度上引发了2010—2011年微博用户的爆炸式增长。随着注册用户数量的不断增加，微博上出现了一些负面或者影响社会稳定的内容，一些人通过匿名手段发布虚假信息和攻击他人的内容，微博的管理与审查问题开始浮出水面。

2012年5月28日，新浪微博正式执行国内首个微博社区公约。在整合各方网友意见的基础上，该公约明确了微博用户权利、用户行为规范及社区管理机制，并建立了公开透明的违规处理机制。在《微博社区公约》第三章“用户行为规范”中，明确要求用户账号信息和发布内容不得违反国家和政府的相关规定。

比如不得设置含有以下内容的账号信息：

- 违反国家法律法规的；
- 包含人身攻击性质内容的；
- 暗示与他人或机构相混同的；
- 包含其他非法信息的。

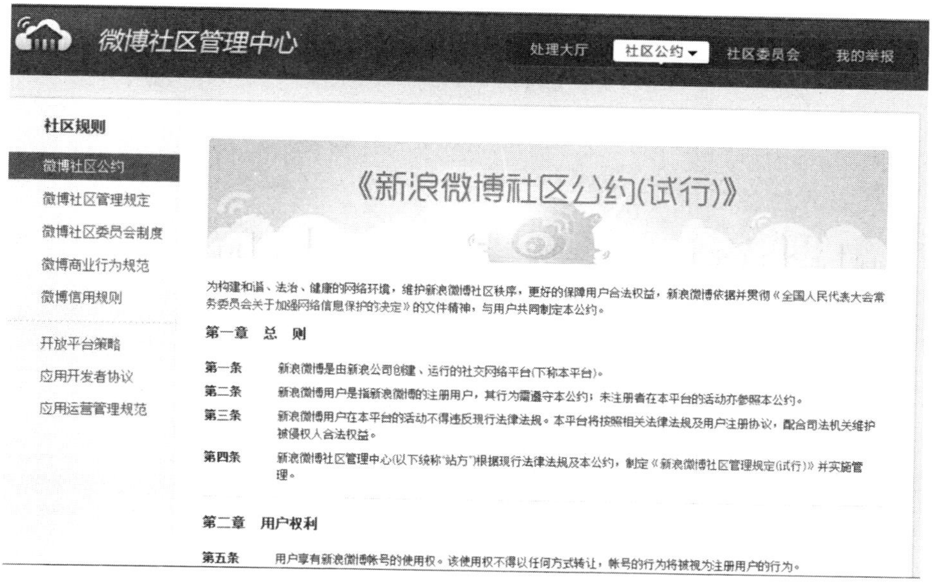

微博社区管理中心　处理大厅　社区公约　社区委员会　我的举报

社区规则

微博社区公约
微博社区管理规定
微博社区委员会制度
微博商业行为规范
微博信用规则

开放平台策略
应用开发者协议
应用运营管理规范

《新浪微博社区公约(试行)》

为构建和谐、法治、健康的网络环境，维护新浪微博社区秩序，更好的保障用户合法权益，新浪微博依据并贯彻《全国人民代表大会常务委员会关于加强网络信息保护的决定》的文件精神，与用户共同制定本公约。

第一章　总　则

第一条　新浪微博是由新浪公司创建、运行的社交网络平台(下称本平台)。

第二条　新浪微博用户是指新浪微博的注册用户，其行为需遵守本公约；未注册者在本平台的活动亦参照本公约。

第三条　新浪微博用户在本平台的活动不得违反现行法律法规。本平台将按照相关法律法规及用户注册协议，配合司法机关维护被侵权人合法权益。

第四条　新浪微博社区管理中心(以下统称"站方")根据现行法律法规及本公约，制定《新浪微博社区管理规定(试行)》并实施管理。

第二章　用户权利

第五条　用户享有新浪微博帐号的使用权。该使用权不得以任何方式转让，帐号的行为将被视为注册用户的行为。

图 5—31　新浪微博社区公约（来源：易目唯）

同时，在《微博社区公约》第三章的第十四、十五、十六条中明确提出，用户不得发布垃圾广告；用户不应发布不实信息；用户应尊重他人名誉权，不得以侮辱、诽谤等方式对他人进行人身攻击。另外，公约还对于隐私权、肖像权、安宁权、著作权等进行了保护。

作为《微博社区公约》配套的《微博社区管理规定》对于违规行为界定、违规行为处理流程、违规行为处置予以了明确，包括危害信息、不实信息、用户纠纷违规的界定以及处置办法。对于可明显识别的违规行为，由新浪微博直接处理；其他违规行为，由社区委员会判定后处理，新浪微博服从社区委员会的判定结果。在 2013 年 7 月之后，新浪微博在《微博社区管理规定》又正式引入“信用积分”管理制度，发布不实信息的用户将被扣除信用积分，信用积分扣完即被注销账号。《微博社区管理规定》显示，每个微博用户有 80 分的原始积分，发布不实信息将被扣除相应的信用积分，如通过公开微博进行人身攻击的扣除信用积分 2 分，冒充他人的扣除信用积分 5 分或冻结账号等，同时在个人资料页中载明因发布不实信息而被扣分。低于 60 分时个人昵称后会被标注“低信用”记录标志，积分被扣至 0 分时账号将被注销。

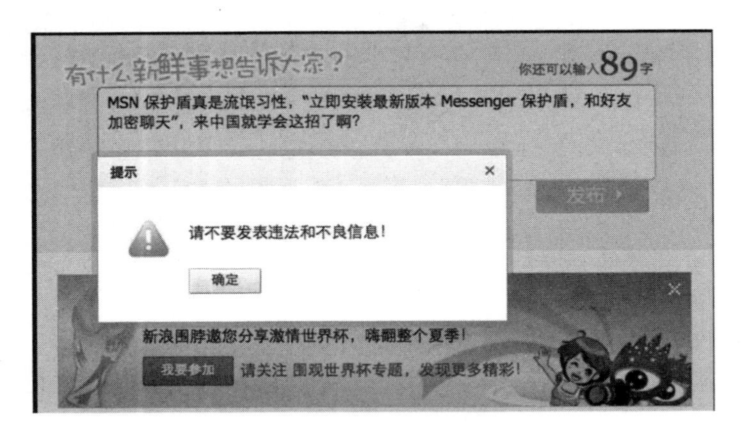

图 5—32 发布违法和不良信息时的提示（来源：新浪微博）

根据 2013 年 7 月首都互联网协会新闻评议专业委员会上披露的数据，一年以来，新浪微博社区管理中心共接收到用户举报超过 1500 万次，其中处理骚扰用户的垃圾广告 1200 多万次，处理淫秽色情危害信息 100 多万次，处理用户纠纷及不实信息 200 万次。如今新浪微博的不实信息举报量已经从一年前的日均 4000 条下降到现在的 500 条，下降达 87.5%。从举报数据的下滑来看，在《社区公约制度》的推动下，新浪微博已经渐入佳境，逐渐完善成一个有自我净化能力的社会信息平台。

2.新浪微博审查手段[①]

由于新浪微博在中国境内拥有几亿的注册用户，注册用户庞大，微博消息传播速度极快，且消息影响面很广，所以新浪微博在中国国内和国外的多次重大事件中均进行了严格的审查，手段均属中国境内微博之首，其中的审查手段包括：

- 对用户发言的内容进行事前审查。若发现含有敏感词的消息，可能根本无法发出、发送后会显示“微博发布成功，目前服务器数据同

① 源自：http://zh.wikipedia.org/wiki/%E5%AF%B9%E6%96%B0%E6%B5%AA%E5%BE%AE%E5%8D%9A%E7%9A%84%E4%BA%89%E8%AE%AE。

步可能会有延迟，请耐心等待 1 ～ 2 分钟。谢谢”，但事实上该微博可能已经被直接删除，也可能发出后作者自己看起来一切正常，但别人完全看不到；

- 利用搜索功能进行关键词过滤，若搜索含有关键词的字句，则提示“根据相关法律法规和政策，搜索结果未予显示”；
- 部分用户的个别消息无法被公开阅读，只能登录后阅读，限制消息传播范围；
- 禁止 goo.gl 等短缩链接服务和部分网站网址的传播；
- 使用 Unicode 编码形式的藏文发送的微博文章，虽然能成功发布，但在半小时至一小时之内，其他用户无法阅读；
- 对于部分敏感词语进行封禁，如果对以上词语进行搜索，将会返回“根据相关法律法规和政策，搜索结果未予显示”的字句；
- 2012 年 3 月 31 日，新浪微博用户登录时会看到这样的公告：“最近，微博客评论跟帖中出现较多谣言等违法有害信息。为进行集中清理，从 3 月 31 日上午 8 时至 4 月 3 日上午 8 时，暂停微博评论功能。”腾讯微博也同时进行了为期三天的禁止评论。

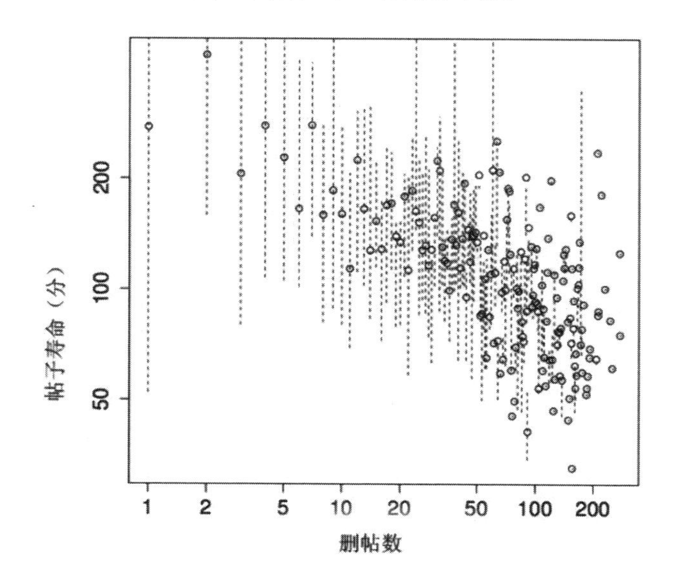

图 5—33 微博删帖的分布情况（来源：《科技评论》）

从微博的过滤机制看，其中主动过滤机制包括：显式过滤，微博通知发贴人他们的帖子内容违反了内容政策；隐式过滤，微博需要在手动审查帖子后才会允许帖子上线；伪装发帖成功，其他用户实际上看不到这位用户的帖子。在技术方面，微博的审查系统已经通过运用人手和软件监控，套用能启动不同审查程序的多个封锁关键词列表、搜索过滤系统等，变成一个极度复杂的系统。在所有微博发布之前，新浪的电脑系统会对这些微博进行扫描。若只有一少部分是敏感信息，则需要审查人员来鉴定是不是应该删除。审查员将会浏览电脑转过来的包含这些关键词的帖子，决定是否删除。

另外，微博系统会特别关注频繁发敏感帖子的用户，在发现一个敏感帖子之后，审查员可以追溯所有相关的转贴，然后一次性地全部删除。